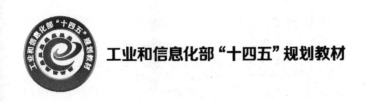 工业和信息化部"十四五"规划教材

西门子 S7-1200/1500 PLC 项目式教程
——基于 SCL 和 LAD 编程

周文军　胡宁峪　伍贤洪　主　编

叶远坚　艾妮　程泽阳　罗　赟　副主编

扫码下载本书电子教案

扫码下载本书配套 PPT

扫码下载本书全部源代码

电子工业出版社

Publishing House of Electronics Industry

北京·BEIJING

内 容 简 介

本书以工程创新型人才培养为定位，以提升岗位能力为主线，以课程教学结合实践应用为出发点，以能学辅教为宗旨，采取任务驱动的编写形式，深入浅出地帮助读者解决 S7-1200/1500 PLC 学习和应用过程中的难题。

全书分为七个项目，共 23 个任务案例。项目一是让读者认识西门子 PLC，共 3 个任务案例。项目二是让读者完成从继电器-接触器控制系统到 PLC 控制系统的顺利过渡，共 3 个任务案例。项目三是让读者学会西门子 S7-1200/1500 PLC 的简单应用，共 6 个任务案例。项目四是让读者学会工业生产中常用的顺序控制，共 2 个任务案例。项目五是让读者掌握如何用西门子 S7-1200/1500 PLC 控制变频器、步进电机等，以及如何对电动机进行速度测量，共 3 个任务案例。项目六是让读者掌握如何进行西门子 S7-1200/1500 PLC 的通信，共 3 个任务案例。项目七是让读者学会基于 Factory I/O 虚拟工厂的综合控制，共 3 个任务案例。本书配备了完整的教学资源（可登录华信教育资源网 www.hxedu.com.cn 免费注册后下载），扫描书中的二维码，可以方便地看到每个任务案例的效果和详细的操作过程。读者还可以进入与本书配套的在线课程（打开学银在线网站，搜索"西门子 S7-1200/1500 PLC 项目化编程"），开展对西门子 S7-1200/1500 PLC 的扩展学习。

本书可作为高等职业院校机电一体化、电气自动化、工业机器人技术等相关专业的教学用书，也可供从事 PLC 技术相关工作的专业技术人员参考使用。

图书在版编目（CIP）数据

西门子 S7-1200/1500 PLC 项目式教程：基于 SCL 和 LAD 编程 / 周文军，胡宁峪，伍贤洪主编. — 北京：电子工业出版社，2023.1

ISBN 978-7-121-44589-7

Ⅰ. ①西… Ⅱ. ①周… ②胡… ③伍… Ⅲ. ①PLC 技术－程序设计－高等学校－教材 Ⅳ. ①TM571.61

中国版本图书馆 CIP 数据核字（2022）第 223713 号

责任编辑：王昭松　　　　特约编辑：田学清
印　　刷：天津千鹤文化传播有限公司
装　　订：天津千鹤文化传播有限公司
出版发行：电子工业出版社
　　　　　北京市海淀区万寿路 173 信箱　　邮编　100036
开　　本：787×1 092　　1/16　　印张：17.5　　字数：459 千字
版　　次：2023 年 1 月第 1 版
印　　次：2024 年 12 月第 6 次印刷
定　　价：49.80 元

凡所购买电子工业出版社图书有缺损问题，请向购买书店调换。若书店售缺，请与本社发行部联系，联系及邮购电话：（010）88254888，88258888。

质量投诉请发邮件至 zlts@phei.com.cn，盗版侵权举报请发邮件至 dbqq@phei.com.cn。

本书咨询联系方式：（010）88254015，wangzs@phei.com.cn，QQ83169290。

PREFACE 前言

本书以工程创新型人才培养为定位，以提升岗位能力为主线，以课程教学结合实践应用为出发点，以能学辅教为宗旨，采取任务驱动的编写形式，深入浅出地帮助读者解决西门子 S7-1200/1500 PLC 学习和应用过程中的难题。本书精选了 23 个具有较高实用价值且易于教学实施的西门子 S7-1200/1500 PLC 应用案例，由易到难，由点到面，循序渐进地进行内容组织，力求知识点完整、多样和新颖。

西门子 PLC 的 SCL 语言编程在实际工业生产中的应用范围越来越广，尤其是在数据处理和流程控制方面，其高效性是传统的梯形图编程无法比拟的。但是，目前 SCL 语言编程的相关教材极少，适合高等职业教育的教材更是屈指可数。本书将 SCL 语言编程贯穿于 23 个任务案例中，大部分任务案例同时采用了 LAD、SCL 两种语言来实现，少部分案例同时采用了 LAD、SCL、GRAPH 三种语言来实现。

考虑到大多数高等职业院校的教学实训条件，本书中的任务案例不是以某一个实训台或某一条实际的生产线为控制对象，而是基于通用的学习 PLC 的平台：一台 PLC 配上一个触摸屏（个别任务案例需要准备变频器、电动机）。并且，全书 23 个任务案例均配备了仿真模型（个别任务案例需要同时用到仿真模型和实物 PLC），只要有电脑就可以完成任务案例的仿真和学习。

本书介绍了一个虚拟仿真平台：Factory I/O 虚拟工厂。Factory I/O 虚拟工厂提供了 21 个现成的工业控制场景，基本上可以满足读者的控制需求，助力读者高效地学习西门子 S7-1200/1500 PLC 应用技术。

本书配备了完整的教学资源（可登录华信教育资源网 www.hxedu.com.cn 免费注册后下载），扫描书中的二维码，可以方便地看到每个任务案例的效果和详细的操作过程。读者还可以进入与本书配套的在线课程（打开学银在线网站，搜索"西门子 S7-1200/1500 PLC 项目化编程"），开展对西门子 S7-1200/1500 PLC 的扩展学习。

全书分为七个项目，共 23 个任务案例。项目一是让读者认识西门子 PLC，共 3 个任务案例。项目二是让读者完成从继电器-接触器控制系统到 PLC 控制系统的顺利过渡，共 3 个任务案例。项目三是让读者学会西门子 S7-1200/1500 PLC 的简单应用，共 6 个任务案例。项目四是让读者学会工业生产中常用的顺序控制，共 2 个任务案例。项目五是让读者掌握如何用 S7-1200/1500 PLC 控制变频器、步进电机等，以及如何对电动机进行速度测量，共

学银在线课程链接

3 个任务案例。项目六是让读者掌握如何进行西门子 S7-1200/1500 PLC 的通信，共 3 个任务案例。项目七是让读者学会基于 Factory I/O 虚拟工厂的综合控制，共 3 个任务案例。

本书由南宁职业技术学院周文军、胡宁峪、伍贤洪担任主编，由西门子工业软件有限公司创新中心高级专家程泽阳和南宁职业技术学院叶远坚、艾妮、罗赟担任副主编。具体分工为：周文军负责项目三～项目六的编写，以及本书的整体策划和统稿；胡宁峪负责项目一和项目七的编写；伍贤洪负责项目二的编写；程泽阳对全书的系统设计提出了诸多创新性建议；叶远坚、艾妮、罗赟协助完成了全书项目的实验验证。本书的编写得到了南宁职业技术学院、西门子工业软件有限公司等单位有关领导、工程技术人员和教师的大力支持与帮助，在此一并表示衷心的感谢！

CONTENTS 目录

认识西门子 S7-1200/1500 PLC

任务一　认识 PLC

■【任务描述】

PLC 在自动化行业中的应用日趋普遍，它的发展日新月异。请你和组员一起阅读课本、查阅相关资料，对 PLC 的起源、发展趋势、工作原理、主要特点及应用领域进行小组讨论。完成资料查阅和小组讨论后，请一个组员来说明 PLC 的工作原理。

■【任务目标】

知识目标：
➢ 了解 PLC 的起源和发展趋势；
➢ 掌握 PLC 的工作原理；
➢ 了解 PLC 的主要特点；
➢ 熟悉 PLC 的应用领域。

能力目标：
➢ 能通过查阅资料来了解 PLC 的发展史；
➢ 能熟练说出 PLC 的工作原理；
➢ 能举例说明 PLC 的特点；
➢ 能举例说明一个 PLC 的应用场景。

素质目标：
➢ 养成按国家标准或行业标准从事专业技术活动的职业习惯；
➢ 培养良好的团队协作能力和沟通能力。

■【相关知识】

1．PLC 的起源和发展

1）PLC 的起源

PLC 产于 20 世纪 60 年代末。当时，美国通用汽车公司生产的汽车型号不断更新，而传统继电器控制系统的硬件设备多，接线复杂，使用非常麻烦。美国通用汽车公司为了适应发展，亟须采用一种新的控制方式来取代继电器控制，提出了可编程逻辑控制器的十条技术指标，并在社会上公开招标。1969 年，美国数字设备公司（DEC）根据招标的要求，研制出了世界上第一台可编程逻辑控制器 PDP-14，并在美国通用汽车公司的生产线上首次应用成功。

PLC 的出现引起了世界各国的普遍重视，日本日立公司从美国引进 PLC 技术并加以消化后，于 1971 年研制成功了日本第一台 PLC；1973 年，德国西门子公司独立研制成功了欧洲第一台 PLC；我国从 1974 年开始研制，于 1977 年开始进行工业应用。

PLC 从产生到现在，已发展到第四代产品。其发展过程基本可分为以下几个阶段。

第一代 PLC（1969—1975 年）：大多用 1 位机或 4 位微处理器开发，用磁芯存储器存储，只具有单一的逻辑控制功能，机种单一，没有形成系列化。

第二代 PLC（1976—1982 年）：采用了 8 位微处理器及半导体存储器，增加了数字运算、传送、比较等功能，能实现对模拟量的控制，开始具备自诊断功能，初步形成系列化。

第三代 PLC（1983—1990 年）：随着 8 位微处理器性能的提高及 16 位微处理器的推出，PLC 的处理速度大大提高，从而促使它向多功能及联网通信方向发展，增加了多种特殊功能，如浮点数的运算、三角函数、表处理、脉宽调制输出等，自诊断功能及容错技术迅速发展。

第四代 PLC（1991 年—至今）：不仅全面采用 16 位或 32 位高性能微处理器、高性能位片式微处理器，以及 RISC（Reduced Instruction Set Computer，精简指令集计算机）CPU 等高级 CPU，而且在一台 PLC 中配置多个微处理器，进行多通道处理，同时生产了大量内含微处理器的智能模块，使得第四代 PLC 产品成为具有逻辑控制功能、过程控制功能、运动控制功能、数据处理功能及联网通信功能的名副其实的多功能控制器。

随着 PLC 的发展，其功能已经远远超出了逻辑控制的范围，因而用"PLC"已不能描述其特点。1980 年，美国电气制造商协会（NEMA）给它起了一个新的名称"Programmable Controller"，简称 PC。由于 PC 这一缩写在我国早已成为个人计算机的简称，为避免造成名词术语混乱，因此在我国仍沿用 PLC 表示可编程控制器。

2）PLC 的发展

由于 PLC 具有多种功能，并集电控装置、电仪装置、电气传动控制装置于一体，因此 PLC 在工厂中倍受欢迎，使用量很高，成为现代工业自动化的三大支柱（PLC、机器人、CAD/CAM）之一。PLC 的性价比高，可靠性高，已成为自动化工程的核心设备。

随着微处理器、网络通信、人机界面等技术的迅速发展，PLC 也处在不断地发展之中，其功能不断增强，控制方式更为开放，在大型工业网络控制系统中占有不可动摇的地位。其应用面之广、普及程度之高，也是其他计算机控制设备不可比拟的。

PLC 的发展有以下 6 个趋势。

（1）产品规模向大、小两个方向发展。PLC 向大型化方向发展，如西门子公司的 S7-400、S5-155U 等，体现在高功能、大容量、智能化、网络化，与计算机组成集成控制系统，对大规模、复杂系统进行综合的自动控制等方面。

PLC 向小型化方向发展，如三菱 A、欧姆龙 CQM1，体积越来越小、功能越来越强、控制质量越来越高，其小型模块化结构增加了配置的灵活性，降低了成本。

（2）PLC 在过程控制中的应用日益广泛。PLC 基于反馈的自动控制技术能将测得的变量与期望值进行比较，用误差来调节控制系统的响应，构成对温度、压力、流量等模拟量的闭环控制。其中，利用 PID 模块能编写各种控制程序，完成 PID 调节。

（3）网络通信功能不断增强。网络化和强化通信能力是 PLC 的一个重要发展趋势。多个 PLC、I/O 模块连接起来可以组成一个集散控制系统（DCS），并与工业计算机、以太网等构成整个工厂的自动控制系统。现场总线及智能化仪表的控制系统将逐步取代 DCS。信息处理技术、网络通信技术和图形显示技术使 PLC 的生产控制功能和信息管理功能融为一体，可满足大规模生产的控制与管理要求。

（4）编程语言多样化、标准化。在 PLC 结构不断发展的同时，PLC 的编程语言也越来越丰富。各种编程器及编程软件不仅采用梯形图、功能图、语句表等编程语言，而且面向顺序控制的 GRAPH 编程语言、SFC 标准化语言、面向过程控制的流程图语言与计算机兼容的高级语言（BASIC、Pascal、C、Fortran 等）等也得到了广泛应用。

SCL（Structured Control Language，结构化控制语言）是一种基于 Pascal 的高级编程语言。这种语言采用的标准是 DIN EN 61131-3（国际标准为 IEC 61131-3）。

SCL 尤其适用于复杂的数学计算、数据管理、过程优化、配方管理和统计任务等。

从 Step7 V5.3 开始，西门子软件安装包中已经包含了 S7 SCL 组件。现在，西门子公司已经将 SCL 作为一种和梯形图同等重要的编程语言。S7-1200 从 V2.2 版本开始支持 SCL。在 TIA Portal 软件中，默认支持 SCL，在建立程序块时可以直接选择 SCL。由于 SCL 具有高级语言的优势，所以 SCL 的应用将越来越广泛。

（5）容错技术等进一步发展。人们日益重视控制系统的可靠性，加强自诊断技术、冗余技术、容错技术的应用，推出高可靠性的冗余系统，并采用热备用或并行工作、多数表决的工作方式。例如，S7-400 坚固、全密封的模板可在恶劣、不稳定的环境下正常工作，还可以热插拔。

（6）实现硬件、软件的标准化。针对 PLC 的硬件和软件封闭不开放、模块互不通用、语言差异大、互不兼容等问题，IEC/TC65 下设的 SC65B 装置与过程分析委员会制定了 PLC 国际标准，将其作为一种方向或框架，如 IEC 61131-1/2/3/4/5。标准化软、硬件不仅可以缩短系统开发周期，而且使 80% 的 PLC 应用可利用 20 条梯形逻辑指令集来解决，这被称为"80/20"法则。

2．PLC 的工作原理

图 1-1 所示是 PLC 控制机器的一般过程。先通过编程软件编写程序，如可以使用 TIA Portal 软件进行编程，再将程序下载到 PLC 中，PLC 就可以按预定的程序对机器进行控制了。

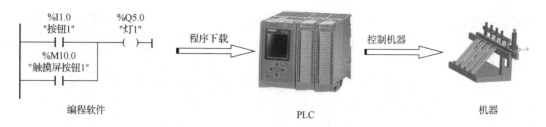

图 1-1　PLC 控制机器的一般过程

下面以控制电动机正反转为例来说明 PLC 的具体工作原理及 CPU 是如何执行程序的。PLC 的接线及程序控制示意图如图 1-2 所示。

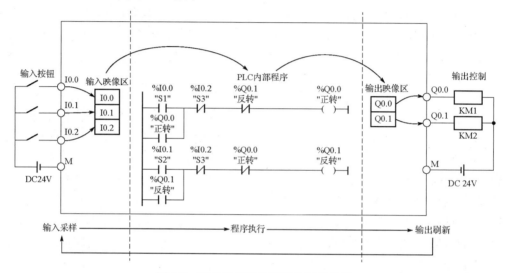

图 1-2　PLC 的接线及程序控制示意图

输入端 I0.0、I0.1 和 I0.2 分别采集电动机正转、反转和停止的输入按钮信号，输出端 Q0.0 和 Q0.1 分别控制继电器 KM1 和 KM2 的线圈，以此控制电动机的正转和反转。

PLC 的程序执行过程是以循环扫描的方式进行的，操作系统始终启动循环时间监控以实现循环扫描。PLC 程序执行的一个工作周期可以分为三个阶段。

（1）第一阶段为输入采样。PLC 通过输入模块采集外部电路的状态，并写入输入映像寄存器。例如，外部电路的开关闭合，对应的输入映像位 I0.0 状态为"1"，梯形图中对应的 I0.0 常开触点闭合，常闭触点断开。

（2）第二阶段为程序执行。CPU 处理用户程序，从映像寄存器特别是输入映像寄存器中读出程序中所用元器件的状态，并执行指令，将运算结果实时写入对应的映像寄存器。如果程序用梯形图表示，则总是按先上后下、从左至右的顺序进行扫描，当遇到程序跳转指令时，则根据是否满足跳转条件来决定程序是否跳转。每扫描到一条指令，若其涉及输入信息的状态，则均从输入映像寄存器中读取，而不是直接使用现场的立即输入信号（立即指令除外），对其他信息，则从元件映像寄存器中读取。用户程序每一步运算的中间结果都立即写入元件映像寄存器，对输出继电器的扫描结果，也不是马上驱动外部负载，而是将其结果写入输出映像寄存器（立即指令除外）。

（3）第三阶段为输出刷新。CPU 将输出映像寄存器中的数据写至输出模块，用于控制与输出点连接的负载（KM1、KM2 的线圈）。例如，上次循环工作周期中输出映像寄存器的 Q0.0 状态为"0"，而这次 Q0.0 得电，其状态变为"1"，控制电动机的继电器线圈通电，其常开触点闭合，电动机正转；反之，控制电动机的继电器线圈断电，其常开触点断开，电动机停止。

总之，CPU 从第一条指令开始，逐条地执行用户程序，并且循环重复执行。执行指令时，CPU 从元件映像寄存器中将有关编程元器件的状态读出来，并根据指令的要求执行相应的逻辑运算，实时更新元件映像寄存器，将最后的运算结果输出到执行机构。

【注意】
第一，在程序执行阶段，除输入映像寄存器外，各个元件映像寄存器中的内容是随着程序的执行而不断变化的；即使外部输入信号的状态发生了变化，输入映像寄存器中对应的元件位也不会随之立即改变，只有等到这个循环扫描周期结束，到下个循环扫描周期才能被更新。
第二，在工作周期的各个阶段，均可对中断事件进行响应。

3．PLC 的主要特点

（1）可靠性高，抗干扰能力强。高可靠性是电气控制设备的关键性能。PLC 采用现代大规模集成电路技术与严格的生产工艺，内部电路采用了先进的抗干扰技术，具有很高的可靠性。一些使用冗余 CPU 的 PLC 的平均无故障工作时间更长。对 PLC 的机外电路来说，使用 PLC 构成的控制系统和同等规模的继电器-接触器系统相比，电气接线及开关接点已减少到数百分之一甚至数千分之一，故障率也大大降低。此外，PLC 具有硬件故障自我检测功能，出现故障时可及时发出警报信息。在应用软件中，应用者还可以编入外围器件的故障自诊断程序，使系统中除 PLC 外的电路及设备也获得故障自诊断保护。这样，整个系统就具有了极高的可靠性。

（2）配套齐全，功能完善，适用性强。PLC 发展到今天，已经形成了大、中、小各种规模的系列化产品，可以用于各种规模的工业控制场合。除逻辑处理功能外，现代 PLC 大多具有完善的数据运算能力，可用于各种数字控制领域。近年来，PLC 的功能单元大量涌现，使 PLC 渗透到了位置控制、温度控制、CNC 等各种工业控制中。PLC 通信能力的增强及人机界面技术的发展，使用 PLC 组成各种控制系统变得非常容易。

（3）易学易用，深受工程技术人员欢迎。PLC 作为通用工业控制计算机，面向各类工业控制设备。它的编程语言易被工程技术人员接受。梯形图的图形符号与表达方式和继电器电路图接近，只用 PLC 的少量开关量逻辑控制指令就可以方便地实现继电器电路的功能，为不熟悉电子电路、不懂计算机原理和汇编语言的人使用计算机进行工业控制打开了方便之门。

（4）系统的设计、建造工作量小，维护方便，容易改造。PLC 用存储逻辑代替接线逻辑，大大减少了控制设备外部的接线，使控制系统设计及建造的周期大大缩短，同时使维护也变得容易起来。更重要的是，PLC 使通过改变程序来改变生产过程成为可能，这很适合应用于多品种、小批量的生产场合。

（5）体积小，重量轻，能耗低。以超小型 PLC 为例，新近开发的产品底部尺寸小于 100mm，质量小于 150g，功耗仅数瓦。由于其体积小，所以很容易被装入机械内部，是实现机电一体化的理想控制器。

4．PLC 的应用领域

目前，PLC 已被广泛应用于钢铁、石油、化工、电力、建材、机械制造、轻纺、交通运输、环保及文化娱乐等各个行业，使用情况大致可归纳为如下几类。

（1）开关量的逻辑控制。这是 PLC 最基本、最广泛的用途，它可取代传统的继电器电路，实现逻辑控制、顺序控制，既可用于单台设备的控制，也可用于多机群控及自动化流水线，如注塑机、印刷机、组合机床、磨床、包装生产线、电镀流水线等。

（2）模拟量控制。在工业生产过程中，有许多连续变化的量，如温度、压力、流量、液位和速度等都是模拟量。为了使 PLC 能够处理模拟量，必须实现模拟量（Analog）和数字量（Digital）之间的 A/D 转换及 D/A 转换。PLC 厂家生产的与 PLC 配套的 A/D 和 D/A 转换模块，使 PLC 可用于模拟量控制。

（3）运动控制。PLC 可以用于圆周运动或直线运动的控制。从控制机构配置来说，PLC 早期直接作为开关量 I/O 模块连接位置传感器和执行机构，现在一般使用专用的运动控制模块。如可驱动步进电机或伺服电动机的单轴或多轴位置控制模块，世界上各主要 PLC 厂家生产的产品几乎都有运动控制功能，可广泛应用于各种机械、机床、机器人、电梯等场合。

（4）过程控制。过程控制是指对温度、压力、流量等模拟量的闭环控制。作为工业控制计算机，PLC 能编写各种各样的控制程序，实现闭环控制。PID 调节是一般闭环控制系统中用得较多的调节方法。大、中型 PLC 都有 PID 模块，目前许多小型 PLC 也具有此功能模块。PID 调节一般通过专用的 PID 子程序来实现。过程控制在冶金、化工、热处理、锅炉控制等场合有广泛的应用。

（5）数据处理。现代 PLC 具有数学运算（如矩阵运算、函数运算、逻辑运算）、数据传送、数据转换、排序、查表、位操作等功能，可以完成数据的采集、分析及处理。这些数据可以与存储在存储器中的参考值进行比较，从而完成一定的控制操作，也可以利用通信功能将其传送到其他智能装置，或将它们打印制表。数据处理一般用于大型控制系统，如无人控制的柔性制造系统；也可用于过程控制系统，如造纸、冶金、食品工业中的一些大型控制系统。

（6）通信及联网。PLC 通信含 PLC 间的通信及 PLC 与其他智能设备间的通信。随着计算机控制的发展，工厂自动化网络发展得很快，各 PLC 厂家都十分重视 PLC 的通信功能，纷纷推出各自的网络系统。新近生产的 PLC 都具有通信接口，通信非常方便。西门子 S7-1200/1500 是一种模块化控制系统，广泛应用于离散自动化领域。其采用模块化与无风扇设计，很容易实现分布式结构，已成为各种自动化任务的经济解决方案。其主要应用在特殊用途机器、纺织机械、包装机器、通用机械工程、控制器工程、机床工程、安装工程、电气行业与航空器、汽车工程、水/废水处理、食品机械、薄膜加工应用、装配自动化等方面。

■【任务实施】

1．制定实施方案

四人为一组，课前从 PLC 的起源、发展趋势、工作原理、主要特点、主要应用领域五个主题中任选一个查阅资料。课间以组为单位对所选的主题进行讨论。完成资料查阅和小组讨论后，每组请一个组员来汇报所选主题的讨论结果。

2．任务实施过程

本任务的详细实施报告如表 1-1 所示。

表 1-1　任务一的详细实施报告

任 务 名 称	认识 PLC		
姓　　　名		同 组 人 员	
时　　　间		实 施 地 点	
班　　　级		指 导 教 师	
任务内容：查阅相关资料并讨论。 （1）PLC 的起源； （2）PLC 的发展趋势； （3）PLC 的工作原理； （4）PLC 的主要特点； （5）PLC 的主要应用领域			
查阅的相关资料			
完成报告	（1）PLC 的起源		
	（2）PLC 的发展趋势		
	（3）PLC 的工作原理		
	（4）PLC 的主要特点		
	（5）PLC 的主要应用领域		

3．任务评价

本任务的评价表如表 1-2 所示。

表 1-2　任务一的评价表

任 务 名 称	认识 PLC			
小 组 成 员		评 价 人		
评 价 项 目	评 价 内 容	配　　分	得　　分	备　　注
团队合作	实施任务的过程中有讨论	5		
	有工作计划	5		
	有明确的分工	5		
	小组成员工作积极	5		
7S 管理	工作环境整洁	5		
	整理物品位置	5		
	时刻注意安全	5		
	树立节省成本的意识	5		

续表

评价项目	评价内容	配　分	得　分	备　注
学习方法	学习方法是否有效并值得借鉴	5		
专业认知能力	了解 PLC 的起源和发展趋势	5		
	掌握 PLC 的工作原理	5		
	了解 PLC 的主要特点	5		
	熟悉 PLC 的主要应用领域	5		
专业实践能力	能通过查阅资料来了解 PLC 的发展史	5		
	能熟练说出 PLC 的工作原理	10		
	能举例说明 PLC 的主要特点	10		
	能举例说明一个 PLC 的应用场景	10		
总分				

【思考与练习】

1. PLC 有哪些主要特点？
2. PLC 基本的输入、输出过程是怎样的？
3. 说说你知道的一些 PLC 的应用领域。
4. PLC 有哪些主要性能指标？

任务二　认识西门子 PLC 家族

【任务描述】

西门子公司的 PLC 产品目前已经形成了一个完整的系列，从书本型迷你控制器 LOGO!到高性能大型控制器 S7-400，再到基于 PC 的控制器，能满足绝大部分应用场景的控制要求。请你和组员一起阅读课本、查阅相关资料，对西门子 PLC 家族进行小组讨论。完成资料查阅和小组讨论后，请一个组员来汇报 S7-1200 或 S7-1500 的性能指标及其应用场景。

【任务目标】

知识目标：
➢ 熟悉西门子每一款 PLC 产品的定位与特点。
能力目标：
➢ 能通过查阅资料来了解西门子 PLC 家族；
➢ 能够说出一款西门子 PLC 的应用场景。
素质目标：
➢ 养成实事求是、查阅资料的职业习惯；
➢ 培养良好的团队协作能力和沟通能力。

■【相关知识】

西门子公司为满足工业 4.0 的需求，提供了完整的数字化软件套件解决方案。方案涵盖了产品设计、生产规划、生产工程、生产制造及服务等环节，集产品生命周期管理（PLM）、制造执行系统（MES）、全集成自动化（TIA）于一体，基于共有的数据平台（Teamcenter），实现了对整个项目数据的统一管理。西门子公司在自动化技术领域的产品主要有自动化系统、识别系统、低压控制与保护产品、工业软件、操作控制和监控系统、电源、过程控制系统、过程仪表、特殊应用产品等。

西门子 PLC 是其在自动化技术领域中的一个产品门类。西门子 PLC 的种类齐全，在航空航天、汽车、冶金和化工等领域都有应用。西门子公司的 PLC 系列产品主要包括 LOGO!、S7-200、S7-1200、S7-300、S7-1500、S7-400 等。西门子 PLC 系列产品定位如图 1-3 所示。

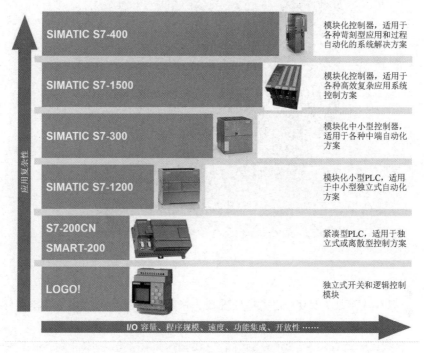

图 1-3　西门子 PLC 系列产品定位

西门子 PLC 的种类比较多，图 1-3 所示是其中的一部分常用类型。简单来讲，西门子 PLC 分为以下几种系列。

大型：SIMATIC S7-400 系列。

中型：SIMATIC S7-1500 系列、SIMATIC S7-300 系列。

小型：SIMATIC S7-1200 系列、SIMATIC SMART-200 和 S7-200 系列、LOGO! 系列。

1. 西门子 SIMATIC S7-400

SIMATIC S7-400 是一种模块化控制器，是高档控制领域中的首选解决方案。

SIMATIC S7-400 的应用领域主要包括自动化工业生产线、机械工程、建筑系统自动化、食品和饮料加工、工艺工程等较大型的应用场景。

例如，CPU 410-5H 就是过程自动化最新一代的控制器，专用于 SIMATIC PCS 7 控制系统。与 SIMATIC PCS 7 控制系统之前的控制器一样，CPU 410-5H 也可以用于所有过程自动化行业。它以 SIMATIC PCS 7 过程对象为基础，具有极其灵活的可扩展性，只需一款硬件，就能涵盖标准、容错和故障安全应用中从最小控制器到最大控制器的整个性能范围。

2．西门子 SIMATIC S7-1500

SIMATIC S7-1500 如图 1-4 所示，它是一种高性能的 PLC。SIMATIC S7-1500 分为标准型、紧凑型、分布式及开放式 4 种类型。SIMATIC S7-1500 凭借较快的响应速度、集成的 CPU 显示面板及相应的调试和诊断机制，极大地提高了生产效率，降低了生产成本。

图 1-4　SIMATIC S7-1500

（1）主要性能介绍。

处理速度：SIMATIC S7-1500 的信号处理极为快速，可以极大地缩短系统响应时间，提高效率。

高速背板总线：SIMATIC S7-1500 的背板总线技术采用高波特率和高效传输协议，可以实现信号的快速处理。

通信：SIMATIC S7-1500 具有三个 PROFINET 接口。其中的两个端口具有相同的 IP 地址，适用于现场级通信；第三个端口具有独立的 IP 地址，可集成到公司网络中。SIMATIC S7-1500 可通过 PROFINET IRT 定义响应时间并确保高度精准的设备性能；集成 Web Server，使用户无须亲临现场即可通过 Internet 浏览器随时查看 CPU 的状态；过程变量以图形化方式进行展示，同时用户还可以自定义网页，这些都能极大地简化了信息的采集操作。

（2）结构组成。SIMATIC S7-1500 采用模块化结构，各种功能皆具有可扩展性。每个控制器都包含以下五种组件：一个中央处理器（CPU），用于执行用户程序；一个或多个电源；信号模块，用作输入/输出；相应的工艺模块和通信模块。

（3）易操作性设计。

内置 CPU 显示屏：可快速访问各种文本信息和详细的诊断信息，提高设备可用性的同时便于全面了解工厂的所有信息。

标准化的前连接器：标准化的前连接器不仅极大简化了电缆的接线操作，还节省了更多的接线时间。

集成短接片：通过集成短接片的连接，可以更加灵活便捷地建立电位组。

集成 DIN 导轨：可快速便捷地安装自动断路器、继电器等其他组件。

灵活的电缆存放方式：凭借两个预先设计的电缆定位槽装置，即使存放粗型电缆，也可以轻松地关闭模块前盖板。

预接线位置：通过带有定位功能的转向布线系统，无论是初次布线还是重新连接，都非常快速便捷。

集成的屏蔽夹：对模拟量信号进行适当屏蔽，可确保高质量地识别信号并有效防止外部电磁干扰。同时，使用插入式接线端子，无须借助任何工具即可实现快速安装。

可扩展性：灵活的可组装性及向上兼容性，便于系统的快速扩展，从而在最大程度上确保了投资回报和投资安全性。

（4）信息安全集成。SIMATIC S7-1500 提供了一种更全面的安全保护机制，包括授权级别、模块保护及通信的完整性等各个方面。信息安全集成机制不仅可以确保投资安全，还可以持续提高系统的可用性。

专有技术保护：加密算法可以有效防范未经授权的访问和修改，避免机械设备被仿造，从而确保了投资安全。

防拷贝保护：可通过绑定 SIMATIC 存储卡或 CPU 的序列号，确保程序无法在其他设备中运行。这样程序就无法被拷贝，只能在指定的 SIMATIC 存储卡或 CPU 上运行。

访问保护：SIMATIC S7-1500 具有一种全面的安全保护功能，可防止未经授权的项目计划被更改。通过为各用户组分别设置访问密码，确保不同的用户组具有不同级别的访问权限。此外，CP 1543-1 模块的使用，进一步加强了集成防火墙的访问保护。

操作保护：系统对传输到控制器的数据进行保护，防止其被未经授权的设备访问。控制器可以识别发生变更的工程组态数据或来自陌生设备的工程组态数据。

（5）集成系统诊断。SIMATIC S7-1500 集成了诊断功能，无须进行额外编程。统一的显示机制可将故障信息以文本方式显示在 TIA 博途、HMI、Web Server 和 CPU 的显示屏上。

一键生成诊断信息：只需简单点击一下，无须额外的编程操作即可生成系统诊断信息。整个系统集成了包含软、硬件在内的所有诊断信息。

统一的显示机制：无论是在本地还是通过 Web 远程访问，文本信息和诊断信息的显示都完全相同，从而确保了所有层级上的投资安全。

接线端子/LED：在测试、调试、诊断和操作过程中，对接线端子和 LED 标签进行快速便捷的显示分配，可以节省大量的操作时间。

通道级的显示机制：当发生故障时，可快速、准确地识别受影响的通道，从而缩短停机时间，提高工厂设备的可用性。

（6）技术集成。SIMATIC S7-1500 可将运动控制功能直接集成到 PLC 中，而无须使用其他模块。通过 PLCopen 技术，控制器可使用标准组件连接支持 PROFIdrive 的各种驱动装置。

TRACE 功能：TRACE 功能适用于所有 CPU，不仅增强了用户程序和运动控制应用诊断的准确性，还极大地优化了驱动装置的性能。

运动控制功能：通过运动控制功能可连接各种模拟量驱动装置及支持 PROFIdrive 的驱动装置，该功能支持转速轴和定位轴。

常用的标准型 SIMATIC S7-1500 CPU 模块的主要技术数据如表 1-3 所示，常用的紧凑型 SIMATIC S7-1500 CPU 模块的主要技术数据如表 1-4 所示。

表 1-3　常用的标准型 SIMATIC S7-1500 CPU 模块的主要技术数据

主要技术数据		CPU 型号		
		CPU 1511-1 PN	CPU 1513-1 PN	CPU 1515-2 PN
订货号		6ES7 511-1AK02-0AB0	6ES7 513-1AL02-0AB0	6ES7 515-2AM02-0AB0
组态		V15～V17（FW2.9）或更高	V15～V17（FW2.9）或更高	V15～V17（FW2.9）或更高
编程语言		LAD，FBD，STL，SCL，GRAPH，CEM，CFC	LAD，FBD，STL，SCL，GRAPH，CEM，CFC	LAD，FBD，STL，SCL，GRAPH，CEM，CFC
尺寸		35mm×147mm×129mm	35mm×147mm×129mm	70mm×147mm×129mm
工作温度		−25～60℃（水平安装）；−20～40℃（垂直安装）	−25～60℃（水平安装）；−20～40℃（垂直安装）	−25～60℃（水平安装）；−20～40℃（垂直安装）
屏对角线长度		3.45cm	3.45cm	6.1cm
额定电源电压		DC 24V（DC 19.2～28.8V）	DC 24V（DC 19.2～28.8V）	DC 24V（DC 19.2～28.8V）
典型功耗		5.7 W	5.7 W	6.3 W
主机架最大模块数量		32 个；CPU+31 个模块	32 个；CPU+31 个模块	32 个；CPU+31 个模块
PROFINET 接口		X1，2×RJ45，PROFINET 接口，100Mbps，集成 2 端口交换机	X1，2×RJ45，PROFINET 接口，100Mbps，集成 2 端口交换机	X1，2×RJ45，PROFINET 接口，100Mbps，集成 2 端口交换机；X2，RJ45，PROFINET 接口，100Mbps
扩展通信模块 CM/CP 数量		最多 4 个	最多 6 个	最多 8 个
指令执行时间	位运算	60ns	40ns	30ns
	字运算	72ns	48ns	36ns
	定点运算	96ns	64ns	48ns
	浮点运算	384ns	256ns	192ns
存储器	集成工作存储器（用于程序）	150KB	300KB	500KB
	集成工作存储器（用于数据）	1MB	1.5MB	3MB
	集成掉电保持数据区	128KB	128KB	512KB
	通过 PS 扩展掉电保持数据区	1MB	1.5MB	3MB
	装载存储器（SIMATIC 存储卡）	最大 32GB	最大 32GB	最大 32GB
	CPU 的块总计	2000 个	2000 个	6000 个

主要技术数据	CPU 型号		
	CPU 1511-1 PN	CPU 1513-1 PN	CPU 1515-2 PN
DB 最大容量 （编号范围 1~60999）	1MB	1.5MB	3MB
FB 最大容量 （编号范围 0~65535）	150KB	300KB	500KB
FC 最大容量 （编号范围 0~65535）	150KB	300KB	500KB
OB 最大容量	150KB	300KB	500KB
I/O 模块最大数量	1024 个	2048 个	8192 个
I/O 输入最大地址范围	32KB；所有输入均在过程映像中	32KB；所有输入均在过程映像中	32KB；所有输入均在过程映像中
I/O 输出最大地址范围	32KB；所有输出均在过程映像中	32KB；所有输出均在过程映像中	32KB；所有输出均在过程映像中

表 1-4　常用的紧凑型 SIMATIC S7-1500 CPU 模块的主要技术数据

主要技术数据		CPU 型号	
		CPU 1511C-1 PN	CPU 1512C-1 PN
订货号		6ES7511-1CK01-0AB0	6ES7512-1CK01-0AB0
组态		V15~V17（FW2.9）或更高	V15~V17（FW2.9）或更高
编程语言		LAD，FBD，STL，SCL，GRAPH，CEM，CFC	LAD，FBD，STL，SCL，GRAPH，CEM，CFC
尺寸		35 mm×147 mm×129 mm	35 mm×147 mm×129 mm
工作温度		−25~60 ℃（水平安装）； −25~40℃（垂直安装）	−25~60 ℃（水平安装）； −25~40℃（垂直安装）
屏对角线长度		3.45cm	3.45cm
额定电源电压		DC 24V（DC 19.2~28.8V）	DC 24V（DC 19.2~28.8V）
典型功耗		11.8 W	11.8 W
主机架最大模块数量		32 个；CPU + 31 个模块	32 个；CPU + 31 个模块
PROFINET 接口		X1，2×RJ45，PROFINET 接口，100Mbps，集成 2 端口交换机	X1，2×RJ45，PROFINET 接口，100Mbps，集成 2 端口交换机
扩展通信模块 CM/CP 数量		最多 4 个	最多 6 个
指令执行时间	位运算	60ns	48ns
	字运算	72ns	58ns
	定点运算	96ns	77ns
	浮点运算	384ns	307ns
存储器	集成工作存储器（用于程序）	175KB	250KB
	集成工作存储器（用于数据）	1MB	1MB
	集成掉电保持数据区	128KB	128KB
	通过 PS 扩展掉电保持数据区	1MB	1MB
	装载存储器（SIMATIC 存储卡）	最大 32GB	最大 32GB

续表

主要技术数据		CPU 型号	
		CPU 1511C-1 PN	CPU 1512C-1 PN
存储器	CPU 的块总计（如 DB，FB，FC，UDT 及全局常量等）	2000 个	2000 个
DB 最大容量（编号范围 1～60999）		1MB	1MB
FB 最大容量（编号范围 0～65535）		175KB	175KB
FC 最大容量（编号范围 0～65535）		175KB	175KB
OB 最大容量		175KB	175KB
I/O 模块最大数量		1024 个	2048 个
I/O 输入最大地址范围		32 KB；所有输入均在过程映像中	32 KB；所有输入均在过程映像中
I/O 输出最大地址范围		32 KB；所有输出均在过程映像中	32 KB；所有输出均在过程映像中

3. 西门子 SIMATIC S7-300

SIMATIC S7-300 适用于有中低端性能要求的中小型控制系统，各种性能的模块可以非常好地满足和适应自动化控制任务。简单实用的分布式结构和多接口网络能力使其应用十分灵活，方便用户操作。当控制任务增加时，可自由扩展大量的集成模块，功能强大。

西门子 S7-300F 故障安全型自动化系统可满足日益增加的安全需求。标准的 SIMATIC S7-300 也可以连接配有安全型模块的 ET 200S 和 ET 200M 分布式 I/O 站，采用 PROFIsafe profile 或 PROFINET 进行安全通信，以保证自动化系统的安全。

成熟的 SIMATIC S7-300 PLC 技术便于编程、维护和维修，适用于汽车工程、环境工程、采矿、化工、物料处理、食品工业等领域。

4. 西门子 SIMATIC S7-1200

SIMATIC S7-1200 如图 1-5 所示。SIMATIC S7-1200 是西门子 PLC 系列的新产品，它将微处理器、集成电源、输入和输出电路、内置 PROFINET、高速运动控制 I/O、多种工艺功能及板载模拟量输入等紧凑地集成到一起。由于其设计紧凑、组态灵活、扩展方便、功能强大，可满足各种各样的自动化控制需求，因此成为了各种控制应用中比较完美的解决方案。

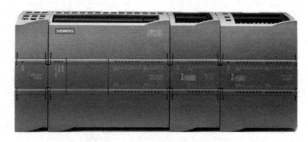

图 1-5　SIMATIC S7-1200

SIMATIC S7-1200 标配 PROFINET 接口，集成了强大的以太网通信功能。其最多可以支持 23 个以太网连接，数据传输速率达 100 Mbps。如果将 SIMATIC S7-1200 和西门子 NET 工业无线局域网组件一起使用，则可以达到一个全新的组网规模。

图 1-6 所示是 SIMATIC S7-1200 的外观结构。其中，①是电源接口；②是存储卡插槽，在

上部保护盖下面；③是可拆卸用户接线连接器，在保护盖下面；④是板载 I/O 的 LED 状态指示灯；⑤是 PROFINET 连接器。

标准型 SIMATIC S7-1200 CPU 模块的主要技术数据如表 1-5 所示。

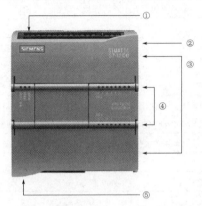

图 1-6　SIMATIC S7-1200 的外观结构

表 1-5　标准型 SIMATIC S7-1200 CPU 模块的主要技术数据

主要技术数据		CPU 型号							
		CPU 1211C	CPU 1212C	CPU 1212FC	CPU 1214C	CPU 1214FC	CPU 1215C	CPU 1215FC	CPU 1217C
标准 CPU		DC/DC/DC，AC/DC/RLY，DC/DC/RLY							DC/DC/DC
故障安全 CPU		—	DC/DC/DC，DC/DC/RLY						—
物理尺寸		90mm×100mm×75mm			110mm×100mm×75mm		130mm×100mm×75mm		150mm×100mm×75mm
用户存储器	工作存储器	50KB	75KB	100KB	100KB	125KB	125KB	150KB	150KB
	装载存储器	1MB	2MB	2MB	4MB	4MB	4MB	4MB	4MB
	保持性存储器	10KB	10KB	10KB	10KB	10KB	10KB	10KB	10KB
本体集成 I/O	数字量	6 点输入/4 点输出	8 点输入/6 点输出		14 点输入/10 点输出		14 点输入/10 点输出		
	模拟量	2 路输入	2 路输入		2 路输入		2 路输入/2 路输出		
过程映像大小		1024B 输入（I）和 1024B 输出（Q）							
位存储器		4096B			8192B				
信号模块扩展		无	2		8				
信号板		1							
最大本地 I/O（数字量）		14	82		284				
最大本地 I/O（模拟量）		3	19		67		69		
通信模块		3（左侧扩展）							

续表

主要技术数据		CPU 型号							
		CPU 1211C	CPU 1212C	CPU 1212FC	CPU 1214C	CPU 1214FC	CPU 1215C	CPU 1215FC	CPU 1217C
高速计数器	总计	最多可组态 6 个使用任意内置输入或 SB 输入的高速计数器							
	差分 1MHz								Ib.2 到 Ib.5
	100kHz	Ia.0 到 Ia.5							
	30kHz	—			Ia.6 到 Ia.7		Ia.6 到 Ib.5		Ia.6 到 Ib.1
		使用 SB 1223 DI 2×24V DC，DQ 2×24V DC 时可达 30kHz。							
	200kHz	使用 SB 1221 DI 4×24V DC、200 kHz，SB 1221 DI 4×5V DC、200 kHz，SB 1223 DI 2×24V DC/DQ 2×24V DC、200 kHz，SB 1223 DI 2×5V DC/DQ 2×5V DC、200kHz 时最高可达 200kHz							
脉冲输出	总计	最多可组态 4 个使用 DC/DC/DC CPU 任意内置输出或 SB 输出的脉冲输出							
	差分 1MHz	—							Qa.0 到 Qa.3
	100kHz	Qa.0 到 Qa.3							Qa.4 到 Qb.1
	20kHz	—			Qa.4 到 Qa.5		Qa.4 到 Qb.1		—
		使用 SB 1223 DI 2×24V DC、DQ 2×24V DC 时可达 20kHz							
脉冲输出	200kHz	使用 SB 1222 DQ 4×24V DC、200 kHz，SB 1222 DQ 4×5V DC、200 kHz，SB 1223 DI 2×24V DC/DQ 2×24V DC、200 kHz，SB 1223 DI 2×5V DC/DQ 2×5V DC、200 kHz 时最高可达 200kHz							
存储卡		SIMATIC 存储卡（选件）							
实时时钟保持时间		通常为 20 天，40℃时最少 12 天							
PROFINET 接口		1 个以太网通信端口，支持 PROFINET 通信					2 个以太网通信端口，支持 PROFINET 通信		
实数数学运算执行速度		2.3μs/指令							
布尔运算执行速度		0.08μs/指令							

5．西门子 S7-200 和 SMART-200

西门子 S7-200 和 SMART-200 系列 PLC 是小型 PLC，适合应用于各种小型控制场景中的检测、监测及自动化控制。

西门子公司顺应市场需求推出的西门子 S7-200 SMART Compact CPU，经济实用，具有很高性价比。其配合 SMART LINE 人机界面和 SINAMIC V20 变频器使用，为小型自动化控制系统提供了理想的解决方案。

SMART-200 的 I/O 点数非常丰富，单体点数最高可达 60，可满足大部分小型自动化设备的控制需求。另外，CPU 模块配备标准型和经济型供用户选择，针对不同的应用需求，灵活地配置产品，从而最大限度地控制成本。

SMART-200 标配 PROFINET 接口，集成了强大的以太网通信功能。一根普通的网线即可将程序下载到 PLC 中，方便快捷，可以省去专用的编程电缆。通过以太网接口还可与其他 CPU 模块、触摸屏、计算机进行通信，轻松实现组网。

6．西门子 LOGO!

LOGO!小巧、灵活、智能，还可直接连接云端，简单、易用、方便。它的最新版本可适用于更多的应用场景。无论在工业领域、楼宇自动化领域还是日常应用领域，LOGO!都是实现快速、简单和节省空间的自动化控制系统的理想选择。

在工业领域，可以使用 LOGO!将生产过程自动化。例如，通过 LOGO!可以控制压缩机、传送带和门控制系统等。

在楼宇自动化领域，基于 LOGO!丰富的控制功能，可有效提高建筑的宜居性和安全性。

在日常应用领域，LOGO!可提供简单而智能的自动化解决方案。例如，要控制一个移动鸡舍，农场主利用 LOGO!可以将云端与鸡舍联系起来，能更高效地对多个鸡舍进行监视和控制，通过网页可以实现诸如照明、打开/关闭闸门及视频监控鸡舍喂食等操作。如果出现状况和故障，设备将通过云端向农场主报警。

■【任务实施】

1．制定实施方案

根据具体情况，选出 2～3 种不同型号的 PLC。四人一组，课前查阅资料，课间对西门子 PLC 家族进行小组讨论。完成资料查阅和小组讨论后，每组请一个组员来汇报一款 PLC 的性能指标及其应用场景。

2．任务实施过程

本任务的详细实施报告如表 1-6 所示。

表 1-6　任务二的详细实施报告

任 务 名 称	认识西门子 PLC 家族		
姓　　　名		同 组 人 员	
时　　　间		实 施 地 点	
班　　　级		指 导 教 师	
任务内容：查阅相关资料并讨论。 （1）CPU 1214C 的主要性能指标； （2）CPU 1512C-1 PN 的主要性能指标； （3）西门子故障安全型 PLC 的工作特点； （4）西门子故障安全型 PLC 的应用场景			
查阅的相关资料			
完成报告	（1）CPU 1214C 的主要性能指标		
	（2）CPU 1512C-1 PN 的主要性能指标		
	（3）西门子故障安全型 PLC 的工作特点		
	（4）西门子故障安全型 PLC 的应用场景		

3．任务评价

本任务的评价表如表 1-7 所示。

表 1-7 任务二的评价表

任务名称	认识西门子 PLC 家族				
小组成员			评价人		
评价项目	评价内容	配分	得分		备注
团队合作	实施任务的过程中有讨论	5			
	有工作计划	5			
	有明确的分工	5			
	小组成员工作积极	5			
7S 管理	工作环境整洁	5			
	整理物品位置	5			
	时刻注意安全	5			
	树立节省成本的意识	5			
学习方法	学习方法是否有效并值得借鉴	10			
专业认知能力	掌握西门子 PLC 的主要性能指标	10			
	了解西门子标准型 PLC 和故障安全型 PLC 的区别	10			
	熟悉西门子 PLC 的应用领域	10			
专业实践能力	能通过查阅资料来了解西门子 PLC 家族	10			
	能够熟练说出一款西门子 PLC 的应用场景	10			
总分					

■【思考与练习】

1. 请查阅资料，说明西门子 LOGO!有哪些主要特点。
2. 请查阅资料，说明西门子 S7-200 和 SMART-200 有什么区别。
3. 说说你知道的一些西门子 PLC 的应用领域。
4. SIMATIC S7-400 系列 PLC 主要应用在哪些领域？

任务三 西门子 S7-1200/1500 PLC 开发环境入门

■【任务描述】

本任务通过创建一个 PLC 最小系统来认识西门子 S7-1200/1500 PLC 的开发环境。PLC 最小系统应该包括至少一个输入信号和一个输出信号。将 PLC 的 1 个数字输出口作为输出，通过该输出口对应的指示灯来观察输出结果。在 HMI 界面上建立 2 个按钮，分别控制输出口的开和关。如果你的身边有 S7-1200/1500 PLC 实物，那么可以进行硬件实验。当然，如果你的身边没有 PLC 实物，本任务可以不使用 PLC 实物，只需要安装好 TIA Portal 软件就能够进行实验。扫描右侧二维码可查看详细操作。

扫一扫

微课：西门子 S7-1200/1500 开发环境入门

■【任务目标】

知识目标：

➢ 掌握安装 TIA Portal 软件的步骤；

➢ 掌握 TIA Portal 软件编写 PLC 程序的基本步骤；

➢ 掌握 TIA Portal 软件编写 HMI 界面的基本步骤；

➢ 掌握 TIA Portal 软件调试 PLC 和触摸屏的基本方法；

➢ 了解常用位逻辑指令的使用方法。

能力目标：

➢ 会安装 TIA Portal 软件；

➢ 会使用 TIA Portal 软件编写 PLC 程序并下载到 PLC；

➢ 会使用 TIA Portal 软件编写 HMI 界面并进行下载；

➢ 会使用 TIA Portal 软件调试 PLC 和触摸屏。

素质目标：

➢ 养成认真做好每件小事的习惯；

➢ 培养良好的团队协作能力。

■【相关知识】

1．TIA Portal 集成开发环境简介

TIA Portal 集成开发环境采用统一的软件框架，可在同一开发环境中组态西门子的所有可编程控制器、人机界面和驱动装置，大大降低了连接和组态成本，极大地缩短了软件项目的故障诊断和调试时间。

PLC 作为自动化控制系统的核心装置，在工业自动化领域得到了广泛的应用。工业控制系统从设计到实际运行必须反复进行程序调试，使用虚拟仿真软件进行程序调试可以缩短设计周期，同时降低成本。

TIA Portal 软件不仅可以通过 S7-PLCSIM 对 PLC 进行编程和离线仿真，还能使用 WinCC 软件设计出虚拟的被控对象，实现控制系统的仿真设计并进行程序调试。利用 TIA Portal 软件的虚拟仿真功能进行 PLC 项目化教学，可以大大提高教师和学生的实践应用水平。接下来简单介绍 TIA Portal 集成开发环境。

1）TIA Portal

STEP 7（TIA Portal）是用于组态 SIMATIC S7-1200、S7-1500、S7-300/400 和 WinAC 控制器系列的工程组态软件。其编程语言包括 LAD、FBD、STL 和 GRAPH 等。

STEP 7（TIA Portal）有两个版本，具体的选择取决于控制器的系列。STEP 7 Basic，一般用来组态 S7-1200；STEP 7 Professional，一般用来组态 S7-1200、S7-1500、S7-300/400 和软件控制器 WinAC。

2）WinCC 简介

WinCC（Windows Control Center，视窗控制中心）是西门子上位机专业组态软件，除了专业的 PC 版 WinCC，TIA Portal 软件也集成了 WinCC。使用 WinCC 可以新建画面，设计出虚拟的被控对象，进行程序调试。

WinCC（TIA Protal）是可视化组态软件，可以组态 SIMATIC 面板、SIMATIC 工业 PC 及标准 PC。其有 4 个不同版本，分别为 WinCC Basic、WinCC Comfort、WinCC Advanced、WinCC Professional。各个版本的功能和使用范围如下。

①WinCC Basic 版本：可以用来组态所有精简系列的触摸屏面板。

②WinCC Comfort 版本：可以组态所有面板（Basic Panels、Comfort Panels、Mobile Panels、x77 Panels 和 Multi Panels）。

③WinCC Advanced 版本：不仅可以组态触摸屏，还能组态基于 PC 的运行系统 "WinCC Runtime Advanced"，即作为 SCADA 监控软件来运行，但必须是单站模式。

④WinCC Professional 版本：既可以组态触摸屏，又可以组态触摸屏面板，其功能比 WinCC Advanced 版本更强大。其除了可以组态 WinCC Advanced 版本可组态的设备，还可以组态基于 PC 的运行系统 "WinCC Runtime Professional"。

3）S7-PLCSIM 简介

S7-PLCSIM 是 TIA Portal 的仿真软件模块，在 STEP 7 环境下可以仿真 PLC 的大部分功能，不需要连接实物 PLC，就可以使用模拟仿真的方法运行和测试用户的应用程序，让用户快速地熟悉 S7 系列的 PLC 指令和软件操作。

S7-1200 系列的 PLC 在 TIA Portal 软件中使用 S7-PLCSIM 进行仿真时有如下要求。

①硬件要求：S7-1200 PLC 的固件版本必须为 4.0 或更高版本；S7-1200F PLC 的固件版本必须为 4.12 或更高版本。

②仿真范围：目前不支持计数、PID 控制、运动控制等工艺模块。

2．TIA Portal 软件的安装

目前 TIA Portal 软件的最新版本为 TIA Portal V17。TIA Portal 软件的高版本能兼容打开低版本的项目，而低版本无法打开高版本的项目，建议读者安装 TIA Portal V17，以便能正常打开所有的项目。这里以 TIA Portal V17 的安装为例，其他版本的安装过程与 TIA Portal V17 的安装过程基本一致。

TIA Portal 软件的安装包比较大，需要安装的内容比较多，安装过程中需要注意的细节也比较多，下面以 64 位 Win 10 企业版计算机操作系统为例来进行说明。

1）安装前的准备

计算机的操作系统应为原装系统，以免系统不稳定。Win 7 系统只能安装 TIA Portal V15 及以下版本，TIA Portal V17 版本可以安装在 Win 10 家庭版、企业版或专业版等操作系统上。

下载好 TIA Portal 软件安装包或 ISO 镜像文件，安装包里面应包括各个组件（STEP7、PLCSIM、WinCC）。如果是压缩包就先解压，如果是镜像文件就先装载到虚拟光驱。图 1-7 所示是 TIA Portal V17 安装包中所包含的文件。

S7-PLCSIM17	2021/10/24 8:58	360压缩 ZIP 文件	1,738,511 KB
SETP7+WINCC_ADV_V17	2021/10/24 9:03	360压缩 ZIP 文件	5,659,303 KB
Startdrive_Advanced_V17	2021/10/24 9:08	360压缩 ZIP 文件	4,991,071 KB

图 1-7　TIA Portal V17 安装包中所包含的文件

2）软件安装的注意事项

（1）安装 TIA Portal 软件之前，需暂时退出杀毒软件。

（2）安装路径不能有中文。在安装过程中需要注意：安装路径应选择英文路径，否则可能会报错，建议安装在 C 盘的默认路径下。

（3）需要先安装.NET Framework 3.5。如果你的计算机没有安装过.NET Framework 3.5，则在安装过程中会提示"缺少网络组件.NET Framework 3.5"，所以需要先安装.NET Framework 3.5。

（4）为了避免多次重启计算机，可以删除注册表中的一个组件。安装之前先删除注册表中的一个组件，即路径 HKEY_LOCAL_MACHINE/SYSTEM/CurrentControlSet /Control/Session Manager 右边根目录下的 PendingFileRenameOperations。如果在安装过程中提示要重启计算机，那么要先打开注册表查看是否删除了该组件，若有该组件，则将其删除之后再重启计算机。

进入注册表的方法：右击计算机任务栏左下角"开始"图标，单击"运行"选项，或者按下快捷键"Windows+R"，在命令框中输入"regedit"后单击"确定"按钮进入注册表编辑器。进入注册表编辑器之后找到 PendingFileRenameOperations 对应的路径，如图 1-8 所示。

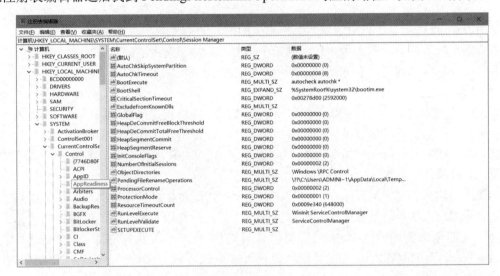

图 1-8 进入注册表编辑器之后找到 PendingFileRenameOperations 对应的路径

3．基本的位逻辑指令

在 PLC 程序中将用到基本的常开触点、常闭触点、线圈等位逻辑指令，表 1-8 所示是基本的位逻辑指令。

表 1-8 基本的位逻辑指令

指　　令	描　述	说　　明
"IN" —┤├—	常开触点	常开触点在指定的位为"1"时闭合，为"0"时断开
"IN" —┤/├—	常闭触点	常闭触点在指定的位为"1"时断开，为"0"时闭合
—┤NOT├—	取反 RLO	指对存储器位的取反操作，当 NOT 触点左侧为"1"时，右侧为"0"，能量流不能传递到右侧；反之，当 NOT 触点左侧为"0"时，右侧为"1"，左侧没有能量流通过，而 NOT 触点却向右产生了能量流传递
"OUT" —（ ）—	线圈	线圈指令：当左侧触点的逻辑运算结果为"1"时，CPU 将线圈位地址指定过程映像寄存器位置"1"；当左侧触点的逻辑运算结果为"0"时，CPU 将线圈位地址指定过程映像寄存器位置"0"

续表

指　令	描　述	说　明
"OUT" ——(/)——	取反线圈	取反线圈指令：当左侧触点的逻辑运算结果为"0"时，CPU 将线圈位地址指定过程映像寄存器位置"1"；当左侧触点的逻辑运算结果为"1"时，CPU 将线圈位地址指定过程映像寄存器位置"0"

（1）常开触点。

当操作位的信号状态为"1"时，常开触点将闭合。

当操作位的信号状态为"0"时，常开触点将断开。

（2）常闭触点。

当操作位的信号状态为"1"时，常闭触点将断开。

当操作位的信号状态为"0"时，常闭触点将闭合。

（3）取反 RLO 指令。

使用取反 RLO 指令，可对逻辑运算结果（RLO）的信号状态进行取反。

若该指令输入的信号状态为"1"，则指令输出的信号状态为"0"。

若该指令输入的信号状态为"0"，则指令输出的信号状态为"1"。

（4）线圈。

如果线圈输入的逻辑运算结果的信号状态为"1"，则将指定操作数的信号状态置为"1"。

如果线圈输入的逻辑运算结果的信号状态为"0"，则将指定操作数的信号状态置为"0"。

（5）取反线圈。取反线圈指令也叫"赋值取反"指令，使用该指令，可先对逻辑运算的结果取反，再将其赋值给指定操作数。

如果线圈输入的逻辑运算结果的信号状态为"1"，则将指定操作数的信号状态置为"0"。

如果线圈输入的逻辑运算结果的信号状态为"0"，则将指定操作数的信号状态置为"1"。

（6）立即读取物理输入。在"I"偏移量后追加":P"，可执行立即读取物理输入（如"%I3.4:P"）。立即读取物理输入直接从物理输入读取该位的数据值，而非从过程映像寄存器中读取。

【注意】

立即读取不会更新过程映像寄存器。

4．常用位逻辑指令的使用

将两个常开或常闭触点串联可进行"与"运算，将两个常开或常闭触点并联可进行"或"运算。

图 1-9 所示是"与"运算示例，当 I0.0、I0.1 均为 1 时，Q0.0 输出 1；当 I0.0、I0.1 两者中任意一个为 0 时，Q0.0 输出 0。

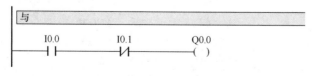

图 1-9　"与"运算示例

图 1-10 所示是"或"运算示例，当 I0.0、I0.1 中任意一个为 1 时，Q0.1 输出 1；当 I0.0、

I0.1 均为 0 时，Q0.1 输出 0。

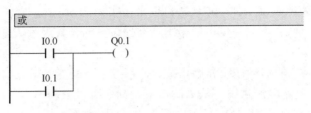

图 1-10　"或"运算示例

图 1-11 所示是"非"运算示例，当 I0.0、I0.1 均为 0 时，Q0.2 输出 1；当 I0.0、I0.1 两者中任意一个为 1 时，Q0.2 输出 0。

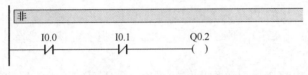

图 1-11　"非"运算示例

图 1-12 所示是图 1-9～图 1-11 所对应的"与""或""非"运算示例的程序流程。

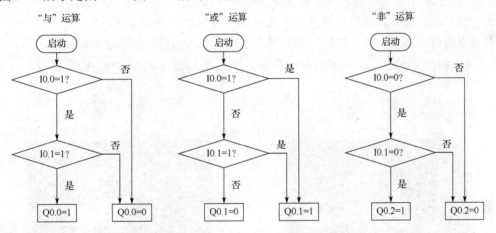

图 1-12　"与""或""非"运算的程序流程

■【任务实施】

1. 参考实施方案

按照任务要求，需要设计一个 PLC 最小系统，由 PLC 的 1 个数字输出口作为输出，这里采用 PLC 的 Q0.0。在触摸屏上建立 2 个按钮，所关联的变量为 M10.0 和 M10.1（在进行实物控制时，实物启动按钮对应 I0.0，实物停止按钮对应 I0.1），分别控制输出口的开和关。该任务分为两部分，先进行 PLC 组态和编程，再进行 HMI 界面设计。

该任务针对的是从未接触过 TIA Portal 软件的读者，为了让读者能快速适应 TIA Portal 软件环境下 PLC 系统的设计流程，建议采用纯软件仿真的方式完成本任务。下面详细列出任务实施步骤。

1）参考电路硬件接线

如果身边具备基本的硬件条件，本任务可以采用实物 PLC 控制 LED，请参考图 1-13 所示电路完成电路安装和接线。本任务也可以采用纯软件仿真的方式进行，这样可以略过硬件接线这一步。

图 1-13 所示电路中的启动按钮和停止按钮，都接常开触点。输入信号（2 个按钮）采用 PLC 内部提供的 24V 直流电源供电，从"L+"和"M"端引出。

输出部分的 LED 使用外部 24V 直流电源供电。因为 LED 的负载电流很小，只有几十毫安，无论是继电器输出还是晶体管输出，都能够直接驱动一个 LED，所以本任务直接用 PLC 的输出口来控制 LED。

在图 1-13 所示电路中，方案 1 采用的 PLC 为 CPU 1214C AC/DC/RLY，它使用的电源为 220V 交流电；方案 2 采用的 PLC 为 CPU 1214C DC/DC/DC，由 24V 直流电源供电。两种方案中输入按钮和输出口控制 LED 的接线相同，请读者根据实际情况选择其中一种方案完成硬件接线。

根据图 1-13 所示电路完成电路硬件接线以后，若需要使用触摸屏控制 LED，则需将触摸屏和 PLC 连接到同一个路由器，或者将触摸屏和 PLC 用一根网线连接起来。

在图 1-13 所示电路的基础上，输入电源部分可以加入空气开关和熔断器。为了让读者更容易上手操作，这里可以使用插座自带的开关来控制 PLC 的电源输入。

完成电路硬件安装和接线以后，需要对电路进行基本的短路和断路测试。

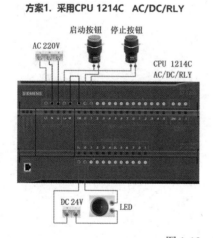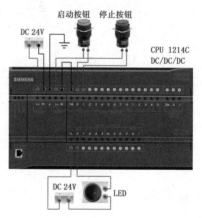

图 1-13　参考电路硬件接线

2）PLC 的组态与编程

（1）创建项目。运行 TIA Portal 软件，首先单击"创建新项目"选项并给项目命名，然后单击"创建"按钮，如图 1-14 所示。

TIA Portal 软件具有两种视图：Portal 视图和项目视图。图 1-15 所示是 Portal 视图，其提供了一个面向任务的工具视图，用于对项目进行处理。在此视图中，可以快速决定要执行的操作，并调用工具完成相应任务。若有必要，可针对所选任务切换为项目视图。Portal 视图的主要作用是便于完成入门操作和初始步骤。

图 1-14　创建新的项目

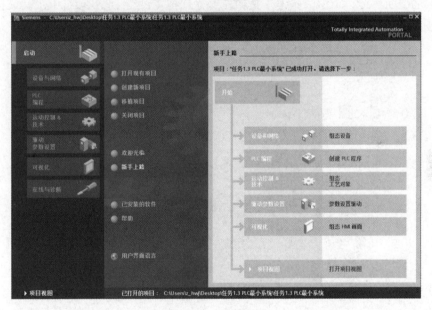

图 1-15　Portal 视图

　　单击 Portal 视图的左下角，可从 Portal 视图切换到项目视图。项目视图是该项目所有组成部分的结构化视图，如图 1-16 所示。项目视图在默认情况下，顶部是工具栏和菜单栏；左侧是包含项目所有组成部分的项目树，右侧是包含任务和库的选项卡。若在项目树中选择了一个选项，如程序块 OB1，则会在中间部分显示该选项，并且可对其进行处理。同样地，可单击左下角的"Portal 视图"按钮切换到 Portal 视图。

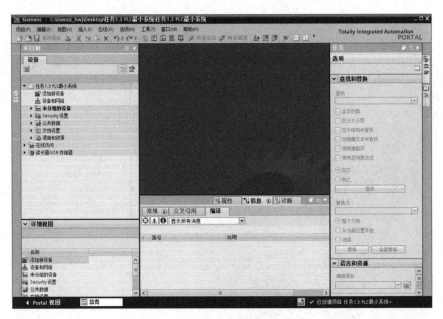

图 1-16　项目视图

（2）添加新设备。单击"添加新设备"选项，进入到图 1-17 所示的窗口，选择要使用的 CPU 1214C DC/DC/DC，单击"确定"按钮，这样就把 CPU 添加到项目中了。项目中添加了 CPU 后的项目视图如图 1-18 所示。

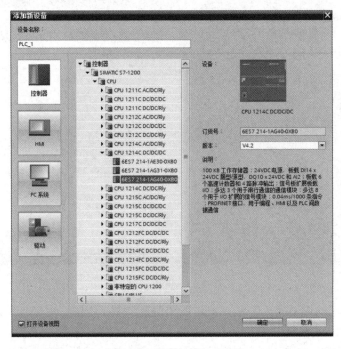

图 1-17　为项目添加 CPU

（3）硬件组态。添加 CPU 后，在图 1-18 所示界面中双击"设备组态"选项（图中①圈选），进入硬件组态界面，在硬件组态界面可以添加模块和配置硬件。本任务无须其他模块，可以略过此步。

在图 1-18 所示界面中单击右边的小箭头（图中②圈选），打开图 1-19 所示的 CPU 的设备概览，可以看到该 CPU 自带一个数字输入/输出模块，其数字输入 I 的地址为 "0～1"，数字输出 Q 的地址也为 "0～1"，在这里可以修改数字输入/输出的地址，本任务采用默认地址。配置完成后单击 "保存项目" 按钮。

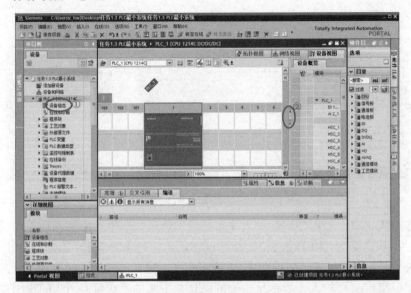

图 1-18　项目中添加了 CPU 后的项目视图

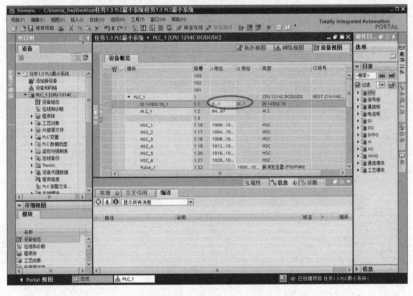

图 1-19　CPU 的设备概览

（4）新建并编辑变量表。首先单击 "添加新变量表" 选项，新建一个 "变量表_1"，然后在变量表中新建 3 个变量 "LED"、"打开按钮" 和 "关闭按钮"，分别对应地址 Q0.0、M10.0 和 M10.1，如图 1-20 所示。

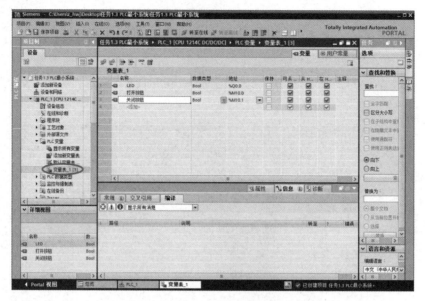

图 1-20　新建的变量表_1

（5）程序输入。双击"程序块"→"添加新块"选项，选中"添加新块"对话框中的"函数 FC"按钮，给块命名为"LED 控制"，如图 1-21 所示，完成后单击"确定"按钮。双击"LED 控制"程序块，进入程序编辑，根据图 1-22 输入程序，输入完成后，保存程序。为程序段中的符号指定变量时可以直接输入变量地址，也可以从左下侧的"变量表_1"的详细视图中将变量拖动到对应的符号上面。使用这种拖动变量的方法可以更快速地输入程序。

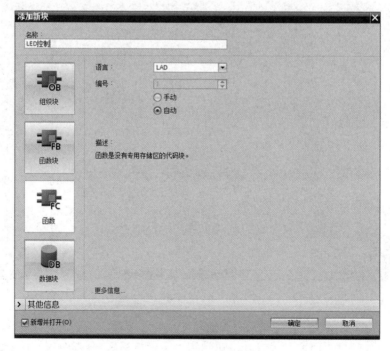

图 1-21　添加"LED 控制"程序块

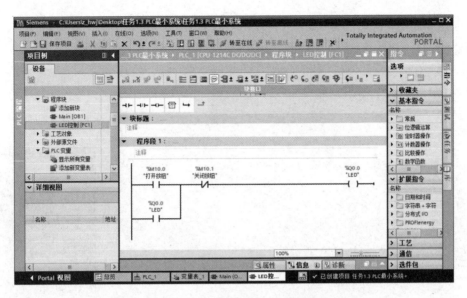

图 1-22　"LED 控制"程序块的输入

（6）编写主程序并下载到 PLC。双击 Main 程序块，进入主程序"Main[OB1]"的编辑界面，如图 1-23 所示，把"LED 控制"程序块（图中③圈选）拖动到程序段 1 中。这样就实现了在主程序"Main[OB1]"中调用"LED 控制"程序块，单击"保存项目"按钮，或者单击项目工具栏的"保存"按钮对项目进行保存。先单击界面中的 PLC（图中②圈选），再单击仿真图标 （图中①圈选），出现图 1-24 所示的仿真 PLC 精简视图，同时会出现图 1-25 所示的程序下载界面，单击"装载"按钮，将程序下载到 PLC 中。

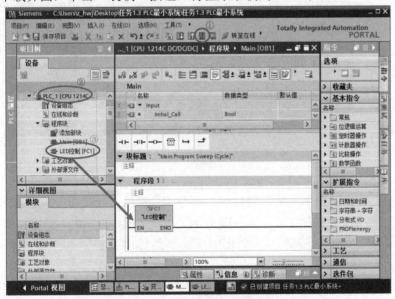

图 1-23　在主程序中调用 LED 控制程序快　　　　图 1-24　仿真 PLC 精简视图

（7）采用在线监控调试程序。首先，在仿真 PLC 精简视图中单击"RUN"按钮，运行仿真 PLC，如图 1-26 所示；然后，在图 1-27 所示的界面中单击绿色的在线监控图标 （图中①圈选），进入在线监控状态。

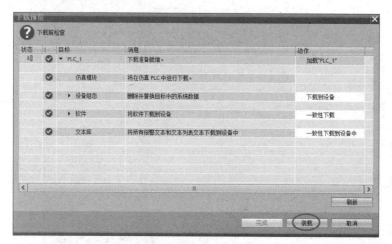

图 1-25　程序下载界面

图 1-26　运行仿真 PLC

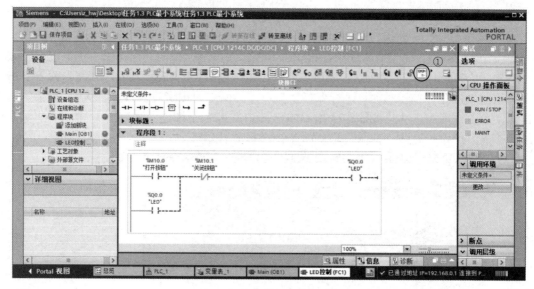

图 1-27　在线监控程序运行

通过快捷键"Ctrl+F2"和"Ctrl+F3"可以快速改变变量的值（触点状态），该操作可以很好地监控 Q0.0 的输出状态。图 1-28 所示是通过快捷键"Ctrl+F2"使"打开按钮"接通后的状态：Q0.0 输出接通，同时自锁触点 Q0.0 接通。图 1-29 所示是通过快捷键"Ctrl+F3"使"打开按钮"再次断开后的状态："打开按钮"虽然断开，但因自锁触点 Q0.0 未断开，所以 Q0.0 输出仍然接通。

图 1-30 所示是通过快捷键"Ctrl+F2"使"关闭按钮"的常闭触点断开后的状态：Q0.0 输出断开，同时自锁触点 Q0.0 断开。图 1-31 所示是通过快捷键"Ctrl+F3"使"关闭按钮"的常闭触点恢复闭合后的状态：Q0.0 输出处于断开状态。从调试结果可以看出：这是一个典型的"起保停"控制程序。

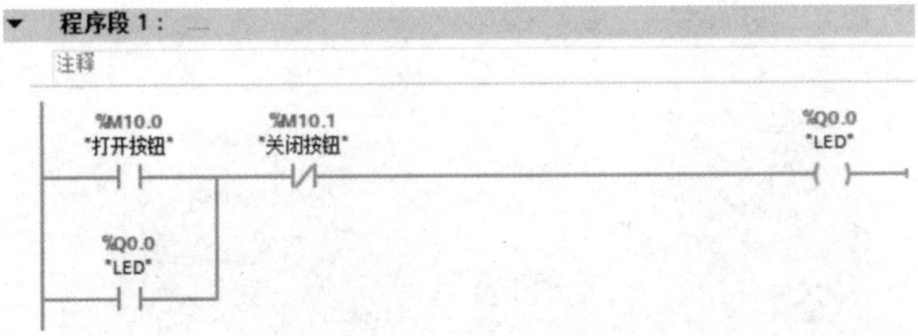

图 1-28 "打开按钮"接通后的状态

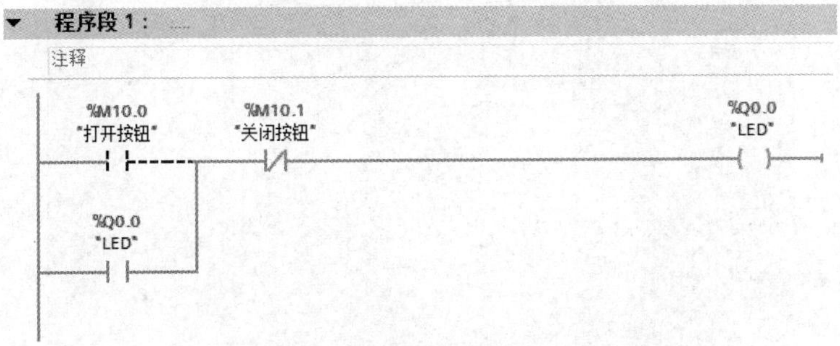

图 1-29 "打开按钮"接通后再断开的状态

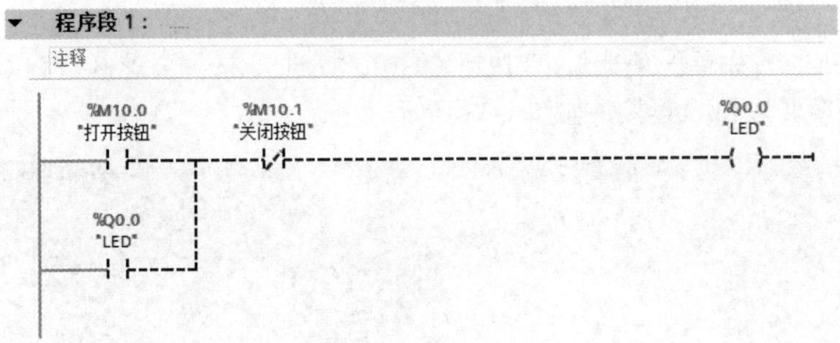

图 1-30 通过快捷键使"关闭按钮"的常闭触点断开后的状态

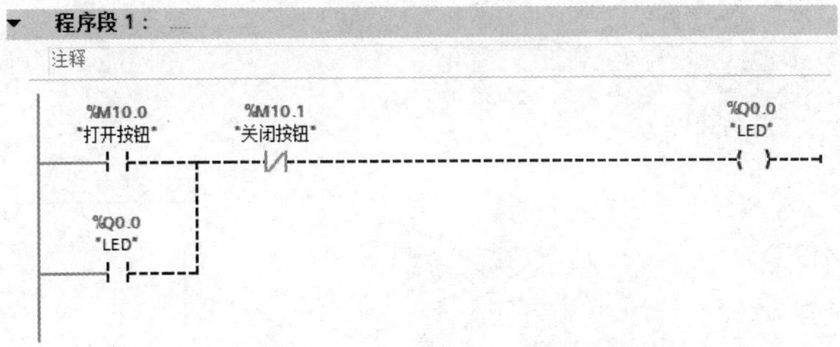

图 1-31 通过快捷键使"关闭按钮"的常闭触点恢复闭合后的状态

3）HMI 界面组态与编程

（1）添加触摸屏。在项目树中，双击"添加新设备"选项，在打开的"添加新设备"对话框中选中要使用的触摸屏，单击"确定"按钮，如图 1-32 所示。

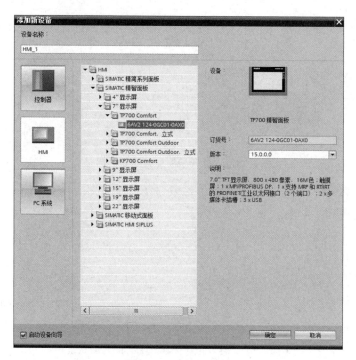

图 1-32　添加触摸屏

（2）连接 PLC。首先单击"浏览…"按钮（图中①圈选），选择要连接的 PLC，然后单击"完成"按钮，使触摸屏与 PLC 连接，如图 1-33 所示。

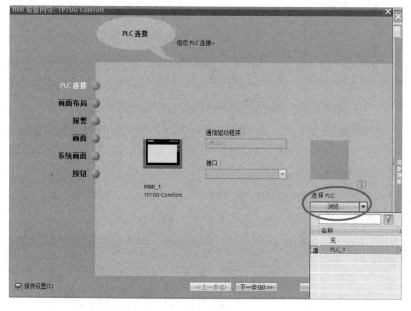

图 1-33　将触摸屏与 PLC 连接

（3）查看 PLC 和触摸屏是否已经连接。如图 1-34 所示，双击项目树中的"设备和网络"选项（图中②圈选），在网络视图（图中①圈选）中查看 PLC 和触摸屏是否已经连接。若 PLC 与触摸屏已经用绿色连线连在一起，则表示连接成功。

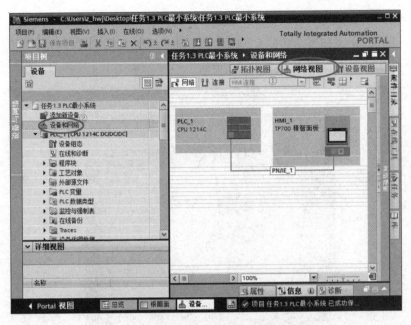

图 1-34 查看 PLC 和触摸屏是否已经连接

（4）对 PLC 进行一次硬件配置下载。因为 PLC 网络组态已经改变，所以为了能在 HMI 界面中直接使用 PLC 变量，需对 PLC 进行一次硬件配置下载，如图 1-35 所示。这样就可以避免在 HMI 界面中新建变量并将其和 PLC 变量关联起来等烦琐步骤了。

【注意】

如果后续在 PLC 中新建了变量，在 HMI 界面中使用 PLC 的新变量之前一定要再进行一次 PLC 硬件配置下载。

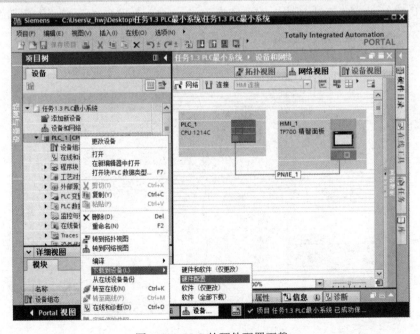

图 1-35 PLC 的硬件配置下载

（5）画面编辑。双击项目树中的"根画面"选项（图 1-36 中①圈选部分），选择右侧工具箱内的元素，在画面中添加 2 个按钮，将 2 个按钮分别重命名为"打开按钮"和"关闭按钮"；新增 1 个圆作为指示灯；添加 1 个文本域"Q0.0"。完成后的 LED 控制画面如图 1-36 所示。

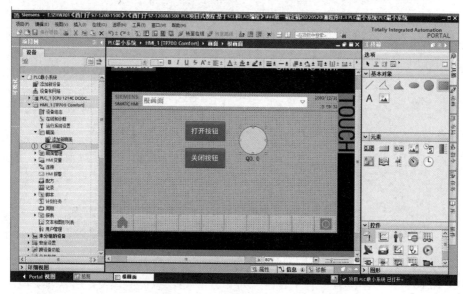

图 1-36　完成后的 LED 控制画面

（6）为按钮添加事件并关联变量。图 1-37 所示为"打开按钮"的"属性"窗口，在该窗口中为"打开按钮"的"按下"事件添加函数"置位位"，为其"释放"事件添加函数"复位位"。如图 1-38 所示，将 PLC 的变量"打开按钮"（图中①圈选）按图中箭头所示方向拖动到函数的变量输入框中，实现事件函数的变量关联。

用同样的方法，为"关闭按钮"的事件添加函数并关联 PLC 的变量"关闭按钮"。

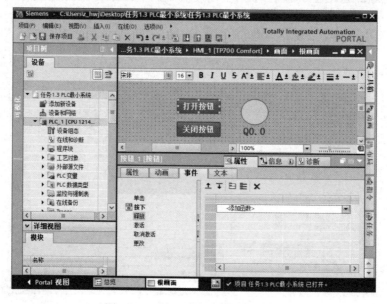

图 1-37　"打开按钮"的属性窗口

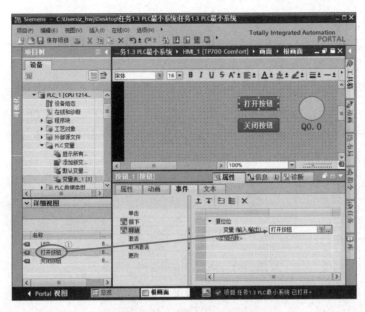

图 1-38 为事件函数关联变量

（7）为指示灯添加动画效果并关联变量。如图 1-39 所示，在根画面中选中 Q0.0，单击"属性"窗口（图中②圈选），选择"动画"选项卡（图中①圈选），单击"外观"选项，将 PLC 中的变量"LED"按图中箭头所示方向拖动到变量输入框中，并设置变量为"0"时对应的背景色为灰色，变量为"1"时对应的背景色为绿色。

（8）保存和编译下载。选中项目树中的"HMI_1"选项，单击工具栏中的"下载"按钮，将画面编译并下载到触摸屏。

（9）与 PLC 联调。下载完成后，触摸屏自动进入运行界面。先单击图 1-24 所示的仿真 PLC 精简视图中的"RUN"按钮，让 PLC 运行；再单击 HMI 界面中的"打开按钮"，LED 指示灯变绿，如图 1-40 所示；最后单击"关闭按钮"，LED 指示灯变灰，本任务调试完成。

图 1-39 为指示灯添加动画效果并关联变量

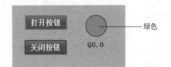

图 1-40 触摸屏与 PLC 联调

4）实物控制

若身边具备硬件条件，完成硬件的安装、接线，以及基本的短路、断路测试以后，可以进行实物调试；若不具备硬件条件，可以略过实物控制这一步。

若采用实物按钮控制 LED，则请将 PLC 的程序修改成图 1-41 所示的程序。

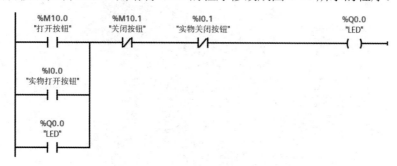

图 1-41　用实物按钮控制的程序

将 PLC 程序下载完成后，可以按以下步骤进行测试。

①按下实物打开按钮，或者单击触摸屏上的"打开按钮"，LED 变亮。

②按下实物关闭按钮，或者单击触摸屏上的"关闭按钮"，LED 熄灭。

如果测试结果与上述结果一致，那么恭喜你完成了任务。相反，如果有异常现象，那么请你和组员一起分析原因，把系统调试成功。

2．任务实施过程

本任务的详细实施报告如表 1-9 所示。

表 1-9　任务三的详细实施报告

任 务 名 称	西门子 S7-1200/1500 PLC 开发环境入门		
姓　　名		同 组 人 员	
时　　间		实 施 地 点	
班　　级		指 导 教 师	
任务内容：根据参考实施方案完成任务目标。 （1）在自己的计算机上完成 TIA Portal 软件的安装； （2）在 TIA Portal 软件中创建项目，并添加 PLC、触摸屏等硬件，完成硬件组态； （3）编写 PLC 程序并下载到 PLC； （4）在 TIA Portal 软件中对 PLC 程序进行仿真调试； （5）编写 HMI 界面并进行下载； （6）对 PLC 和触摸屏进行联调； （7）完成控制 LED 的实物接线和联调			
查阅的相关资料			
完成报告	（1）在 TIA Portal 软件的安装过程中，你遇到了哪些问题		

任务名称	西门子 S7-1200/1500 PLC 开发环境入门
完成报告	（2）写出你在 TIA Portal 软件中创建项目并添加 PLC、触摸屏等硬件，完成硬件组态的具体步骤
	（3）写出你对本任务中 PLC 参考程序的理解
	（4）写出 S7-PLCSIM 的操作步骤
	（5）你对 HMI 界面中的"打开按钮"的事件是怎么理解的
	（6）写出对 PLC 和触摸屏进行联调的结果
	（7）在进行实物接线时，需要注意哪些问题

3．任务评价

本任务的评价表如表 1-10 所示。

表 1-10　任务三的评价表

任务名称	西门子 S7-1200/1500 PLC 开发环境入门				
小组成员		评价人			
评价项目	评价内容	配　分	得　分	备　注	
团队合作	实施任务的过程中有讨论	5			
	有工作计划	5			
	有明确的分工	5			
	小组成员工作积极	5			
7S 管理	工作环境整洁	5			
	整理物品位置	5			
	时刻注意安全	5			
	树立节省成本的意识	5			
学习方法	学习方法是否有效并值得借鉴	5			
专业认知能力	安装 TIA Portal 软件的步骤	5			
	编写 PLC 程序的基本步骤	5			
	编写 HMI 界面的基本步骤	5			
	调试 PLC 和触摸屏的基本方法	5			
专业实践能力	是否成功安装了 TIA Portal 软件	5			
	是否正确编写了 PLC 程序并下载到 PLC	5			
	是否正确编写了 HMI 界面并下载	5			
	实物接线是否正确	10			
	PLC 和触摸屏联调的结果是否正确	10			
总分					

■【思考与练习】

1．在自己的计算机上安装 TIA Portal 软件。

2．将本任务的程序在你的计算机上演示一次。

3．编写一个程序，通过 PLC 实现 4 地（4 个开关）控制一盏灯，完成仿真调试。

项目二

从继电器-接触器控制到 PLC 控制的过渡

任务一　电动机启停控制

■【任务描述】

本任务使用西门子 S7-1200 PLC 来实现电动机的启停控制。

具体要求：PLC 的输入为启动按钮、停止按钮；PLC 的输出控制对象为小型直流电动机；系统包含一个触摸屏，在触摸屏界面上设计启动按钮、停止按钮，同时需要显示电动机的运行状态；完成程序设计后进行系统调试时，按下启动按钮（实物按钮或触摸屏上的启动按钮均可），电动机应能启动；按下停止按钮（实物按钮或触摸屏上的停止按钮均可），电动机应能停止。

本任务可以采用纯仿真的方式来完成。请你和组员一起阅读课本并查阅相关资料，掌握 TIA Portal 软件的编程方法和仿真调试方法。完成资料查阅和小组讨论后，分工完成 PLC 程序设计及 HMI 界面设计并进行程序调试，实现目标控制。

■【任务目标】

知识目标：

➢ 了解 PLC 控制电动机的应用场景；

➢ 进一步掌握位逻辑指令的使用方法；

➢ 掌握在 TIA Portal 软件中进行 HMI 界面设计的基本方法；

➢ 掌握在 TIA Portal 软件中进行 PLC 程序仿真调试的方法；

➢ 熟悉 PLC 外部的输入、输出硬件接线的电路原理。

能力目标：

➢ 能灵活使用 PLC 的位逻辑指令；

➢ 能对触摸屏进行基本的 HMI 界面设计；

> 能使用 TIA Portal 软件进行 PLC 程序的仿真调试；
> 能正确完成 PLC 外部的输入、输出硬件的安装和接线。

素质目标：

> 培养按照国家标准或行业标准从事专业技术活动的职业习惯；
> 树立团结协作意识和效率意识。

■【相关知识】

1．三相异步电动机继电器-接触器启停控制系统电路分析

在已经学过的"电工技术"课程中，三相异步电动机继电器-接触器启停控制系统电路如图 2-1 所示。其中，SB1 为停止按钮（以下简称 SB1），SB2 为启动按钮（以下简称 SB2），FR 为热继电器的触点（以下简称 FR），KM1 为接触器（以下简称 KM1），M 为三相异步电动机。

1）电路功能

这个电路可以实现以下控制功能。

①按下启动按钮 SB2，三相异步电动机单向转动；

②松开 SB2 后，三相异步电动机继续单向转动；

③按下停止按钮 SB1，三相异步电动机停止转动；

④具有短路保护、过载保护等功能。

在主电路中，串联了一个热继电器 FR、一个熔断器 FU1；在控制电路中，串联了熔断器 FU2、FR 的辅助常闭触点。该电路在过电流、过载时能自动断开电源，实现短路保护和过载保护。

2）启动按钮的自锁

按下 SB2，KM1 的线圈得电，KM1 的主触点闭合，三相异步电动机启动。同时，KM1 的辅助常开触点也闭合，因为 KM1 的辅助常开触点并联在 SB2 的两端，所以这时即使松开 SB2，KM1 的线圈也会保持通电状态。也就是说，即使松开 SB2，三相异步电动机也不会停止，这就是启动按钮的自锁。

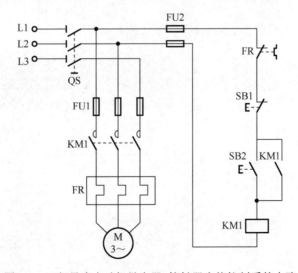

图 2-1　三相异步电动机继电器-接触器启停控制系统电路

2．SCL 的赋值运算和逻辑运算的应用

SCL 语言（以下简称 SCL）的赋值运算用符号 ":=" 表示，与梯形图语言（LadderLogic Programming Language，LAD）中的 MOVE 指令相对应，可以实现将符号右边的值（变量或常数）赋值给符号左边的变量。

SCL 的逻辑运算用来表示逻辑上的 "与" "或" "非" "异或" 等关系。逻辑表达式的操作数是布尔型或位字符串，SCL 的逻辑运算是将操作数按位（bit）进行逻辑运算，其结果的数据类型取决于操作数的数据类型。

逻辑表达式的运算符包括 AND（与）、OR（或）、NOT（非）、XOR（异或）。

与运算有两个或多个操作数，当所有的操作数都为真（TRUE）时，其结果为真；当其中任意一个操作数的值为假（FALSE）时，其结果为假。

或运算有两个或多个操作数，当任意一个操作数的值为真时，其结果为真；当所有操作数的值都为假时，其结果为假。

非运算也称为取反运算，它只有一个操作数，当操作数的值为真时，其结果为假；当操作数的值为假时，其结果为真。

异或运算有两个操作数，当两个操作数的值相异时，其结果为真；当两个操作数的值相同时，其结果为假。

1）SCL 的与运算

图 2-2 所示是与运算的编程。图中上半部分是采用 LAD 编写的与运算，也就是将 "Tag_1" 和 "Tag_2" 串联后输出给 "Tag_3"。图中下半部分是采用 SCL 编写的程序。

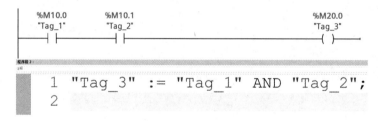

图 2-2　与运算的编程

2）SCL 的或运算

图 2-3 所示是或运算的编程。图中上半部分是采用 LAD 编写的或运算，也就是将 "Tag_1" 和 "Tag_2" 并联后输出给 "Tag_3"。图中下半部分是采用 SCL 编写的程序。

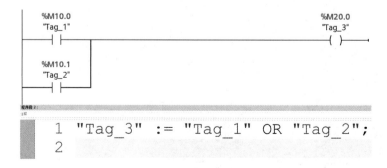

图 2-3　或运算的编程

3）SCL 的非运算

图 2-4 所示是非运算的编程。图中上半部分是采用 LAD 编写的非运算，也就是将"Tag_1"取反后输出给"Tag_3"。图中下半部分是采用 SCL 编写的程序。

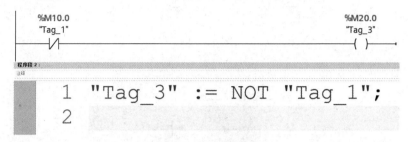

图 2-4　非运算的编程

【任务实施】

1. 参考实施方案

按照任务要求，需要先完成电路硬件的安装和接线（若采用仿真的方式可以略过这一步），然后编写电动机启停控制的 PLC 程序，通过 S7-PLCSIM 仿真控制器进行程序下载和调试，再设计出电动机启停控制的 HMI 界面并进行仿真调试。若无实际控制器及被控对象，可以通过观察仿真过程中与输出点 Q0.0（用于控制中间继电器）关联的指示灯的亮和灭，来确定被控电动机的启动和停止。

1）参考硬件接线

安装控制系统前，应提前准备好工具、材料、设备及技术资料，电动机启停控制系统安装所需的器材清单如表 2-1 所示。

表 2-1　电动机启停控制系统安装所需的器材清单

类　　别	名称及参考型号
工具	电工钳、斜口钳、剥线钳、压线钳、一字螺丝刀、十字螺丝刀、万用表
材料	1mm² 铜芯线、0.5mm² 铜芯线、冷压头、安装板、线槽、自攻钉
设备	2P 空气开关（1 个）、2A 熔断器（1 组）、中间继电器（1 个）、24V 小型直流电动机（1 台）、24V/5A 直流电源（1 个）、按钮（2 个）、S7-1200 PLC（1 台）、TP700 精智面板（1 台）、网线（1 根）
技术资料	电气系统图、工作计划表、与 PLC 编程相关的手册、电气安装标准手册

作为学习 PLC 的入门任务，为了让读者快速上手，本任务降低了硬件的安装和接线难度，PLC 的输出口仅用于控制一台小型直流电动机。

本任务的 PLC 程序与项目一中任务三的程序基本一致，外部硬件电路在项目一中任务三的基础上有少量的改动。

本任务如果采用实物 PLC 控制电动机的启停，可以参考图 2-5 所示的电路接线。图 2-5 所示的电路接线与项目一任务三中图 1-13 所示的电路接线相似，只有输出口的接线稍有变化。因为电动机的负载电流较大，所以不能像项目一中的任务三一样直接用 PLC 的输出口来控制电动机。电动机的额定电流一般都超过了 200mA，当 PLC 为晶体管输出时，若使用 PLC 的输出口直接控制电动机，则有可能烧坏 PLC 的输出口电路。因此，在图 2-5 所示的电路接线中，PLC 的输出口需要通过控制一个中间继电器来驱动电动机。

在图 2-5 所示的电路接线中，中间继电器的 13 号和 14 号接线柱为中间继电器的线圈，2 号和 6 号接线柱为中间继电器的常开触点。如果读者使用的中间继电器与图中的不一样，只要保证它的线圈和常开触点能与图中的中间继电器对应即可。

一般情况下，每接完一个电路，都要对电路进行必要的检测，以免损坏电气元件。具体检测的项目如下。

①电路有无短路现象；

②PLC 所连接的电源电压、正负极是否正确；

③PLC 所连接的负载电压、正负极是否正确。

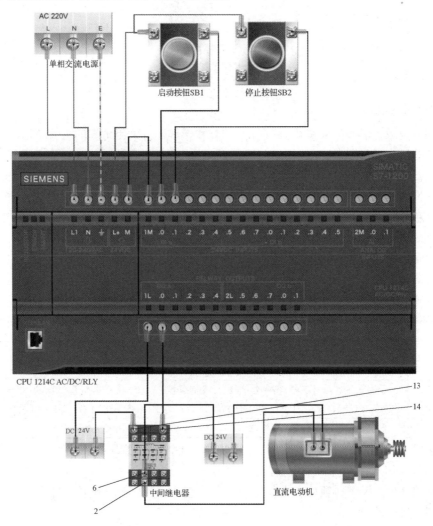

图 2-5　电动机启停控制系统的参考硬件接线

2）PLC 的编程与仿真调试

PLC 编程与仿真调试的具体设计步骤如下。

（1）电动机启停控制项目组态。首先新建电动机启停控制项目，然后进行 PLC 与触摸屏的硬件组态与软件组态，具体操作步骤请参考项目一中的任务三。完成组态后的界面如图 2-6 所示。

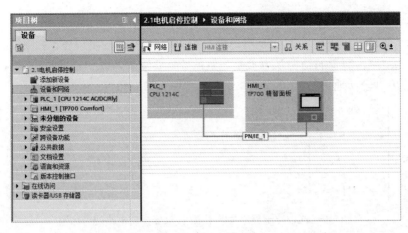

图 2-6   电动机启停控制项目完成组态后的界面

（2）变量表的设置。根据任务要求建立变量表有利于对所有变量进行管理和调用，也有利于在 HMI 界面组态时采用拖动的方式进行调用。

添加变量方法：在项目树下新建 PLC 变量表，命名为"变量表_1"并打开。根据任务要求，在"变量表_1"中添加"启动按钮""停止按钮""电动机控制" 3 个变量，变量的数据类型设置为"Bool"。如果需要使用触摸屏进行控制，则在此基础上添加"HMI 启动按钮""HMI 停止按钮" 2 个变量，如图 2-7 所示。

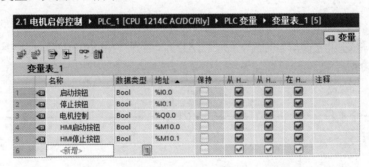

图 2-7   电动机启停控制项目的 PLC 变量表

（3）编写控制程序。下面分 6 种情况进行程序编写，读者只需要根据实际情况选择其中 1 种即可，不需要把 6 个程序都编写一遍。

①仅采用实物按钮控制电动机（LAD），扫描右侧二维码可查看详细操作。打开"Main[OB1]"程序块，用 LAD 编写图 2-8 所示的程序。

扫一扫

微课：电动机启停控制（仅用实物按钮）-LAD

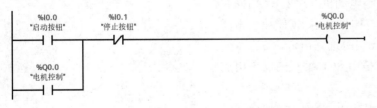

图 2-8   用 LAD 编写的仅采用实物按钮控制电动机的程序

注：本项目软件图和程序图中的电机均应为"电动机"。

PLC 控制程序与继电器–接触器控制电路的对比图如图 2-9 所示。

在图 2-9 所示的对比图中，左侧是电动机启停控制的 PLC 控制程序，右侧是其对应的继电器–接触器控制电路，两者的结构基本上是一致的。只要读者具备一定的继电器–接触器控制电路的基础，就可以轻松地进行 PLC 编程。

图 2-9　PLC 控制程序与继电器–接触器控制电路的对比图

②仅采用触摸屏控制电动机（LAD）。打开"Main[OB1]"程序块，用 LAD 编写图 2-10 所示的程序。

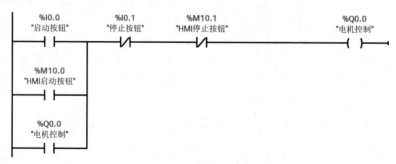

图 2-10　用 LAD 编写的仅采用触摸屏控制电动机的程序

③采用实物按钮和触摸屏控制电动机（LAD）。打开"Main[OB1]"程序块，用 LAD 编写图 2-11 所示的程序。

图 2-11　用 LAD 编写的采用实物按钮和触摸屏控制电动机的程序

④仅采用实物按钮控制电动机（SCL），扫描右侧二维码可查看详细操作。如果采用 SCL 编写本任务的程序，请在添加新程序块时选择语言为 SCL，如图 2-12 所示。图 2-13 所示是用 SCL 编写的仅采用实物按钮控制电动机的程序。

⑤仅采用触摸屏控制电动机（SCL），扫描右侧二维码可查看详细操作。图 2-14 所示是用 SCL 编写的仅采用触摸屏控制电动机的程序。

微课：电动机启停控制（仅用实物按钮）-SCL

微课：电动机启停控制（仅用触摸屏按钮）-SCL

⑥采用实物按钮和触摸屏控制电动机（SCL）。图 2-15 所示是用 SCL 编写的用实物按钮和触摸屏控制电动机的程序。

图 2-12 添加新程序块时选择语言为 SCL

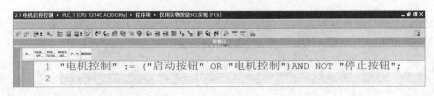

图 2-13 用 SCL 编写的仅采用实物按钮控制电动机的程序

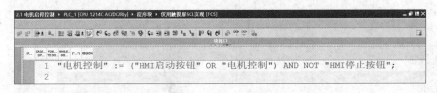

图 2-14 用 SCL 编写的仅采用触摸屏控制电动机的程序

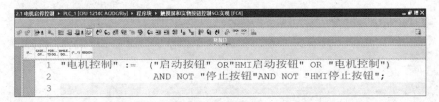

图 2-15 用 SCL 编写的用实物按钮和触摸屏控制电动机的程序

3）HMI 界面设计

（1）HMI 默认变量表。在设计触摸屏的 HMI 界面时，参考项目一任务三中的操作步骤，为 HMI 界面中的按钮等元素关联 PLC 的变量，方法是拖动 PLC 的变量到 HMI 界面中元素的变量输入框中，以实现触摸屏控制 PLC。当然，这一步也可以提前手动建立。

如果是通过下一步的"（2）HMI 界面的参考设计"自动完成变量关联，那么在为 2 个按钮和 1 个电动机关联 PLC 的变量以后，将自动生成图 2-16 所示的 HMI 默认变量表。

任务2.1 电机启停控制 ▸ HMI_1 [TP700 Comfort] ▸ HMI 变量 ▸ 默认变量表 [4]					

默认变量表

	名称 ▲	数据类型	连接	PLC 名称	PLC 变量
▥	HMI停止按钮	Bool	HMI_连接_1	PLC_1	HMI停止按钮
▥	HMI启动按钮	Bool	HMI_连接_1	PLC_1	HMI启动按钮
▥	电机控制	Bool	HMI_连接_1	PLC_1	电机控制
	<添加>				

图 2-16　任务一的 HMI 默认变量表

（2）HMI 界面的参考设计。变量关联完成后，我们可以进行 HMI 界面的设计。

图 2-17 所示是用 2 个按钮控制电动机的 HMI 界面的参考设计。图 2-18 所示是"启动按钮"的"按下"事件的设置和变量关联，选择事件"按下"，添加函数"置位位"，关联变量"HMI启动按钮"。图 2-19 所示是"启动按钮"的"释放"事件的设置和变量关联，选择事件"释放"，添加函数"复位位"，同样关联变量"HMI 启动按钮"。"停止按钮"的设置方法与"启动按钮"一样。

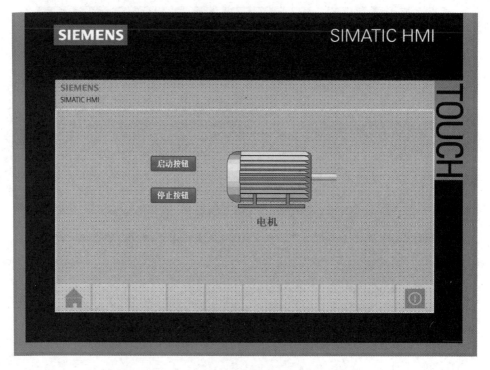

图 2-17　用 2 个按钮控制电动机的 HMI 界面的参考设计

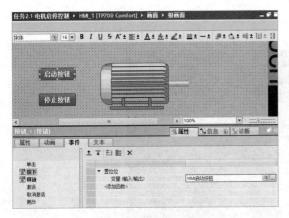 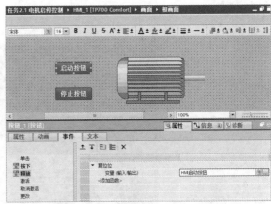

图 2-18 "启动按钮"的"按下"事件的设置和变量关联　图 2-19 "启动按钮"的"释放"事件的设置和变量关联

　　PLC 通过 Q0.0 控制中间继电器，从而控制电动机，电动机的动画设置和变量关联如图 2-20 所示。PLC 的输出信号与输入信号（按钮）的区别在于需要设置输出信号的动画，这里设置的是它的外观颜色变化动画。若将电动机与变量"电动机控制"（对应 PLC 的 Q0.0）关联，则电动机的外观颜色将随 Q0.0 的变化而变化。

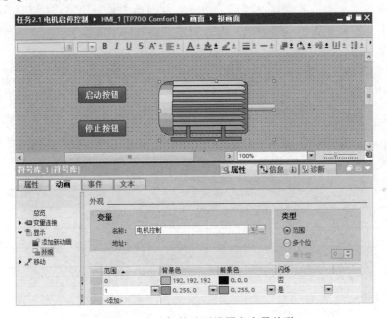

图 2-20　电动机的动画设置和变量关联

　　4）系统调试

　　（1）进行仿真联调，扫描右侧二维码可查看详细操作。参考项目一任务三中的相关内容，单击仿真图标，打开 PLC 仿真器，将 PLC 程序下载到仿真器。下载完成后，单击仿真器上的"RUN"按钮运行 PLC。

　　同样地，参考项目一任务三中的相关内容，首先在左侧项目树中选中"HMI_1"，然后单击仿真图标，进入仿真调试界面，如图 2-21 所示。当按下"启动按钮"时，电动机外观变成绿色；当按下"停止按钮"时，

微课：电动机启停控制仿真实验演示

电动机外观变成灰色。

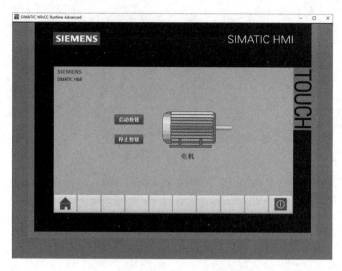

图 2-21　电动机启停控制仿真调试界面

（2）实际下载并测试。按照图 2-5 所示电路完成硬件安装及电路连接，进行基本的短路、断路测试，若电路正常，则给电路通电，编译程序并将程序下载至 PLC。如果出现与仿真调试一致的现象，那么本任务完成。

将 HMI 界面下载至触摸屏，在触摸屏上按下"启动按钮"和"停止按钮"也应可以分别控制电动机的启动和停止。

2．任务实施过程

本任务的详细实施报告如表 2-2 所示。

表 2-2　任务一的详细实施报告

任 务 名 称	电动机启停控制		
姓　　名		同 组 人 员	
时　　间		实 施 地 点	
班　　级		指 导 教 师	
任务内容：查阅相关资料、讨论并实施。 （1）电动机启停控制系统设计； （2）电动机启停控制系统的硬件安装和接线； （3）常用位逻辑指令的使用方法； （4）电动机启停控制程序设计； （5）HMI 界面的设计方法； （6）S7-1200 PLC 程序的仿真调试流程			
查阅的相关资料			

续表

任 务 名 称	电动机启停控制
完成报告	（1）你完成的电动机启停控制系统设计
	（2）你完成的电动机启停控制系统的硬件安装和接线
	（3）写出常用位逻辑指令的使用方法
	（4）你完成的电动机启停控制程序设计
	（5）写出 HMI 界面的设计方法
	（6）写出 S7-1200 PLC 程序的仿真调试流程

3．任务评价

本任务的评价表如表 2-3 所示。

表 2-3 任务一的评价表

任 务 名 称	电动机启停控制				
小 组 成 员		评 价 人			
评价项目	评 价 内 容	配 分	得 分	备 注	
团队合作	实施任务的过程中有讨论	5			
	有工作计划	5			
	有明确的分工	5			
	小组成员工作积极	5			
7S 管理	安装完成后，工位无垃圾	5			
	安装完成后，工具和配件摆放整齐	5			
	在安装过程中，无损坏元器件及造成人身伤害的行为	5			
	在通电调试过程中，电路无短路现象	5			
设计电气系统图	设计的电气系统图可行	5			
	绘制的电气系统图美观	5			
	电气元件的图形符号标准	5			
安装电气系统	电气元件安装牢固	5			
	电气元件分布合理	5			
	布线规范、美观	5			
	接线端牢固，露铜不超过 1mm	5			
控制功能	仿真调试能正常控制电动机的启动和停止	5			
	按下实际的启动按钮，电动机启动	5			
	按下实际的停止按钮，电动机停止	5			
	在触摸屏上按下"启动按钮"和"停止按钮"也可以分别控制实际电动机的启动和停止	10			
总分					

【思考与练习】

1．在进行电动机的启停控制实物安装和接线时，有哪些注意事项？

2. 使用 PLC 控制电动机的启动和停止，与传统的继电器-接触器控制有哪些相同和不同之处？

任务二　三相异步电动机正反转控制

■【任务描述】

在"电工技术"课程中，我们学会了使用继电器-接触器对额定电压为交流 380V 的三相异步电动机进行正反转控制。现在我们使用 S7-1200/1500 PLC 来代替原来的继电器-接触器控制电路，达到控制三相异步电动机正反转的目的，要求该电气控制系统具有短路保护、过载保护等功能。具体的控制要求如下。

①按下正转按钮，三相异步电动机启动正转；

②按下停止按钮，三相异步电动机停止转动；

③按下反转按钮，三相异步电动机启动反转；

④不允许三相异步电动机由正转直接切换成反转，也不允许由反转直接切换成正转。

请设计并安装该电气控制系统，编写 PLC 控制程序，下载并完成调试。

■【任务目标】

知识目标：

➤ 了解 PLC 驱动各种电压等级负载的方法；

➤ 熟悉 PLC 编程中信号自锁和互锁的方法；

➤ 掌握三相异步电动机正转和反转互锁的方法。

能力目标：

➤ 能设计出一个三相异步电动机正反转控制系统的电气系统图；

➤ 能编写三相异步电动机正反转控制程序；

➤ 能排除三相异步电动机正反转控制系统调试过程中出现的故障。

素质目标：

➤ 培养电工安全意识；

➤ 培养团队协作能力和沟通能力。

■【相关知识】

在已经学过的"电工技术"课程中，三相异步电动机继电器-接触器正反转控制系统电路如图 2-22 所示。其中，SB1 为停止按钮（以下简称 SB1），SB2 为正转按钮（以下简称 SB2），SB3 为反转按钮（以下简称 SB3），FR 为热继电器的触点（以下简称 FR），KM1 为正转接触器（以下简称 KM1），KM2 为反转接触器（以下简称 KM2），M 为三相异步电动机。

1）启动按钮的自锁

按下 SB2，三相异步电动机启动正转。松开 SB2 之后，三相异步电动机不会停止转动。这是因为系统在复位状态下，按下 SB2 之后，KM1 的线圈得电，KM1 的常开触点就会闭合，所以这时即使松开 SB2，KM1 的线圈也会继续保持通电状态。这个过程就是正转启动按钮的自锁。

同样，按下 SB3，三相异步电动机启动反转。松开 SB3 之后，三相异步电动机不会停止转动。这是因为系统在复位状态下，按下 SB3 之后，KM2 的线圈得电，KM2 的常开触点就会闭合，这时即使松开 SB3，KM2 的线圈也会继续保持通电状态。这个过程就是反转启动按钮的自锁。扫描下方二维码可查看详细分析。

微课：三相异步电动机正反转控制电路分析

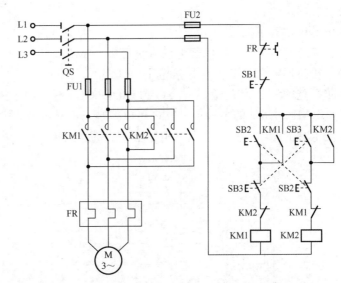

图 2-22　三相异步电动机继电器-接触器正反转控制系统电路

2）正转和反转的互锁

在图 2-22 所示电路的左侧主电路中，若 KM1 和 KM2 同时接通，则会将 380V 的三相 L1、L2、L3 全部短接，哪怕只有极短的时间，都会造成严重的后果。因此，我们需要让 KM1 和 KM2 互锁，即同一时间最多只能让 KM1 和 KM2 中的一个接通。

图 2-22 所示电路的右侧控制电路实现了 KM1 和 KM2 的互锁。KM1 的线圈通电以后，它的常闭触点断开，而它的常闭触点串联在 KM2 的线圈回路里面，这时 KM2 的线圈就不可能再接通了。同理，KM2 的线圈通电以后，它的常闭触点断开，而它的常闭触点串联在 KM1 的线圈回路里面，这时 KM1 的线圈就不可能再接通了。要从"KM1 接通"状态转变到"KM2 接通"状态，或者要从"KM2 接通"状态转变到"KM1 接通"状态，必须按下停止按钮 SB1，将 KM1 和 KM2 断开，也就是将系统复位。

3）根据继电器-接触器控制电路设计 PLC 控制电路

用 PLC 控制三相异步电动机的正反转时，主电路不需要改变，只需要改变控制电路就可以了。图 2-23 所示是三相异步电动机正反转 PLC 控制系统电路图。

图中①框选的是 PLC 的电源输入。电路中所选 PLC 的类型为"AC/DC/RLY"，它的电源输入为交流 220V。若所选 PLC 的类型为"DC/DC/DC"，则它的电源输入为直流 24V。千万不能将交流 220V 电源接入"DC/DC/DC"类型的 PLC，否则会烧坏 PLC。

图中②框选的是 PLC 的输入。PLC 的 I0.0～I0.3 分别用于接收 SB1、SB2、SB3 和 FR 动作信号。在三相异步电动机继电器-接触器正反转控制系统电路中，停止按钮 SB1 和热继电器 FR 采用的是常闭触点，但是在 PLC 控制系统电路中，SB1、SB2、SB3 和 FR 采用的都是常开触点，分别接入 PLC 的 I0.0～I0.3。

图中③框选的是 PLC 的传感器电源输出。这里 PLC 输出的是 24V 直流电压，仅用于对传感器供电。对于漏型传感器来说，应将负极接"1M"；对于源型传感器来说，应将正极接"1M"。大部分的 S7-1200 PLC 既支持漏型传感器，又支持源型传感器；大部分的 S7-1500 PLC 仅支持源型传感器。在操作过程中，请先查阅 PLC 的使用手册，确定选用的 PLC 支持哪种传感器，然后完成接线。

在本任务中，对于按钮（仅限于按钮）来说，因型号为 CPU 1214C 的 PLC 既支持漏型传感器，又支持源型传感器，所以既可以将负极接"1M"，又可以将正极接"1M"。在图 2-23 所示电路中，传感器电源 24V 的负极接至了"1M"。

图中④框选的是 PLC 的输出。PLC 的 Q0.0、Q0.1 分别用于控制 KM1、KM2 的线圈通、断电。通过 KM1、KM2 的主触点，PLC 可以控制三相异步电动机接通三相交流电源，以及切换三相交流电源的相序，从而实现三相异步电动机的正转或反转控制。

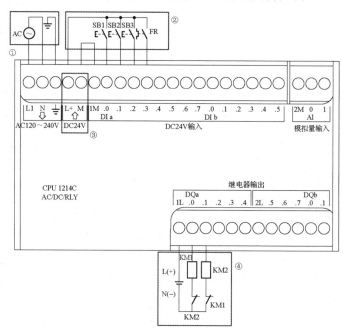

图 2-23　三相异步电动机正反转 PLC 控制系统电路图

4）PLC 控制的优势分析

使用 PLC 控制可以大大简化硬件设计和接线。

在继电器-接触器控制系统中，要实现启动按钮自锁和正转与反转的互锁等控制逻辑，需要进行复杂的硬件设计和接线。而在 PLC 控制系统中，只需要简单地修改程序就能轻松实现信号的自锁和互锁。而且，如果控制逻辑发生更改，那么对于继电器-接触器控制系统来说，可能需要进行全新的电路设计并重新接线，工作量非常大；而对于 PLC 控制系统来说，只需要简单地修改程序就能完成更新。PLC 控制系统的硬件接线变动非常少，如果输入、输出信号没有增加的话，硬件接线是不需要变动的。

总之，越复杂的控制逻辑越能体现出 PLC 控制的优势。

5）PLC 控制系统的安全保障措施

PLC 输出信号的转变速度非常快，而接触器的机械动作通常需要一定的时间，这就可能导致信号之间的互锁在微观层面失效。例如，在 PLC 的 Q0.0 给出"0"信号后的 2～3ms 内 Q0.1 就会给出"1"信号。KM1 的线圈收到"0"信号后应立即断电，但 KM1 的机械动作是需要一定时间的，若这时 KM1 的线圈还来不及完全断电，KM1 的主触点没有完全断开，而这时 KM2 的线圈收到了"1"信号，KM2 的线圈得电，则 KM2 的主触点就可能会在 KMI 的主触点断开前接通，造成电路短路。

在 PLC 控制系统中，虽然在程序中实现了信号的自锁和互锁，即正、反两输出线圈不能同时得电，但不能从根本上杜绝电路短路现象的发生。如一个接触器的线圈虽失电，但其触点因熔焊不能分离，此时另一个接触器的线圈若得电，就会出现电路短路现象。为了保证电路安全，需要在交流接触器上再次进行机械互锁。如图 2-23 所示，在 KM1 的线圈回路中串联 KM2 的辅助常闭触点，在 KM2 的线圈回路中串联 KM1 的辅助常闭触点。

在很多工程应用中，电动机经常需要可逆运行，即正、反转切换。图 2-23 所示电路中 PLC 的输出口接线方法可以很好地保证这一类电路的安全性。

2．信号自锁、互锁的应用——三人抢答系统

抢答器在各类比赛中起着至关重要的作用，利用 PLC 设计的多人抢答系统，具有可靠性高、抗干扰能力强等特点，能够满足比赛对于抢答准确性的要求。

扫一扫

微课：三人抢答系统
演示和程序分析

这里以一个简易的三人抢答系统为例来说明 PLC 中信号自锁和互锁的具体应用方法，扫描右侧二维码可查看详细操作。

图 2-24 所示是三人抢答系统 PLC 的变量表。系统有 4 个输入信号，分别是三位选手的抢答按钮和主持人的复位按钮。系统有 3 个输出信号，分别是 3 位选手的抢答指示灯。

	名称	数据类型	地址 ▲	保持	从 H...	从 H...	在 H...	监控
1	抢答指示灯1	Bool	%Q5.0	☐	☑	☑	☑	
2	抢答指示灯2	Bool	%Q5.1	☐	☑	☑	☑	
3	抢答指示灯3	Bool	%Q5.2	☐	☑	☑	☑	
4	抢答按钮1	Bool	%M10.0	☐	☑	☑	☑	
5	抢答按钮2	Bool	%M10.1	☐	☑	☑	☑	
6	抢答按钮3	Bool	%M10.2	☐	☑	☑	☑	
7	复位按钮	Bool	%M10.3	☐	☑	☑	☑	
8	<新增>			☐	☑	☑	☑	

变量表_1

图 2-24　三人抢答系统 PLC 的变量表

图 2-25 所示是三人抢答系统的 PLC 程序。3 段程序的结构完全一致，分别控制 3 位选手的抢答。下面以程序段 1 为例进行分析。

抢答按钮的自锁：复位后，若先按下"抢答按钮 1"，则程序段 1 全段导通，"抢答指示灯 1"亮起。因"抢答指示灯 1"的常开触点并联在"抢答按钮 1"的两端，所以松开"抢答按钮 1"以后，程序段 1 仍能保持全段导通。这就是"抢答按钮 1"的信号自锁。

3 位选手的互锁：一旦一位选手抢先按下抢答按钮，另两位选手就不能再抢答成功了。这里进行了信号互锁。例如，1 号选手抢先按下"抢答按钮 1"，"抢答指示灯 1"亮起，"抢答指示灯 1"的常闭触点就会断开，而因为"抢答指示灯 1"的常闭触点串联在程序段 2 和程序段

3 中，所以程序段 2 和程序段 3 就不可能全段导通了。

主持人复位：因为"复位按钮"的常闭触点串联在 3 个程序段中，所以当主持人按下"复位按钮"后，3 段程序都断开，3 个抢答指示灯都复位了，这时就可以重新抢答了。

这里为了说明 PLC 中的信号自锁和互锁，列举的只是一个简易的三人抢答系统。系统不具备倒计时抢答、抢答违规的报警等功能，读者可以在此程序的基础上增加实现这些功能的程序。

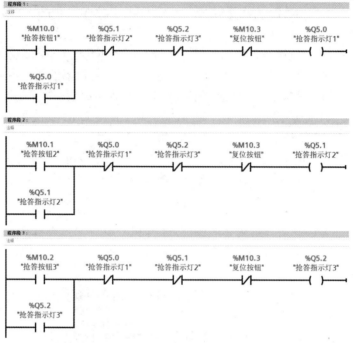

图 2-25　三人抢答系统的 PLC 程序

图 2-26 所示是三人抢答系统的 HMI 界面，可以使用仿真调试的方法对该系统进行调试。

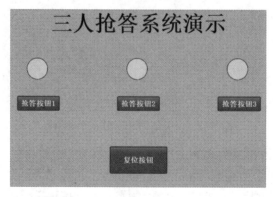

图 2-26　三人抢答系统的 HMI 界面

■【任务实施】

1．参考实施方案

按照任务要求，需要先完成电路的硬件接线，并进行基本的短路和断路检测。

在进行三相异步电动机正反转 PLC 控制系统电路的实物调试前，还需要进行 PLC 程序的仿真调试。编写三相异步电动机正反转控制的 PLC 程序，并在触摸屏上设计出 HMI 界面，在仿真调试过程中，用输出 Q0.0、Q0.1 关联的 2 个指示灯来代替被控接触器 KM1、KM2 进行实验演示。

确认程序运行逻辑没有问题以后，在主电路不通电的情况下，进行 PLC 程序下载和实物调试。调试完成后给主电路通电，并再次进行调试。

1）硬件安装和接线

本任务可以参照图 2-23 所示的三相异步电动机正反转 PLC 控制系统电路图进行接线。在接线过程中，应注意以下两点。

①SB1、SB2、SB3 和 FR 都采用常开触点，分别接入 PLC 的 I0.0～I0.3。

②为确保电路安全，必须在 KM1 的线圈回路中串联 KM2 的辅助常闭触点，同时在 KM2 的线圈回路中串联 KM1 的辅助常闭触点。

（1）三相异步电动机正反转 PLC 控制系统的 I/O 分配表如表 2-4 所示。

表 2-4 三相异步电动机正反转 PLC 控制系统的 I/O 分配表

输　入			输　出		
PLC 接口	元 器 件	作　用	PLC 接口	元 器 件	作　用
I0.0	SB1	控制三相异步电动机停止	Q0.0	KM1	KM1 交流接触器线圈控制三相异步电动机正转
I0.1	SB2	控制三相异步电动机正转	Q0.1	KM2	KM2 交流接触器线圈控制三相异步电动机反转
I0.2	SB3	控制三相异步电动机反转			
I0.3	FR	热继电器辅助常开触点			

（2）进行硬件安装和接线前，应准备好安装所需要的工具、材料、设备及技术资料，具体的器材清单如表 2-5 所示。

表 2-5 三相异步电动机正反转 PLC 控制系统安装所需的器材清单

类　别	名称及参考型号
工具	电工钳、斜口钳、剥线钳、压线钳、一字螺丝刀、十字螺丝刀、万用表
材料	1mm² 铜芯线、0.5mm² 铜芯线、冷压头、安装板、线槽、自攻钉
设备	3P 空气开关（1个）、3A 熔断器（1组）、热继电器（1个）、交流接触器（2个）、按钮（3个）、S7-1200 PLC（1台）、TP700 精智面板（1台）、网线（1根）、小型三相异步电动机（1台）、24V/5A 直流电源（1个）、220V 交流电源（1个）
技术资料	电气系统图、工作计划表、与 PLC 编程相关的手册、电气安装标准手册

（3）电路检测。电路检测的项目如下。

①电路有无短路现象。

②PLC 所连接的电源电压、正负极是否正确。

③PLC 所连接的负载电压、正负极是否正确。

2）PLC 的编程与仿真调试

（1）PLC 变量表的设置。参考项目一任务三中的相关内容，新建三相异步电动机正反转控制项目，完成 PLC 的硬件组态，并为 PLC 添加图 2-27 所示的变量表。

变量表_1									
		名称	数据类型	地址 ▲	保持	从 H...	从 H...	在 H...	注释
1		停止按钮（SB1）	Bool	%I0.0		☑	☑	☑	
2		正转按钮（SB2）	Bool	%I0.1		☑	☑	☑	
3		反转按钮（SB3）	Bool	%I0.2		☑	☑	☑	
4		热继电器辅助常开触点（FR）	Bool	%I0.3		☑	☑	☑	
5		正转输出（KM1）	Bool	%Q0.0		☑	☑	☑	
6		反转输出（KM2）	Bool	%Q0.1		☑	☑	☑	
7		触摸屏停止按钮	Bool	%M10.0		☑	☑	☑	
8		触摸屏正转按钮	Bool	%M10.1		☑	☑	☑	
9		触摸屏反转按钮	Bool	%M10.2		☑	☑	☑	
10		<新增>				☑	☑	☑	

图 2-27　任务二的 PLC 变量表

（2）编写 PLC 程序。若采用 LAD 编程，则可以参考图 2-28 编写 PLC 程序；若采用 SCL 编程，则可以参考图 2-29 编写 PLC 程序。在进行实际编程时，只需要选择图 2-28 和图 2-29 中的一种方法就可以了，扫描右侧二维码可查看详细操作。

微课：三相异步电动机正反转控制-LAD

微课：三相异步电动机正反转控制-SCL

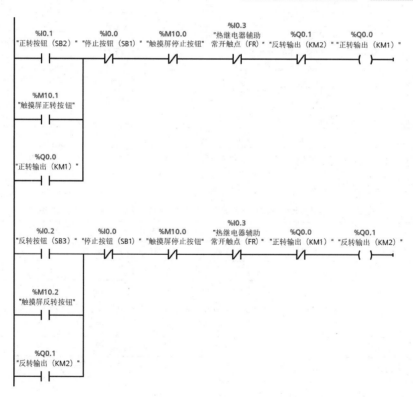

图 2-28　用 LAD 编写的任务二的 PLC 程序

```
程序段 1: 正转控制/反转控制
1   "正转输出（KM1）" := ("正转按钮（SB2）" OR "触摸屏正转按钮" OR "正转输出（KM1）")
2                       AND NOT"停止按钮（SB1）" AND NOT"触摸屏停止按钮"
3                       AND NOT"热继电器辅助常开触点（FR）" AND NOT"反转输出（KM2）";
4
5   "反转输出（KM2）" := ("反转按钮（SB3）" OR "触摸屏反转按钮" OR "反转输出（KM2）")
6                       AND NOT "停止按钮（SB1）" AND NOT "触摸屏停止按钮"
7                       AND NOT"热继电器辅助常开触点（FR）" AND NOT "正转输出（KM1）";
```

图 2-29　用 SCL 编写的任务二的 PLC 程序

（3）仿真调试 PLC 程序。参考前面的任务，单击仿真图标█，打开 PLC 仿真器，将 PLC 程序下载到仿真器。单击仿真器上的"RUN"按钮使 PLC 运行，单击程序在线监控图标█，可以看到 PLC 的程序变成了图 2-30 所示的界面。

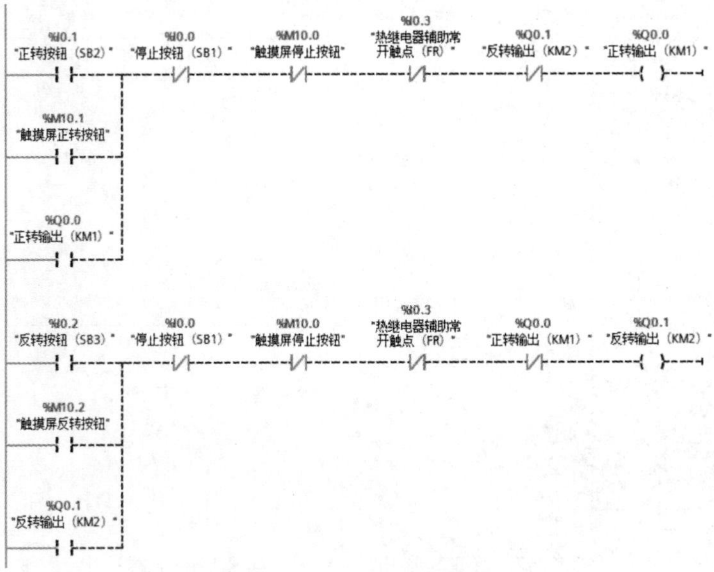

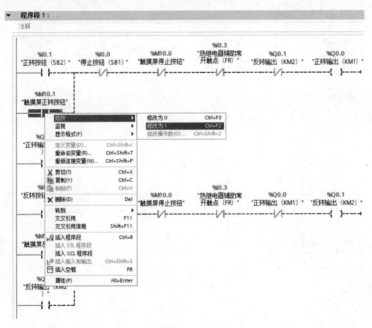

图 2-30   程序进入在线监控界面

程序处于在线监控状态后，可以修改各个变量的状态。如图 2-31 所示，右击"触摸屏正转按钮"，在弹出的快捷菜单中选择"修改"→"修改为 1"，可以将变量"触摸屏正转按钮"的值改为"1"，再次右击"触摸屏正转按钮"，在弹出的快捷菜单中选择"修改"→"修改为 0"，可以将它的值改为"0"，这样就模拟了"按下'触摸屏正转按钮'，然后松开"这个动作。

图 2-31   将变量"触摸屏正转按钮"的值改为"1"

模拟按下并松开"触摸屏正转按钮"之后,"正转输出(KM1)"接通,程序状态如图 2-32
所示。

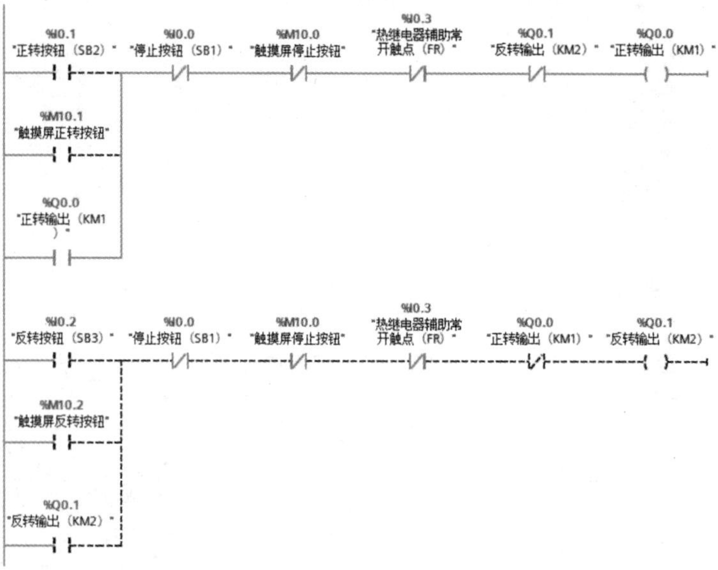

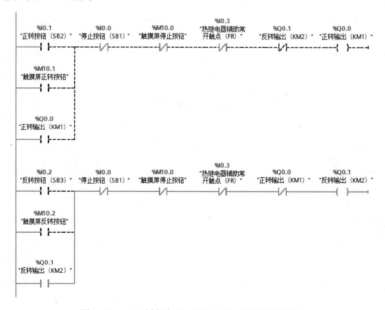

图 2-32　"正转输出(KM1)"接通后的状态

因为"正转输出(KM1)"的常闭触点串联在"反转输出(KM2)"的回路中,回路已经断
开,所以这时候再模拟按下"触摸屏反转按钮","反转输出(KM2)"是无法接通的。要想使
"反转输出(KM2)"接通,需要先模拟按下"停止按钮(SB1)"。模拟按下"停止按钮(SB1)"
后,程序回到了图 2-30 所示的在线监控状态。

程序回到图 2-30 所示的在线监控状态后,模拟按下"触摸屏反转按钮","反转输出(KM2)"
接通,程序状态如图 2-33 所示。

图 2-33　"反转输出(KM2)"接通后的状态

通过仿真操作，可以模拟按下"触摸屏正转按钮"、"触摸屏反转按钮"和"停止按钮"，以控制三相异步电动机正转、反转和停止，完成 PLC 程序的仿真调试。调试完成后，直接取消程序状态监控，停止 CPU 运行即可。

【注意】

在程序在线监控状态下，不可进行程序修改。若需要修改程序，要先停止监控，修改程序后必须重新下载程序至仿真器中，新的程序才能起作用。

3）HMI 界面设计和调试

（1）界面设计和变量关联参考项目二中任务一的步骤，设计图 2-34 所示的三相异步电动机正反转控制系统 HMI 界面，为每个按钮进行事件设置并关联变量，为每个指示灯进行动画设置并关联变量。

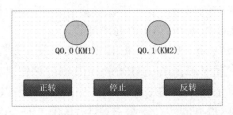

图 2-34 三相异步电动机正反转控制系统 HMI 界面

为"正转"按钮的"按下"事件添加函数"置位位"，如图 2-35 所示，为"释放"事件添加函数"复位位"，并均关联变量"触摸屏正转按钮"；用同样的方法，为"反转"按钮的"按下"事件添加函数"置位位"，为"释放"事件添加函数"复位位"，并均关联变量"触摸屏反转按钮"；为"停止"按钮的"按下"事件添加函数"置位位"，为"释放"事件添加函数"复位位"，并均关联变量"触摸屏停止按钮"；为 2 个指示灯添加外观颜色变化的动画，并分别关联变量"正转输出（KM1）"和"反转输出（KM2）"。

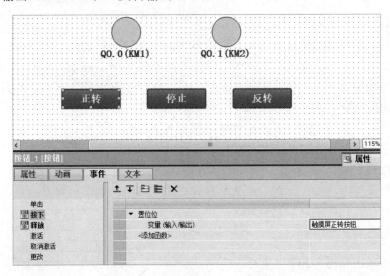

图 2-35 为"正转"按钮的"按下"事件添加函数"置位位"并关联变量"触摸屏正转按钮"

在为触摸屏的 2 个指示灯和 3 个按钮关联 PLC 的变量以后，自动生成 HMI 默认变量表，如图 2-36 所示。

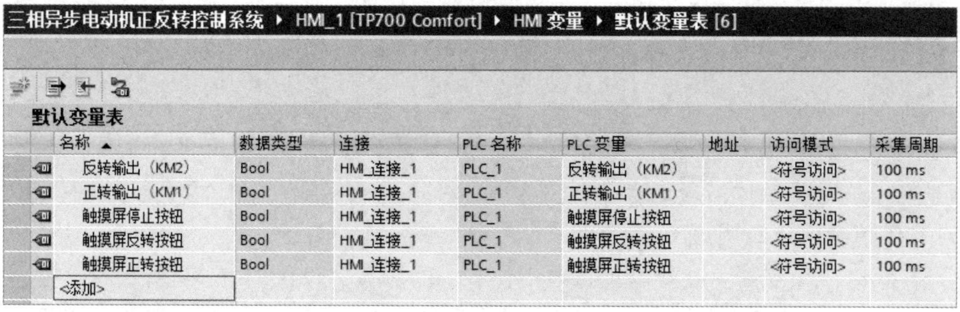

名称 ▲	数据类型	连接	PLC 名称	PLC 变量	地址	访问模式	采集周期
反转输出（KM2）	Bool	HMI_连接_1	PLC_1	反转输出（KM2）		<符号访问>	100 ms
正转输出（KM1）	Bool	HMI_连接_1	PLC_1	正转输出（KM1）		<符号访问>	100 ms
触摸屏停止按钮	Bool	HMI_连接_1	PLC_1	触摸屏停止按钮		<符号访问>	100 ms
触摸屏反转按钮	Bool	HMI_连接_1	PLC_1	触摸屏反转按钮		<符号访问>	100 ms
触摸屏正转按钮	Bool	HMI_连接_1	PLC_1	触摸屏正转按钮		<符号访问>	100 ms

（三相异步电动机正反转控制系统 ▶ HMI_1 [TP700 Comfort] ▶ HMI 变量 ▶ 默认变量表 [6]）

图 2-36　任务二的 HMI 默认变量表

（2）PLC 程序和 HMI 界面的联调。前文中已经进行了 PLC 的在线监控仿真调试，HMI 界面设计好之后就可以进行 PLC 程序和 HMI 界面的联调了。

在项目视图左侧的项目树中选中"HMI_1"，单击仿真图标 ，进入仿真调试界面。若这时 PLC 程序处于运行状态（通过单击 PLCSIM 的"RUN"按钮进入），那么首先单击 HMI 界面中的"正转"按钮，KM1 的指示灯将变成绿色，如图 2-37 所示；然后单击 HMI 界面中的"停止"按钮，KM1 的指示灯将变回灰色；最后单击 HMI 界面中的"反转"按钮，KM2 的指示灯将变成绿色。

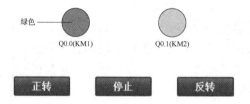

图 2-37　单击 HMI 界面中的"正转"按钮后，KM1 指示灯变成绿色

4）实物控制的调试

前面已经完成了硬件的安装、接线，以及基本的短路、断路检测，仿真调试成功以后，就可以进行实物调试了。实物调试应该先在主电路不通电的情况下进行，将 PLC 程序下载后，仔细对比控制电路的运行情况与仿真调试时是否一致。完成控制电路调试后，给主电路通电并再次进行调试。按照任务要求，可以按以下步骤进行测试。

①按下"正转"按钮 SB2，三相异步电动机启动正转。

②按下"停止"按钮 SB1，三相异步电动机停止转动。

③按下"反转"按钮 SB3，三相异步电动机启动反转。

如果测试结果与上述结果一致，那么恭喜你完成了任务；如果有异常现象，那么请你和组员一起分析原因，直到把系统调试成功。

2．任务实施过程

本任务的详细实施报告如表 2-6 所示。

表 2-6 任务二的详细实施报告

任 务 名 称		三相异步电动机正反转控制	
姓　　名		同 组 人 员	
时　　间		实 施 地 点	
班　　级		指 导 教 师	
任务内容：查阅相关资料、讨论并实施。 （1）三相异步电动机正反转继电器-接触器控制系统电路分析； （2）信号自锁的方法，信号之间互锁的方法； （3）三相异步电动机正反转 PLC 控制系统与继电器-接触器控制系统的区别； （4）三相异步电动机正反转 PLC 控制系统的实物接线需要注意的问题； （5）三相异步电动机正反转 PLC 控制系统的电路安全保障措施； （6）完成三相异步电动机正反转控制的 PLC 程序设计； （7）完成三相异步电动机正反转控制的 HMI 界面设计； （8）系统联调时需要注意的问题			
查阅的相关资料			
完成报告	（1）写出三相异步电动机正反转 PLC 控制系统与继电器-接触器控制系统的区别		
	（2）写出信号自锁的方法，信号之间互锁的方法		
	（3）写出三相异步电动机正反转 PLC 控制系统的实物接线需要注意的问题		
	（4）你设计的三相异步电动机正反转控制的 PLC 程序		
	（5）你设计的三相异步电动机正反转控制的 HMI 界面		
	（6）说明在对硬件系统进行联调时遇到的问题		

3．任务评价

本任务的评价表如表 2-7 所示。

表 2-7 任务二的评价表

任 务 名 称	三相异步电动机正反转控制			
小 组 成 员		评 价 人		
评 价 项 目	评 价 内 容	配　　分	得　　分	备　　注
团队合作	实施任务的过程中有讨论	5		
	有工作计划	5		
	有明确的分工	5		
	小组成员工作积极	5		
7S 管理	安装完成后，工位无垃圾	5		
	安装完成后，工具和配件摆放整齐	5		
	在安装过程中，无损坏元器件及造成人身伤害的行为	5		
	在通电调试过程中，电路无短路现象	5		

续表

评价项目	评价内容	配　分	得　分	备　注
设计电气系统图	设计的电气系统图可行	5		
	绘制的电气系统图美观	5		
	电气元件的图形符号标准	5		
安装电气系统	电气元件安装牢固	5		
	电气元件分布合理	5		
	布线规范、美观	5		
	接线端牢固，露铜不超过 1mm	5		
控制功能	按下"正转"按钮 SB2，三相异步电动机启动正转	10		
	按下"停止"按钮 SB1，三相异步电动机停止转动	5		
	按下"反转"按钮 SB3，三相异步电动机启动反转	10		
总分				

■【思考与练习】

1. 根据参考实施方案的设计步骤实施本任务。

2. 在本任务中，要想使三相异步电动机由正转变成反转，需先按下"停止"按钮，再按下"反转"按钮才能实现。试着修改程序，并进行仿真调试，使之实现：在正转时按下"反转"按钮，三相异步电动机能先停止正转，再启动反转。

任务三　三相异步电动机星-三角启动控制

■【任务描述】

本任务要求使用 S7-1200/1500 PLC 来实现对三相异步电动机的星-三角启动控制，使用 TIA Portal 软件设计一个三相异步电动机星-三角启动控制项目，要求完成程序设计及 HMI 界面设计。

控制要求：当按下启动按钮时，三相异步电动机三角形启动，10s 后，三相异步电动机自动切换为星形启动。整个过程中，在任何时间按下停止按钮，三相异步电动机都立即停止。在 HMI 界面上也需要设计一个"启动按钮"和一个"停止按钮"，使通过实物按钮及触摸屏按钮都能实现对三相异步电动机的控制。同时需要显示三相异步电动机星-三角形运行、停止状态。

请你和组员一起阅读课本并查阅相关资料，掌握 TIA Portal 软件的编程方法和仿真调试方法。完成资料查阅和小组讨论后，分工完成 PLC 程序设计及 HMI 界面设计并进行程序调试，完成控制任务。

■【任务目标】

知识目标：

➢ 了解定时器 TOF、TONR 指令的功能；

➢ 掌握定时器 TON 指令的功能；

➢ 熟悉 TIA Portal 软件的仿真调试方法；

> 熟悉 TIA Portal 软件的虚拟仿真调试流程。

能力目标：

> 能通过查阅资料来了解三种定时器指令；
> 能够熟练说出定时器指令的功能原理；
> 能说出利用 TIA Portal 软件进行仿真调试的流程。

素质目标：

> 树立安全意识和电工安全规范操作意识；
> 树立团结协作和效率意识。

【相关知识】

1. 三相异步电动机星-三角启动控制系统电路分析

图 2-38 所示是三相异步电动机星-三角启动控制系统电路。其中，SB1 为停止按钮（以下简称 SB1），SB2 为启动按钮（以下简称 SB2），FR 为热继电器的触点（以下简称 FR），KM 为接触器（以下简称 KM），KMY 为控制星形接线的接触器（以下简称 KMY），KM△为控制三角形接线的接触器（以下简称 KM△），M 为三相异步电动机。

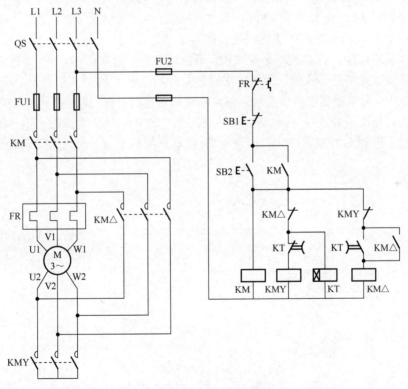

图 2-38 三相异步电动机星-三角启动控制系统电路

1）启动按钮的自锁

按下 SB2，KM 的线圈得电，KM 的辅助常开触点闭合，松开 SB2 之后，KM 的线圈会继续保持通电状态。

2）KMY 和 KM△ 的互锁

在图 2-38 所示电路左侧的主电路中，我们需要让 KMY 和 KM△ 互锁，即同一时间最多只能让 KMY 和 KM△ 中的一个接通。

图 2-38 所示电路右侧的控制电路实现了 KMY 和 KM△ 的互锁。在 KMY 的线圈回路中串联了 KM△ 的辅助常闭触点，在 KM△ 的线圈回路中串联了 KMY 的辅助常闭触点。若 KMY 的线圈通电，则它的常闭触点断开，而它的常闭触点串联在 KM△ 的线圈回路中，这时 KM△ 的线圈就不可能再接通了。同理，若 KM△ 的线圈通电，则它的常闭触点断开，而它的常闭触点串联在 KMY 的线圈回路中，这时 KMY 的线圈就不可能再接通了。

3）根据继电器–接触器控制电路设计 PLC 控制电路

本任务采用图 2-39 所示的三相异步电动机星–三角启动 PLC 控制系统电路，其中，主电路仍采用图 2-38 所示电路中的主电路。

【注意】
图 2-39 所示的接线图仅适用于继电器输出型的 PLC（如 AC/DC/RLY 型），对于晶体管输出型的 PLC（如 DC/DC/DC 型），不能按此图接线。

对比图 2-39 和图 2-23 所示的电路，可以看出两个电路中的控制电路部分几乎是一样的，唯一不同的是，将 KM1 定义成了 KMY，将 KM2 定义成了 KM△。PLC 输入部分的硬件接线可以完全参照图 2-23 所示电路中的接线进行连接。

由此可以发现，对于 PLC 控制系统来说，无论有多少个输入信号（按钮、传感器等），PLC 输入部分的接线方式都是一致的，通常将按钮的常开触点接入 PLC 的输入口。而在继电器–接触器控制系统中，通常需要把按钮的常开触点和常闭触点进行区分接线。PLC 的各个输出口的接线基本一致。相比于继电器–接触器控制系统，PLC 控制系统大大降低了电路硬件安装和接线的复杂程度。用 PLC 控制系统来升级继电器–接触器控制系统，可以简化系统并降低系统更新的成本。

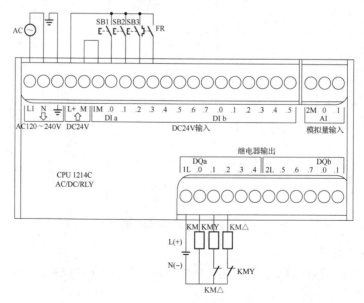

图 2-39　三相异步电动机星–三角启动 PLC 控制系统电路

2．定时器指令

使用定时器指令可在程序中创建时间延时。CPU 没有给任何特定的定时器指令分配专门的资源。每个定时器都使用 DB 存储器中的一个定时器类型的数据（如 TON 定时器采用 TON_TIME 数据）和一个连续运行的内部 CPU 定时器来执行定时任务。用户程序中可以使用的定时器数量仅受 CPU 存储器容量的限制。每个定时器均使用 16 字节的 IEC_Timer 数据类型的 DB 结构来存储功能框顶部指定的定时器数据。STEP 7 会在插入指令时自动创建该 DB 块。表 2-8 所示是定时器指令及其说明。

表 2-8　定时器指令及其说明

LAD 功能框	SCL	说　　明
IEC_Timer_0 TP Time IN　　Q PT　　ET	"IEC_Timer_0_DB".TP(IN:=_bool_in_, PT:=_time_in_, Q=>_bool_out_, ET=>_time_out_);	TP 定时器可生成具有预设宽度时间的脉冲
IEC_Timer_1 TON Time IN　　Q PT　　ET	"IEC_Timer_0_DB".TON(IN:=_bool_in_, PT:=_time_in_, Q=>_bool_out_, ET=>_time_out_);	TON 定时器可在预设的时间到来后将输出 Q 设置为 1 状态
IEC_Timer_2 TOF Time IN　　Q PT　　ET	"IEC_Timer_0_DB".TOF(IN:=_bool_in_, PT:=_time_in_, Q=>_bool_out_, ET=>_time_out_);	TOF 定时器可在预设的时间到来后将输出 Q 重置为 0 状态
IEC_Timer_3 TONR Time IN　　Q R　　ET PT	"IEC_Timer_0_DB".TONR(IN:=_bool_in_, R:=_bool_in_, PT:=_time_in_, Q=>_bool_out_, ET=>_time_out_);	TONR 定时器可在预设的时间到来后将输出 Q 设置为 1。在使用输入 R 重置经过的时间之前，会跨越多个定时时段，一直累加经过的时间

1）TP 定时器

用 TP 定时器可生成具有预设宽度时间的脉冲。输入端 IN 为启动输入端；PT 为预设时间值，ET 为定时开始后经过的当前时间值，它们的数据类型为 32 位的 Time，单位为 ms，最大定时时间为 24 天；Q 为定时器的位输出。各参数均可以使用 I（仅用于输入参数）、Q、M、D、L 存储区，PT 可以使用常量。定时器指令可以放在程序段的中间或结束处。

PT（预设时间）值和 ET（经过的时间）值以表示毫秒时间的有符号双精度整数形式存储在指定的 IEC_Timer DB 数据中。时间数据使用"T#"标识符，可以简单时间单元（如 T#2200ms）和复合时间单元（如 T#2s_200ms）的形式输入。

图 2-40 所示是 TP 定时器的时序图。时序图的横坐标表示时间，纵坐标表示定时器的"IN"、"ET"、"PT"和"Q"参数。

TP 定时器用于将输出 Q 置位为 PT 预设的一段时间。在 IN 输入信号的上升沿启动定时，输出 Q 变为 1 状态，开始输出脉冲，ET 从 0ms 开始不断增加，当达到 PT 预设的时间值时，输出 Q 变为 0 状态。如果 IN 输入信号为 1 状态，则当前时间值保持不变。如果 IN 输入信号为 0 状态，则当前时间变为 0ms。IN 输入信号的脉冲宽度可以小于预设值，在脉冲输出期间，即使 IN 输入信号出现下降沿和上升沿，也不会影响脉冲的输出。

2）TON 定时器

TON 定时器可在预设时间后将输出 Q 设置为 1 状态。

图 2-41 所示是 TON 定时器的时序图。在 IN 输入信号的上升沿开始定时，当 ET 大于或等于 PT 预设的时间值时，输出 Q 变为 1 状态，ET 保持不变。当输入电路断开，或定时器复位线圈 RT 通电时，定时器被复位，当前时间被清零，输出 Q 变为 0 状态。如果 IN 输入信号在未达到 PT 预设的时间值时变为 0 状态，则输出 Q 保持 0 状态不变。当复位线圈 RT 的输入端变为 0 状态时，如果 IN 输入信号为 1 状态，则重新开始定时。

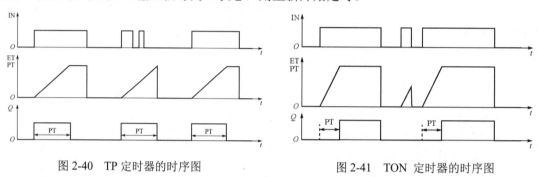

图 2-40 TP 定时器的时序图   图 2-41 TON 定时器的时序图

3）TOF 定时器

TOF 定时器可将输出 Q 的复位操作延迟 PT 指定的一段时间。

图 2-42 所示是 TOF 定时器的时序图。当输入电路接通时，输出 Q 为 1 状态，当前时间被清零。在 IN 输入信号的下降沿开始定时，ET 从 0ms 逐渐增加。当 ET 等于预设的时间值时，输出 Q 变为 0 状态，当前时间保持不变，直到输入电路接通。TOF 定时器可被用于设备停机后的延时。

如果 ET 还未达到 PT 预设的时间值，IN 输入信号就变为 1 状态，则 ET 被清零，输出 Q 保持 1 状态不变。当复位线圈 RT 通电时，如果 IN 输入信号为 0 状态，则定时器被复位，当前时间被清零，输出 Q 变为 0 状态；如果复位时 IN 输入信号为 1 状态，则复位信号不起作用。

4）TONR 定时器

TONR 定时器在输入电路接通时开始定时。

图 2-43 所示是 TONR 定时器的时序图。当输入电路断开时，累计的当前时间值保持不变。可以用 TONR 定时器来累计输入电路接通的若干个时间段。当累计时间等于预设时间值 PT 时，输出 Q 变为 1 状态。当复位输入 R 为 1 状态时，TONR 定时器被复位，它的 ET 变为 0ms，输出 Q 变为 0 状态。

加载持续时间线圈 ET 通电时，将 PT 指定的预设时间值写入 TONR 定时器的背景数据块的静态变量 PT（"T4".PT）中，将它作为 TONR 定时器的输入参数 PT 的实参。当复位 TONR 定时器时，"T4".PT 也被清零。

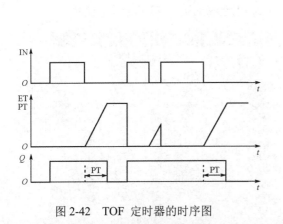

图 2-42 TOF 定时器的时序图

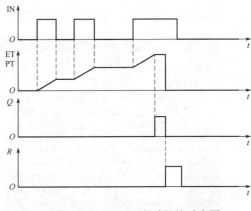

图 2-43 TONR 定时器的时序图

【例 2-1】用 TON 定时器设计一个脉冲发生程序。

解:

如图 2-44 所示，I1.1 接通后，定时器 T5 的 IN 输入信号为"True"，开始定时。2s 后 T5 的 Q 端输出"True"，定时器 T6 开始定时，同时 Q0.7 通电。

再过 3s 后，T6 的 Q 端输出"True"，"T6".Q 的常闭触点断开，使 T5 的 IN 输入端断开，其 Q 端输出变为"False"，Q0.7 断电。

在 Q0.7 的线圈断电的同时，定时器 T6 也断开。到了下一个程序扫描周期，因为"T6".Q 的常闭触点恢复接通，所以 T5 又重新开始定时。如此循环，Q0.7 将周期性地通电和断电，通电时间为 T6 的预设值，断电时间为 T5 的预设值。

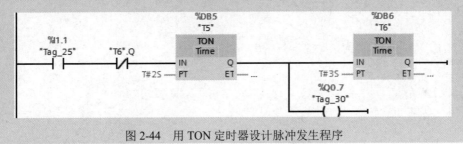

图 2-44 用 TON 定时器设计脉冲发生程序

【任务实施】

1. 参考实施方案

按照任务要求，先完成电路硬件接线，并进行基本的短路和断路检测，然后进行仿真调试，编写三相异步电动机星−三角启动控制的 PLC 程序，并设计 HMI 界面。在仿真调试过程中，用与输出点 Q0.0、Q0.1 关联的 2 个指示灯来分别代替被控接触器 KMY、KM△，进行仿真观察。确定程序运行逻辑没有问题后，在主电路不通电的情况下，进行 PLC 程序下载和实物调试。调试完成后给主电路通电，并再次进行调试。

1）硬件安装和接线

请按照图 2-39 所示的三相异步电动机星−三角启动 PLC 控制系统电路图进行硬件安装和接线。

2）PLC 的编程与仿真调试

（1）项目硬件组态和变量表的设置。参考项目一任务三中的相关内容，新建三相异步电动机星-三角启动控制项目，完成项目硬件组态，并为 PLC 添加图 2-45 所示的变量表。

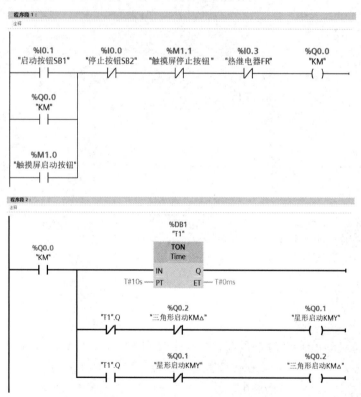

图 2-45　三相异步电动机星-三角启动控制项目的变量表

（2）编写控制程序。图 2-46 所示是用 LAD 编写的三相异步电动机星-三角启动控制程序，扫描右侧二维码可查看详细操作。

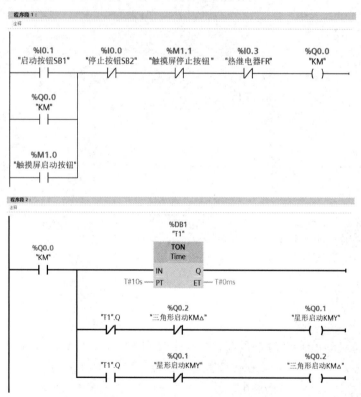

图 2-46　用 LAD 编写的三相异步电动机星-三角启动控制程序

图 2-47 所示是用 SCL 编写的三相异步电动机星-三角启动控制程序，扫描图 2-47 右侧二维码可查看详细操作。

图 2-47　用 SCL 编写的三相异步电动机星-三角启动控制程序

打开 PLC 程序块进行程序编辑，根据任务的控制要求，选择 LAD 或 SCL 中的一种方法，参考图 2-46 或图 2-47 所示的程序完成三相异步电动机星-三角启动控制程序的编写。

3）HMI 界面设计

（1）HMI 界面设计。参照项目二任务一中的步骤，设计图 2-48 所示的两个按钮控制三相异步电动机星-三角启动的 HMI 界面，并为每个按钮添加事件设置并关联变量，为三相异步电动机运行指示线进行动画设置并关联变量。

（2）变量关联。图 2-49 所示是触摸屏上"启动按钮"的"按下"事件的设置和变量关联，添加函数"置位位"，关联变量"触摸屏启动按钮"。同样还需要为"启动按钮"的"释放"事件添加函数"复位位"并关联变量"触摸屏启动按钮"。

触摸屏上"停止按钮"的设置方法与"启动按钮"的设置方法一样，不同的是其关联的变量为"触摸屏停止按钮"。

图 2-48　HMI 界面参考设计

图 2-49　触摸屏上"启动按钮"的"按下"事件的设置和变量关联

图 2-50 所示是三相异步电动机三角形运行指示线动画显示的变量关联，关联的变量为"三角形启动 KM△"。

图 2-50　三相异步电动机三角形运行指示线动画显示的变量关联

图 2-51 所示是三相异步电动机星形运行指示线动画显示的变量关联，关联的变量为"星形启动 KMY"。

图 2-51　三相异步电动机星形运行指示线动画显示的变量关联

在给触摸屏上的 2 个按钮、三相异步电动机运行指示线等元素关联 PLC 的变量后，自动生成 HMI 默认变量表，如图 2-52 所示。

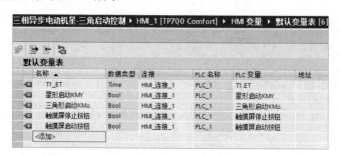

图 2-52　任务三的 HMI 默认变量表

4）系统调试

（1）进行仿真联调。首先，在项目视图左侧的项目树中选中"PLC_1"，单击仿真图标 ▣，打开 PLC 仿真器，将 PLC 程序下载到仿真器。下载完成后单击仿真器上的"RUN"按钮运行 PLC；然后在项目视图左侧的项目树中选中"HMI_1"，单击仿真图标 ▣，在 HMI 界面进行仿真调试。

将程序下载至 PLC 并运行，单击触摸屏上的"启动按钮"，三相异步电动机以星形方式运行（星形为绿色），如图 2-53 所示。10s 后，三相异步电动机以三角形方式运行（三角形为绿色），如图 2-54 所示。单击触摸屏上的"停止按钮"，运行指示灯变为灰色。

（2）实物控制的调试。仿真调试成功以后，就可以进行实物调试了。注意，实物调试应该先在主电路不通电的情况下进行，将 PLC 程序下载后，仔细对比控制电路的运行情况与仿真调试时是否一致。完成控制电路调试以后，再给主电路通电并进行调试。根据任务要求，按以下步骤进行测试。

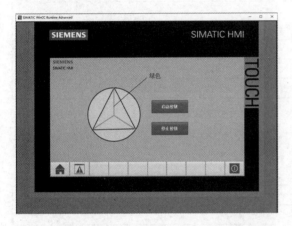

图 2-53　三相异步电动机以星形方式运行的 HMI 界面　图 2-54　三相异步电动机以三角形方式运行的 HMI 界面

①按下 SB2，三相异步电动机以星形方式运行。

②三相异步电动机以星形方式运行 10s 后，自动转换为以三角形方式运行。

③按下 SB1，三相异步电动机停止转动。

如果测试结果与上述结果一致，那么恭喜你完成了任务。如果有异常现象，请你和组员一起分析原因，直到把系统调试成功。

2．任务实施过程

本任务的详细实施报告如表 2-9 所示。

表 2-9　任务三的详细实施报告

任 务 名 称		三相异步电动机星-三角启动控制	
姓　　　名		同 组 人 员	
时　　　间		实 施 地 点	
班　　　级		指 导 教 师	
任务内容：查阅相关资料、讨论并实施。			
（1）三相异步电动机星-三角启动 PLC 控制系统设计；			

任 务 名 称	三相异步电动机星-三角启动控制
（2）定时器指令的使用方法； （3）三相异步电动机星-三角启动控制程序设计； （4）HMI 界面的设计方法； （5）三相异步电动机星-三角启动 PLC 控制系统的仿真调试方法； （6）三相异步电动机星-三角启动 PLC 控制系统的硬件互锁与软件互锁的设计	
查阅的相关资料	
完成报告	（1）三相异步电动机星-三角启动 PLC 控制系统设计
	（2）定时器指令的使用方法
	（3）三相异步电动机星-三角启动控制程序设计
	（4）HMI 界面的设计方法
	（5）三相异步电动机星-三角启动 PLC 控制系统的仿真调试方法
	（6）三相异步电动机星-三角启动 PLC 控制系统的硬件互锁与软件互锁体现在哪些地方

3．任务评价

本任务的评价表如表 2-10 所示。

表 2-10　任务三的评价表

任 务 名 称	三相异步电动机星-三角启动控制			
小 组 成 员		评 价 人		
评 价 项 目	评 价 内 容	配　分	得　　分	备　注
团队合作	实施任务的过程中有讨论	5		
	有工作计划	5		
	有明确的分工	5		
	小组成员工作积极	5		
7S 管理	安装完成后，工位无垃圾	5		
	安装完成后，工具和配件摆放整齐	5		
	在安装过程中，无损坏元器件及造成人身伤害的行为	5		
	在通电调试过程中，电路无短路现象	5		
设计电气系统图	设计的电气系统图可行	5		
	绘制的电气系统图美观	5		
	电气元件的图形符号标准	5		
安装电气系统	电气元件安装牢固	5		
	电气元件分布合理	5		
	布线规范、美观	5		
	接线端牢固，露铜不超过 1mm	5		

续表

评价项目	评价内容	配　分	得　分	备　注
控制功能	按下"启动按钮"，三相异步电动机以星形方式运行	10		
	三相异步电动机以星形方式运行 10s 后，转换为以三角形方式运行	10		
	按下"停止按钮"，三相异步电动机停止转动	5		
总分				

■【思考与练习】

1. 按照本任务参考实施方案的步骤，总结归纳项目组态与程序设计的过程。
2. 请使用与本任务不同的指令和方法实现三相异步电动机星-三角启动控制。

项目三

西门子 S7-1200/1500 PLC 的简单应用

任务一　用 8 个按钮分别控制 8 个灯

■【任务描述】

用 PLC 编程实现 8 个按钮分别控制 8 个灯。系统包含 8 个实物按钮和 8 个实物灯，同时在触摸屏上也制作 8 个按钮和 8 个灯。要求用实物按钮和触摸屏上的按钮均可以独立地控制 8 个实物灯，且触摸屏上 8 个灯的状态与 8 个实物灯的状态一致。

■【任务目标】

知识目标：
➤ 掌握 MOVE 指令的使用方法；
➤ 掌握位逻辑指令 "与" 运算和 "或" 运算（串联/并联）的使用方法；
➤ 进一步熟悉在 TIA Portal 软件中进行 PLC 程序仿真调试的方法。
能力目标：
➤ 能灵活使用 MOVE 指令；
➤ 能灵活使用位逻辑指令进行串联/并联编程；
➤ 能熟练地使用 TIA Portal 软件进行 PLC 程序的仿真调试。
素质目标：
➤ 培养严谨且规范的编程习惯。

■【相关知识】

使用移动指令可将数据复制到新的存储器地址，并由一种数据类型转换为另一种数据类型，移动过程不会更改源数据。S7-1200/1500 PLC 的移动指令包括 MOVE、MOVE_BLK、

UMOVE_BLK 和 MOVE_BLK_VARIANT，表 3-1 所示是 S7-1200/1500 PLC 的移动指令说明。

　　MOVE 指令用于将单个数据元素从参数 IN 指定的源地址复制到参数 OUT 指定的目标地址。

　　MOVE_BLK 和 UMOVE_BLK 指令具有附加的 COUNT 参数，COUNT 指定要复制的数据元素的个数。每个被复制的数据元素的字节数取决于 PLC 变量表中分配给 IN 和 OUT 参数变量名称的数据类型。

　　MOVE_BLK_VARIANT 指令与 MOVE_BLK 指令相比，功能相近，但其使用更灵活，可以将一个数组中的全部或部分元素复制到另一个数组的指定位置，即使这两个数组中的元素个数并不相同。

表 3-1　S7-1200/1500 PLC 的移动指令说明

LAD	SCL	说　　明
MOVE EN　ENO IN　OUT1	out1:=in;	将数据元素复制到新地址或多个地址
MOVE_BLK EN　ENO IN　OUT COUNT	MOVE_BLK(in:=_variant_in, count:=_uint_in,out=>_variant_out);	将数据元素整块复制到新地址，可中断
UMOVE_BLK EN　ENO IN　OUT COUNT	UMOVE_BLK(in:=_variant_in, count:=_uint_in,out=>_variant_out);	将数据元素整块复制到新地址，不可中断
MOVE_BLK_VARIANT EN　ENO SRC　Ret_Val COUNT　DEST SRC_INDEX DEST_INDEX	MOVE_BLK(SRC:=_variant_in, COUNT:=_udint_in,SRC_INDEX:= _dint_in,DEST_INDEX:=_dint_in, DEST=>_variant_out);	将源存储区域的内容复制到目标存储区域； 可以将一个完整的数组或数组中的元素复制到另一个具有相同数据类型的数组中。源数组和目标数组的大小（元素数量）可以不同。可以复制数组中的多个或单个元素

　　【例 3-1】　用 MOVE 指令编程实现 8 个按钮分别控制 8 个灯，8 个按钮的地址分别为 I11.0～I11.7，8 个灯的地址分别为 Q5.0～Q5.7。

解：

　　在 Main 主程序中编写图 3-1 所示的程序，参数 IN 输入"IB11"，在参数 OUT 1 处输入"QB5"。字节"IB11"包含 8 个位，分别是 I11.0～I11.7，对应 8 个按钮；字节"QB5"也包含 8 个位，分别是 Q5.0～Q5.7，对应 8 个灯。

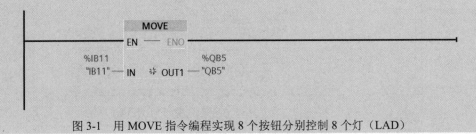

图 3-1　用 MOVE 指令编程实现 8 个按钮分别控制 8 个灯（LAD）

　　该 MOVE 指令放在主程序中，在每个程序扫描周期都会被执行 1 次。程序的扫描周期与 CPU 的主频和程序的大小有关。本例程序只有一个程序段，其程序扫描周期小于 1ms，因此，将会以超过 1000Hz 的频率把 IB11 赋值给 QB5。在任意时刻按下按钮，都能实时地将按钮的状态传送到灯，从而实现 8 个按钮分别控制 8 个灯。

【例 3-2】 用 SCL 的赋值运算指令编程实现 8 个按钮分别控制 8 个灯，8 个按钮的地址分别为 I11.0～I11.7，8 个灯的地址分别为 Q5.0～Q5.7。

解：

在 Main 主程序中编写图 3-2 所示的程序，可以实现将 IB11 赋值给 QB5。

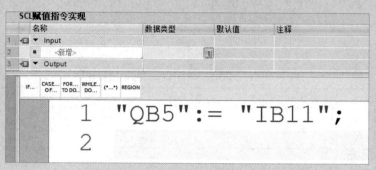

图 3-2　用 SCL 赋值运算指令编程实现 8 个按钮分别控制 8 个灯

【任务实施】

1. 参考实施方案

1）硬件安装和接线

参考前面的任务准备实验设备和工具，本任务可以选用 S7-1200 PLC 或 S7-1500 PLC，任务以 CPU 1214C DC/DC/DC 为例，请参考图 3-3 所示的电路进行硬件安装和接线，并进行基本的短路和断路检测。

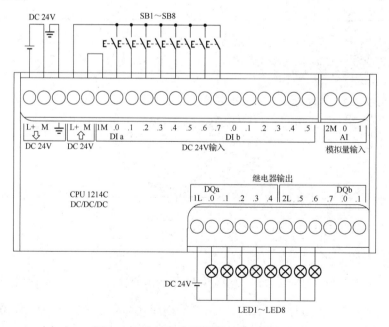

图 3-3　8 个按钮分别控制 8 个灯的电路

图 3-4 所示是 PLC 的数字输入、输出口的内部结构和通用连接方法。本书后续任务中的数字输入和数字输出口的连线也是参照这个电路图完成的。其中，①表示的是背板总线接口，1L+、2L+、L+均接 DC 24V 电源正极，M、1M、2M 均接电源负极，PWR 是电源 LED 指示灯（绿色），16x 为通道或通道状态 LED 指示灯（绿色/红色），RUN 是 PLC 运行状态 LED 指示灯（绿色），ERROR 是错误状态 LED 指示灯（红色）。

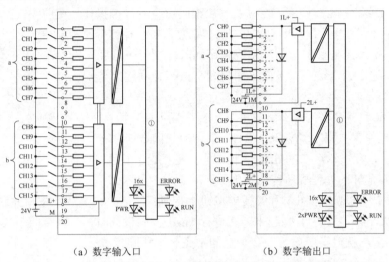

（a）数字输入口　　　　　　（b）数字输出口

图 3-4　PLC 的数字输入、输出口的内部结构和通用连接方法

2）PLC 程序

（1）PLC 的变量表。图 3-5 所示是采用 CPU 1214C 的 PLC 变量表。实物按钮 1～按钮 8 的地址按照系统默认分配，依次设置为 I0.0～I0.7；8 个实物灯的地址也按照系统默认分配，依次设置为 Q0.0～Q0.7；触摸屏按钮 1～触摸屏按钮 8 的地址分别关联寄存器 M10.0～M10.7。

		名称	数据类型	地址	从 H…	从 H…	在 H…	监控
1		按钮1	Bool	%I0.0	☑	☑	☑	
2		按钮2	Bool	%I0.1	☑	☑	☑	
3		按钮3	Bool	%I0.2	☑	☑	☑	
4		按钮4	Bool	%I0.3	☑	☑	☑	
5		按钮5	Bool	%I0.4	☑	☑	☑	
6		按钮6	Bool	%I0.5	☑	☑	☑	
7		按钮7	Bool	%I0.6	☑	☑	☑	
8		按钮8	Bool	%I0.7	☑	☑	☑	
9		灯1	Bool	%Q0.0	☑	☑	☑	
10		灯2	Bool	%Q0.1	☑	☑	☑	
11		灯3	Bool	%Q0.2	☑	☑	☑	
12		灯4	Bool	%Q0.3	☑	☑	☑	
13		灯5	Bool	%Q0.4	☑	☑	☑	
14		灯6	Bool	%Q0.5	☑	☑	☑	
15		灯7	Bool	%Q0.6	☑	☑	☑	
16		灯8	Bool	%Q0.7	☑	☑	☑	
17		触摸屏按钮1	Bool	%M10.0	☑	☑	☑	
18		触摸屏按钮2	Bool	%M10.1	☑	☑	☑	
19		触摸屏按钮3	Bool	%M10.2	☑	☑	☑	
20		触摸屏按钮4	Bool	%M10.3	☑	☑	☑	
21		触摸屏按钮5	Bool	%M10.4	☑	☑	☑	
22		触摸屏按钮6	Bool	%M10.5	☑	☑	☑	
23		触摸屏按钮7	Bool	%M10.6	☑	☑	☑	
24		触摸屏按钮8	Bool	%M10.7	☑	☑	☑	
25		<新增>			☑	☑	☑	

图 3-5　采用 CPU 1214C PLC 的变量表

若选用的 PLC 为 CPU 1512C-1PN,则系统默认分配给 CPU 的数字 I/O 模块的数字输入口的地址为 IB10~IB13,数字输出口的地址为 QB4~QB7。这时,实物按钮 1~按钮 8 的地址按照系统默认分配,就应设置为 I11.0~I11.7;8 个实物灯的地址也按照系统默认分配,就应设置为 Q5.0~Q5.7;触摸屏按钮 1~触摸屏按钮 8 的地址关联寄存器可以不变,地址仍然为 M10.0~M10.7。

（2）用 LAD 编写 PLC 程序,扫描右侧二维码可查看详细操作。在前文讲述的相关内容中,已经使用 MOVE 指令实现了 8 个按钮分别控制 8 个灯。但是如何实现用触摸屏按钮和实物按钮同时控制一个灯呢？显然单独使用 MOVE 指令无法实现。下面采用将两个按钮并联起来控制一个灯的方法实现控制要求。

扫一扫

微课：用 8 个按钮分
别控制 8 个灯-LAD

新建函数[FC1]并命名为"8 个按钮控制 8 个灯-LAD",在[FC1]中输入 8 个程序段,并在主程序"Main[OB1]"中调用该函数。

图 3-6 所示是灯 1 和灯 2 的处理程序,程序段 1 是灯 1 的处理程序,程序段 2 是灯 2 的处理程序,其他 6 个灯的处理程序与此相似。

程序段 1 用于实现用按钮 1 和触摸屏按钮 1 控制灯 1,虚、实 2 个按钮并联控制灯 1,任意一个按钮被按下都能使灯 1 亮起来。在进行 HMI 界面设计时,只需要将触摸屏上的灯与变量 Q0.0 关联起来,就能实现虚、实 2 个灯同步亮起来和同步熄灭了。

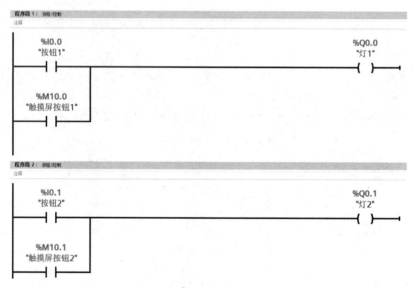

图 3-6　用 LAD 编写的灯 1 和灯 2 的处理程序

图 3-7 所示是在主程序"Main[OB1]"中调用[FC1]。

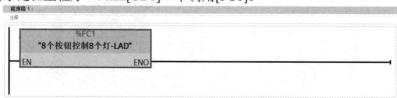

图 3-7　在主程序"Main[OB1]"中调用[FC1]

（3）用 SCL 编写 PLC 程序，扫描右侧二维码可查看详细操作。新建函数[FC2]并命名为"8 个按钮控制 8 个灯-SCL"，在[FC2]中输入图 3-8 所示的程序，并在主程序"Main[OB1]"中调用该函数。

微课：用 8 个按钮分别控制 8 个灯-SCL

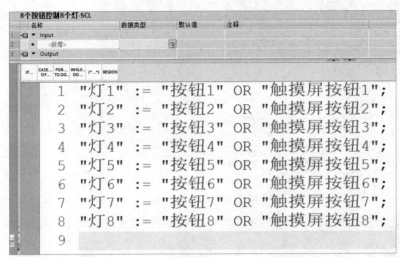

图 3-8　用 SCL 编写用 8 个按钮控制 8 个灯的程序

【注意】

[FC1]和[FC2]的功能完全一样，使用时，只需要在主程序"Main[OB1]"中调用[FC1]、[FC2]中的一个就可以了，不能同时调用[FC1]和[FC2]。

3）HMI 界面

图 3-9 所示是用 8 个按钮分别控制 8 个灯的 HMI 界面参考设计。

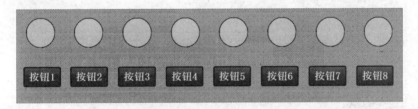

图 3-9　用 8 个按钮分别控制 8 个灯的 HMI 界面参考设计

图 3-10 所示是灯 1 的变量关联，将第一个灯与变量"灯 1"关联，其他 7 个灯的设置方法与灯 1 的设置方法一样。图 3-11 所示是按钮 1 的"按下"事件设置和变量关联，添加函数"置位位"，关联变量"触摸屏按钮 1"。图 3-12 所示是按钮 1 的"释放"事件设置和变量关联，添加函数"复位位"，同样关联变量"触摸屏按钮 1"。其他 7 个按钮的设置方法与按钮 1 的设置方法一样。

4）系统调试

参照前面任务中的步骤进行仿真调试。把程序下载到 PLC 仿真器中并运行该程序，对 HMI 界面也进行仿真调试。调试结果应为：当按下触摸屏上的某一个按钮时，触摸屏上对应的灯亮；松开按钮之后，触摸屏上对应的灯熄灭。

仿真调试成功以后，将程序下载到实物 PLC 中并运行该程序，按如下步骤进行测试。

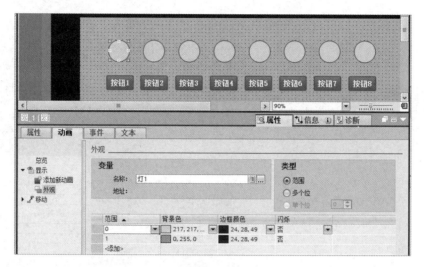

图 3-10　灯 1 的变量关联

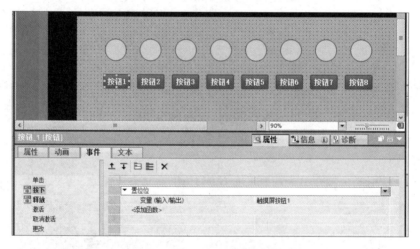

图 3-11　按钮 1 的"按下"事件设置和变量关联

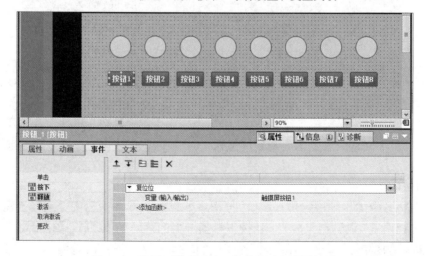

图 3-12　按钮 1 的"释放"事件设置和变量关联

①当按下触摸屏上的某一个按钮时，触摸屏上对应的灯亮，同时对应的实物灯也亮；松开按钮之后，触摸屏上对应的灯和实物灯均熄灭。

②当按下某一个实物按钮时，触摸屏上对应的灯亮，同时对应的实物灯也亮；松开按钮之后，触摸屏上对应的灯和实物灯均熄灭。

③当多个实物按钮同时被按下时，所对应的多个触摸屏上的灯和实物灯可以同时被点亮。

④当同时按下触摸屏上的按钮和多个实物按钮时，所有按钮对应的触摸屏上的灯和实物灯可以同时被点亮。

如果测试结果与上述结果一致，那么恭喜你调试成功了。

2. 任务实施过程

本任务的详细实施报告如表 3-2 所示。

表 3-2　任务一的详细实施报告

任 务 名 称	用 8 个按钮分别控制 8 个灯		
姓　　　名		同 组 人 员	
时　　　间		实 施 地 点	
班　　　级		指 导 教 师	
任务内容：查阅相关资料、讨论并实施。 （1）MOVE 指令的使用方法； （2）位逻辑指令"与""或"运算的使用方法； （3）用 8 个按钮分别控制 8 个灯的实物接线； （4）用 8 个按钮分别控制 8 个灯的 PLC 程序设计； （5）用 8 个按钮分别控制 8 个灯的 HMI 界面设计			
查阅的相关资料			
完成报告	（1）LAD 中的 MOVE 指令与 SCL 中的赋值指令有什么相同和不同之处		
	（2）位逻辑指令"与""或"运算与串、并联的关系		
	（3）用 8 个按钮分别控制 8 个灯的实物接线需要注意哪些问题		
	（4）你所设计的"用 8 个按钮分别控制 8 个灯"的 PLC 程序		
	（5）你所设计的"用 8 个按钮分别控制 8 个灯"的 HMI 界面		

3. 任务评价

本任务的评价表如表 3-3 所示。

表 3-3　任务一的评价表

任 务 名 称	用 8 个按钮分别控制 8 个灯			
小 组 成 员		评 价 人		
评 价 项 目	评 价 内 容	配　　分	得　　分	备　　注
团队合作	实施任务的过程中有讨论	5		

续表

评价项目	评价内容	配　分	得　分	备　注
团队合作	有工作计划	5		
	有明确的分工	5		
	小组成员工作积极	5		
7S 管理	安装完成后，工位无垃圾	5		
	安装完成后，工具和配件摆放整齐	5		
	在安装过程中，无损坏元器件及造成人身伤害的行为	5		
	在通电调试过程中，电路无短路现象	5		
设计电气系统图	设计的电气系统图可行	5		
	绘制的电气系统图美观	5		
	电气元件的图形符号标准	5		
安装电气系统	电气元件安装牢固	5		
	电气元件分布合理	5		
	布线规范、美观	5		
	接线端牢固，露铜不超过 1mm	5		
控制功能	当按下触摸屏上的某一个按钮时，触摸屏上对应的灯亮，同时对应的实物灯也亮；松开按钮之后，触摸屏上对应的灯和实物灯均熄灭	5		
	当按下某一个实物按钮时，触摸屏上对应的灯亮，同时对应的实物灯也亮；松开按钮之后，触摸屏上对应的灯和实物灯均熄灭	5		
	当多个实物按钮同时被按下时，所对应的多个触摸屏上的灯和实物灯可以同时被点亮	10		
	当同时按下触摸屏上的按钮和多个实物按钮时，所有按钮对应的触摸屏上的灯和实物灯可以同时被点亮	5		
总分				

■【思考与练习】

1. 要用一个 MOVE 指令实现 16 个按钮分别控制 16 个灯，该怎么编写程序？如果用 32 个按钮分别控制 32 个灯，又该如何编写程序呢？

2. 进行 PLC 的数字输入、输出口的电路硬件接线练习。

3. 在本任务中，按钮没有实现自锁。如果要实现自锁，即按一次按钮灯亮，再次按下灯灭，并且实物按钮和触摸屏按钮均可操作，则该如何修改程序？

任务二　16 个 LED 的流水灯

■【任务描述】

在触摸屏上设计 1 个"启动"按钮、1 个"停止"按钮、16 个 LED，用 S7-1500 PLC 编程控制 16 个 LED，使之呈现流水灯的效果。"启动"按钮和"停止"按钮分别用于控制流水灯的启动和停止。本任务可以采用纯仿真方式完成，也可以采用实物 PLC 和触摸屏进行实验，但是不要求连接实物按钮和实物灯。

【任务目标】

知识目标：

➢ 了解西门子 PLC 的数据类型和数据存储结构；

➢ 掌握 S7-1200/1500 PLC 的系统时钟的硬件组态方法；

➢ 掌握上升沿和下降沿指令；

➢ 掌握移位指令。

能力目标：

➢ 能使用 S7-1200/1500 PLC 的系统时钟进行脉冲输出；

➢ 能使用上升沿和下降沿指令检测脉冲；

➢ 能使用移位指令控制 16 个 LED 的流水灯。

素质目标：

➢ 培养细致的工作作风。

【相关知识】

1. 西门子 S7-1200/1500 PLC 的数据类型

表 3-4 所示是西门子 S7-1200/1500 PLC 的数据类型，主要包括位（bit）、字节（Byte）、字（Word）、双字（DWord）、整数（Int）、双整数（DInt）、浮点数（Real）和常数。

表 3-4 西门子 S7-1200/1500 PLC 的数据类型

类型	符号	位数	范围	说明	举例
位	bit	1 位	0 或 1	为布尔型变量，只有两个值	I0.0、Q0.1、M0.0、V0.1 等
字节	Byte	8 位	十六进制 0～FF 十进制 0～255	1 个字节（Byte）等于 8 位（bit），其中 0 位为最低位，7 位为最高位	IB0、QB5、MB10、VB30 等
字	Word	16 位	十六进制 0～FFFF 十进制 0～65535	相邻的两字节（Byte）组成一个字（Word），其被用来表示一个无符号数	IW0，由 IB0 和 IB1 组成，其中 I 是区域标识符，W 表示字，0 是字的起始字节
双字	DWord	32 位	十六进制 0～FFFFFFFF 十进制 0～4294967295	相邻的两个字（Word）组成一个双字，其被用来表示一个无符号数	MD100，由 MW100 和 MW102 组成，其中 M 是区域标识符，D 表示双字，100 是双字的起始字节
整数	Int	16 位	十进制-32768～32767	整数为有符号数，最高位为符号位，1 表示负数，0 表示正数	-32768～32767 之间的整数，如 1、2、3、4 等

类型	符号	位数	范围	说明	举例
双整数	DInt	32 位	十进制-2147483648 ~2147483647	32 位整数，为有符号数，最高位为符号位，1 表示负数，0 表示正数	-2147483648 ~ 2147483647 之间的整数，如 1、2、3、4 等
浮点数	Real	32 位	-3.402823466×10^{38} ~3.402823466×10^{38}	几乎可以表示所有的实数	5.1415926
常数		不定		可以是字节、字或双字，以二进制方式存储，也可以用十进制、十六进制 ASCII 码或浮点数形式来表示	T#500ms、π 等

西门子 S7-1200/1500 PLC 中用到的常数类型较多，这里用表 3-5 单独列出来。

表 3-5 中 S5T#的格式为 S5T#aD_bH_cM_dS_eMS，其中 a、b、c、d、e 分别是日、小时、分、秒、毫秒的数值，输入时可以省掉下画线。D#的取值范围为 D#1990_1_1~ D#2168_12_31。

表 3-5 西门子 S7-1200/1500 PLC 中用到的常数类型

符 号	说 明	举 例
B#16#、W#16#、DW#16#	十六进制字节、字和双字	B#16#45：十六进制字节常数 45
D#	IEC 日期常数	D#2004115：2004 年 1 月 15 日
L#	32 位双整数常数	L#-5：长整数-5
P#	地址指针常数	P#M20：M20 的地址
S5T#	S5 时间常数（16 位）	S5T#4S30MS：4 秒 30 毫秒
T#	IEC 时间常数（32 位，带符号）	T#1D_2H_15M_30S_45MS：1 天 2 小时 15 分 30 秒 45 毫秒
TOD#	实时时间常数（16 位/32 位）	TOD#23:50:45.300：实时时间 23 时 50 分 45 秒 300 毫秒
C#	计数器常数（BCD 编码）	C#150
2#	二进制常数	2#10010011：二进制常数 10010011

2. 西门子 S7-1200/1500 PLC 的数据存储结构

PLC 的存储区域包括输入映像区（I）、输出映像区（Q）、内部存储区（M）、物理输入区（PI）、物理输出区（PQ）、全局数据块（DB）、背景数据块（DI）和临时堆栈（L）等。

每一个存储区的数据都可以以双字、字、字节、位等方式存储。例如，在内部存储区，MB 表示内部存储区的字节；MW 表示内部存储区的字；MD 表示内部存储区的双字。

为了初步了解西门子 S7-1200/1500 PLC 的存储区的数据存储结构，我们以内部存储区的某一个双字 MD100 为例进行说明。如表 3-6 所示，MD100、MW100、MB100、M100.0 分别是内部存储区的一个双字、字、字节、位，下面分别对它们的存储地址和包含关系进行说明。

M100.0 为内部存储器的第 100 个字节的第 0 位。

MB100 为内部存储器的第 100 个字节，包含了 M100.0~M100.7 共 8 个位。

MW100 为内部存储器的第 100 个字，包含了 MB100 和 MB101，即 M100.0~M100.7、M101.0~M100.7 共 16 个位。

MD100 为内部存储器的第 100 个双字，包含了 MW100 和 MW102 共 2 个字，即 MB100、

MB101、MB102、MB103 共 4 个字节，即 M100.0～M100.7、M101.0～M101.7、M102.0～M102.7、M103.0～M103.7 共 32 个位。

表 3-6　MD100 的数据存储结构

双字地址	字地址	字节地址	位地址
MD100	MW100	MB100	M100.7
			M100.6
			M100.5
			M100.4
			M100.3
			M100.2
			M100.1
			M100.0
		MB101	M101.7
			M101.6
			M101.5
			M101.4
			M101.3
			M101.2
			M101.1
			M101.0
	MW102	MB102	M102.7
			M102.6
			M102.5
			M102.4
			M102.3
			M102.2
			M102.1
			M102.0
		MB103	M103.7
			M103.6
			M103.5
			M103.4
			M103.3
			M103.2
			M103.1
			M103.0

【例 3-2】　当 MW20 表示的二进制数为"0000 1001 0000 0000"时，分别是哪 2 个位为"1"？

解：

MW20 由 2 个字节 MB20 和 MB21 构成。

　　MB20 由 M20.0～M20.7 构成，MB21 由 M21.0～M21.7 构成。简单地说就是 MW20 由 M20.0～M21.7 共 16 个位构成。

　　当 MW20 表示的二进制数为"0000 1001 0000 0000"时，MB20 为"0000 1001"，MB21 为"0000 0000"，由此可见，M20.3 和 M20.0 这 2 个位为"1"。

　　【例 3-3】 当 MW20 表示的二进制数为"0000 1001 0000 0000"时，转换为十进制的整数（Int）是多少？

解：

　　在 TIA Portal 软件中新建一个项目，在 PLC 的监控表中新建一个变量 MW20，显示格式设置为二进制，在修改值一栏中输入 2#0000_1001_0000_0000，如图 3-13 所示，按下快捷键"Shift+F9"更新监视值。将显示格式设置为十六进制，其监视值显示为 16#0900，如图 3-14 所示。将显示格式设置为无符号十进制，其监视值显示为 2304，如图 3-15 所示。因此，MW20 转换为十进制的整数（Int）是 2304。

名称	地址	显示格式	监视值	修改值
"Tag_3"	%MW20	二进制 ▼	2#0000_1001_0000_0000	2#0000_1001_0000_0000
	<添加>			

图 3-13　在监控表中新建一个变量 MW20

名称	地址	显示格式	监视值	修改值
"Tag_3"	%MW20	十六进制 ▼	16#0900	16#0900
	<添加>			

图 3-14　将显示格式设置为十六进制

名称	地址	显示格式	监视值	修改值
"Tag_3"	%MW20	无符号十进制 ▼	2304	2304
	<添加>			

图 3-15　将显示格式设置为无符号十进制

3．沿指令

　　西门子 S7-1200/1500 PLC 的沿指令包括 P 触点、N 触点、P 线圈、N 线圈、P_TRIG、N_TRIG、R_TRIG 和 F_TRIG 等。

　　表 3-7 所示是西门子 S7-1200/1500 PLC 的上升沿和下降沿跳变检测指令及其说明。P 触点和 N 触点可以被放置在程序段中除分支结尾外的任意位置，P 线圈和 N 线圈可以被放置在程序段中的任意位置。

表 3-7　西门子 S7-1200/1500 PLC 的上升沿和下降沿跳变检测指令及其说明

LAD	SCL	说　明
"IN" —| P |— "M_BIT"	不可用	扫描操作数的信号上升沿。 当在分配的"IN"位上检测到正跳变（断到通）时，该触点的状态为 TRUE
"IN" —| N |— "M_BIT"	不可用	扫描操作数的信号下降沿。 当在分配的"IN"位上检测到负跳变（通到断）时，该触点的状态为 TRUE
"OUT" —(P)— "M_BIT"	不可用	在信号上升沿置位操作数。 当在进入线圈的能流中检测到正跳变（断到通）时，分配的位"OUT"为 TRUE。能流输入状态总是通过线圈后变为能流输出状态

LAD	SCL	说　明
"OUT" ——(N)—— "M_BIT"	不可用	在信号下降沿置位操作数。 当在进入线圈的能流中检测到负跳变（通到断）时，分配的位"OUT"为 TRUE。能流输入状态总是通过线圈后变为能流输出状态

表 3-8 所示是 P_TRIG 和 N_TRIG 指令及其说明。P_TRIG 指令和 N_TRIG 指令不能被放置在程序段的开头或结尾。

表 3-8　P_TRIG 和 N_TRIG 指令及其说明

LAD	SCL	说　明
P_TRIG — CLK　Q — "M_BIT"	不可用	扫描逻辑运算结果的信号上升沿。 当在 CLK 能流输入中检测到正跳变（断到通）时，Q 端逻辑状态为 TRUE
N_TRIG — CLK　Q — "M_BIT"	不可用	扫描逻辑运算结果的信号下降沿。 当在 CLK 能流输入中检测到负跳变（通到断）时，Q 端逻辑状态为 TRUE

表 3-9 所示是 R_TRIG 和 F_TRIG 指令及其说明。

表 3-9　R_TRIG 和 F_TRIG 指令及其说明

LAD	SCL	说　明
"R_TRIG_DB" R_TRIG — EN　ENO — — CLK　Q —	R_TRIG_DB"(CLK:=_in_, Q=>_bool_out_);"	在信号上升沿置位变量。 用背景数据块的一个位存储 CLK 输入的前一状态。当在 CLK 能流输入中检测到正跳变（断到通）时，Q 端逻辑状态为 TRUE。 在 LAD 中，R_TRIG 指令不能被放置在程序段的开头或结尾
"F_TRIG_DB_1" F_TRIG — EN　ENO — — CLK　Q —	F_TRIG_DB"(CLK:=_in_, Q=>_bool_out_);"	在信号下降沿置位变量。 用背景数据块的一个位存储 CLK 输入的前一状态。在 CLK 能流输入中检测到负跳变（通到断）时，Q 端逻辑状态为 TRUE。 在 LAD 中，F_TRIG 指令不能被放置在程序段的开头或结尾

表 3-10 所示是沿指令参数的数据类型及其说明，M_BIT、IN、OUT、CLK、Q 等 5 个参数的数据类型均为 Bool。

表 3-10　沿指令参数的数据类型及其说明

参　数	数据类型	说　明
M_BIT	Bool	保存输入的前一个状态的存储位
IN	Bool	检测其跳变沿的输入位
OUT	Bool	指示检测到跳变沿的输出位
CLK	Bool	检测其跳变沿的能流或输入位
Q	Bool	若 R_TRIG 指令检测到上升沿，则 Q 端输出一个程序扫描周期宽度的"1"； 若 F_TRIG 指令检测到下降沿，则 Q 端输出一个程序扫描周期宽度的"1"

所有的沿指令都采用一个存储位来保存被监控输入信号的先前状态，并将输入的状态与前一状态进行比较来检测沿。P/N 触点、P/N 线圈、P_TRIG/N_TRIG 使用 M_BIT 来存储被监控输入信号的先前状态；R_TRIG、F_TRIG 使用背景数据块中的一个位来存储被监控输入信号的先前状态。

由于存储位必须从一次执行保留到下一次执行，所以应该对每个沿指令都使用唯一的存储位，并且不应在程序中的任何其他位置再使用该位。还应仅将 M、全局 DB 或静态存储器（在背景 DB 中）用于 M_BIT 存储位，避免使用临时存储器作为存储位。

4．移位指令和循环移位指令

1）移位指令

表 3-11 所示是西门子 PLC 的移位指令 SHL、SHR 及其说明，它们能分别实现左移和右移功能。

表 3-11　西门子 PLC 的移位指令 SHL、SHR 及其说明

LAD	SCL	说　明
SHL ??? — EN　ENO — IN　OUT — N	out:=SHL(in:=_variant_in_, n:=_uint_in);	SHL 指令用于将 "IN" 的位序列向左移动 *N* 位后再赋值给 OUT
SHR ??? — EN　ENO — IN　OUT — N	out:=SHR(in:=_variant_in_, n:=_uint_in);	SHR 指令用于将 "IN" 的位序列向右移动 *N* 位后再赋值给 OUT

使用移位指令需要注意以下 4 点。

① 若 *N*=0，则不进行移位。将 IN 值直接赋值给 OUT。

② 用 0 填充移位操作所清空的位。

③ 如果要移位的位数（*N*）超过目标值中的位数（Byte 为 8 位、Word 为 16 位、DWord 为 32 位），则所有原始位值将被移出并用 0 代替，即将 0 赋值给 OUT。

④ 对于移位操作，ENO 总是为 TRUE。

【例 3-4】 将 16#E001 左移 2 位和右移 2 位得到的结果分别是什么？

解：

16#E001 对应的二进制数为 1110 0000 0000 0001。

如图 3-16 所示，左右 2 个图分别是 16#E001 通过移位指令分别左移 2 位和右移 2 位的具体操作过程。

【例 3-5】 对 Word 类型的二进制数 "1110 0010 1010 1101" 进行 SHL 左移 1 位运算，移位 3 次，3 次左移后的结果依次是什么？

解：

首次移位前的 IN 值：1110 0010 1010 1101。

首次左移后的结果：1100 0101 0101 1010。

第二次左移后的结果：1000 1010 1011 0100。

第三次左移后的结果：0001 0101 0110 1000。

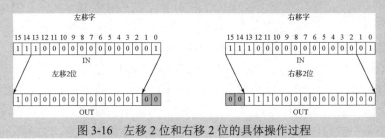

图 3-16　左移 2 位和右移 2 位的具体操作过程

2）循环移位指令

表 3-12 所示是西门子 PLC 的循环移位指令 ROL 和 ROR 的用法说明，ROL 和 ROR 能分别实现循环左移和循环右移功能。

表 3-12　西门子 PLC 的循环移位指令 ROL 和 ROR 的用法说明

LAD	SCL	说　明
ROL ??? EN — ENO IN　OUT N	out:= ROL(in:=_variant_in_, n:=_uint_in);	循环左移位序列，用于将参数 IN 的位序列循环向左移动 N 位之后赋值给参数 OUT
ROR ??? EN — ENO IN　OUT N	out:= ROR(in:=_variant_in_, n:=_uint_in);	循环右移位序列，用于将参数 IN 的位序列循环向右移动 N 位之后赋值给参数 OUT

使用循环移位指令需要注意以下 4 点。

①若 $N=0$，则不循环移位。将 IN 值赋值给 OUT。

②从目标值一侧循环移出的位数据将循环移位到目标值的另一侧，因此原始位值不会丢失。

③如果要循环移位的位数（N）超过目标值中的位数（Byte 为 8 位、Word 为 16 位、DWord 为 32 位），仍将执行循环移位。

④执行循环移位指令之后，ENO 始终为 TRUE。

【例 3-6】　将二进制数"1111 0000 1010 1010 0000 1111 0000 1111"循环左移 3 位得到的结果是什么？

解：

图 3-17 所示是循环左移 3 位的具体操作过程，循环左移 3 位得到的结果是"1000 0101 0101 0000 0111 1000 0111 1111"。

图 3-17　循环左移 3 位的具体操作过程

【例 3-7】　对 Word 类型的二进制数"0100 0000 0000 0001"进行循环右移 1 位运算，移位 2 次，结果依次是什么？

解：

首次循环移位前的 IN 值：0100 0000 0000 0001。

首次循环右移 1 位后的结果：1010 0000 0000 0000。

第二次循环右移 1 位后的结果：0101 0000 0000 0000。

【任务实施】

1. 参考实施方案

1）硬件安装和接线

（1）实验器材准备。本任务可以采用纯仿真的方式完成，也可以采用实物进行实验。若采用实物进行实验，在进行硬件安装和接线前，所需器材的清单如表 3-13 所示。

表 3-13　任务二所需器材的清单

类　别	名称及参考型号
工具	电工钳、斜口钳、剥线钳、压线钳、一字螺丝刀、十字螺丝刀、万用表
材料	1mm² 铜芯线、0.5mm² 铜芯线、冷压头、安装板、线槽、自攻钉
设备	空气开关（1 个）、PM1507 电源模块（24V，10A）、S7-1500 PLC（1 台）、TP700 精智面板（1 台）、网线（2 根）、安装有 TIA Portal V17 编程软件的计算机（1 台）
技术资料	电气系统图、工作计划表、与 PLC 编程相关的手册、电气安装标准手册

（2）安装和接线。本任务以 CPU 1512C-1 PN 为例，请参考图 3-18 所示的 16 个 LED 流水灯的电路图完成硬件接线，其对应的实物接线如图 3-19 所示。本任务所需的接线较少，只需要简单的 3 步就能完成。

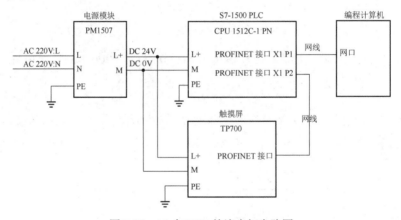

图 3-18　16 个 LED 的流水灯电路图

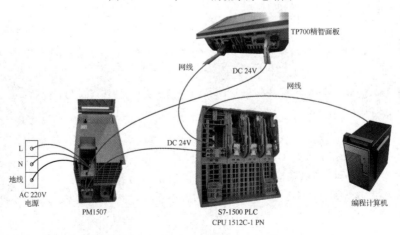

图 3-19　16 个 LED 流水灯的实物接线

①为 PM1507 电源模块连接 220V 交流电源。

②将 PM1507 电源模块输出的 24V 直流电源接至 PLC 和触摸屏。

③用 1 根网线将计算机和 PLC 连接起来，再用 1 根网线将 PLC 和触摸屏连接起来。

完成以上 3 步，就完成硬件接线了，之后进行基本的短路和断路检测。

2）PLC 程序

（1）PLC 的变量表。图 3-20 所示是本任务的 PLC 变量表。LED1～LED16 分别对应 16 个 LED；触摸屏上的"启动"按钮和"停止"按钮都需要关联变量"启停控制"，其对应地址为 "M10.0"；"Tag_1"和"Tag_2"用作沿指令的存储位，所以采用了系统的默认命名。

（2）用 LAD 编写 PLC 程序，扫描右侧二维码可查看详细操作。采用模块化的方式进行编程，先完成系统硬件组态，再编写 16 个 LED 流水灯的子程序[FC1]，最后在主程序中调用子程序[FC1]。

微课：16 个 LED 的
流水灯-LAD

①进行系统硬件组态以打开系统时钟。在编写 16 个 LED 流水灯的子程序[FC1]之前，需要进行系统硬件组态以打开系统时钟。如图 3-21 所示，首先，打开 PLC 的"属性"窗口，在"常规"选项卡中选中"系统和时钟存储器"选项；然后，在"时钟存储器位"选区中勾选"启用时钟存储器字节"复选框，这样就能将 M0.3 设置为 2Hz 的脉冲输出了。

		名称	数据类型	地址 ▲	保持	可从 ...	从 H...	在 H...	监控
1		QW5	Word	%QW5	☐	☑	☑	☑	
2		LED1	Bool	%Q5.0	☐	☑	☑	☑	
3		LED2	Bool	%Q5.1	☐	☑	☑	☑	
4		LED3	Bool	%Q5.2	☐	☑	☑	☑	
5		LED4	Bool	%Q5.3	☐	☑	☑	☑	
6		LED5	Bool	%Q5.4	☐	☑	☑	☑	
7		LED6	Bool	%Q5.5	☐	☑	☑	☑	
8		LED7	Bool	%Q5.6	☐	☑	☑	☑	
9		LED8	Bool	%Q5.7	☐	☑	☑	☑	
10		LED9	Bool	%Q6.0	☐	☑	☑	☑	
11		LED10	Bool	%Q6.1	☐	☑	☑	☑	
12		LED11	Bool	%Q6.2	☐	☑	☑	☑	
13		LED12	Bool	%Q6.3	☐	☑	☑	☑	
14		LED13	Bool	%Q6.4	☐	☑	☑	☑	
15		LED14	Bool	%Q6.5	☐	☑	☑	☑	
16		LED15	Bool	%Q6.6	☐	☑	☑	☑	
17		LED16	Bool	%Q6.7	☐	☑	☑	☑	
18		启停控制	Bool	%M10.0	☐	☑	☑	☑	
19		Tag_1	Bool	%M10.1	☐	☑	☑	☑	
20		Tag_2	Bool	%M10.2	☐	☑	☑	☑	
21		<添加>			☐	☑	☑	☑	

图 3-20　任务二的 PLC 变量表

图 3-21　启用时钟存储器字节

②编写流水灯子程序。下面用两种方法来编写 16 个 LED 流水灯的子程序，请参考其中的一种方法来实施任务。

图 3-22 所示是用 LAD 编写的 16 个 LED 流水灯的子程序（方法 1）。该子程序[FC1]可以实现 16 个 LED 的移位。其中，P_TRIG 用于扫描 M0.3 的上升沿；ROL 是循环左移指令。M0.3 以 2Hz 的频率进行脉冲输出，在 M0.3 的每个上升沿，ROL 指令能使 QW5 左移 1 位。QW5 包含 QB5、QB6，QB5 包含 Q5.7～Q5.0，QB6 包含 Q6.7～Q6.0。

图 3-23 所示是用 LAD 编写的 16 个 LED 流水灯的子程序（方法 2），与方法 1 基本一致。从这里可以看出，1 个 P 触点指令等效为 1 个常开触点加上 1 个 P_TRIG 指令。

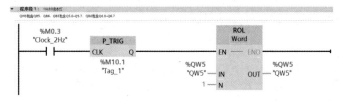

图 3-22　用 LAD 编写的 16 个 LED 流水灯的子程序（方法 1）

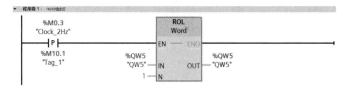

图 3-23　用 LAD 编写的 16 个 LED 流水灯的子程序（方法 2）

③在主程序中调用 16 个 LED 流水灯的子程序。图 3-24 所示是主程序"Main[OB1]"。主程序由系统调用，自动循环运行。

16 个 LED 流水灯的启动与停止控制：M10.0 的通断可以控制子程序[FC1]的运行。在进行 HMI 界面设计时，只要将触摸屏上的"启动"和"停止"按钮的事件与 M10.0 关联，就能实现在触摸屏上用按钮控制 16 个 LED 流水灯的启动与停止了。

16 个 LED 流水灯起始位置的设定：MOVE 指令的参数 IN 的值"16#100"对应的二进制数为 0000 0001 0000 0000，这 16 个位依次对应 Q5.7～Q5.0、Q6.7～Q6.0，其中的"1"对应 Q5.0，即触摸屏上的第一个灯。每次按下"启动"按钮，都会使 M10.0 产生一个上升沿。在 M10.0 的上升沿，会将初值"16#100"赋值给 QW5，以点亮 Q5.0 对应的 LED，这样可以让 16 个 LED 的流水灯从第一个灯开始启动。

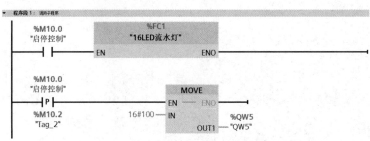

图 3-24　任务二的主程序"Main[OB1]"

（3）用 SCL 编写 PLC 程序，扫描右侧二维码可查看详细操作。用 SCL 编写 PLC 程序与用 LAD 编写的程序结构基本一致。

扫一扫

微课：16 个 LED 的流水灯-SCL

下面是用 SCL 编写 16 个 LED 流水灯的子程序[FC2]的具体方法，编写完成后在主程序中调用[FC2]即可。

新建函数[FC2]并将其命名为"16LED 流水灯-SCL"，在[FC2]中输入图 3-25 所示的程序。

R_TRIG 指令用于扫描 2Hz 脉冲的上升沿，将其输出存储到"K1"中，这里"K1"是[FC2]的一个临时变量。建立临时变量"K1"的具体方法如图 3-26 所示，单击图中圈中的小三角▼，在展开界面的"Temp"文本框内建立临时变量"K1"。

ROL 指令为循环左移指令，每次上升沿能使"QW5"循环左移 1 位。

[FC1]和[FC2]的功能完全一样，使用时只需在主程序中调用其中一个即可。

16个LED的流水灯 ▸ PLC_1 [CPU 1512C-1 PN] ▸ 程序块 ▸ 16LED流水灯-SCL [FC2]

```
1  "R_TRIG_DB"(CLK:="Clock_2Hz",
2             Q=>#K1);
3
4  IF #K1 THEN
5      "QW5" := ROL(IN := "QW5", N := 1);
6  END_IF;
```

图 3-25　函数[FC2]的程序

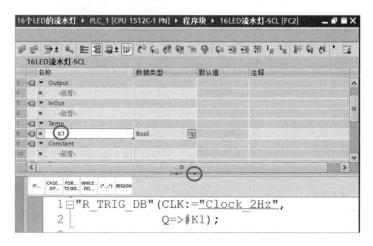

图 3-26　建立临时变量"K1"的具体方法

3）设计 HMI 界面

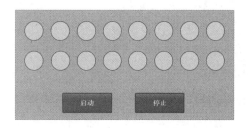

图 3-27　16 个 LED 流水灯的 HMI 界面的参考设计

图 3-27 所示是 16 个 LED 流水灯的 HMI 界面的参考设计。图 3-28 所示是灯 1 的变量关联，将第 1 个灯与变量"LED1"关联，其他 15 个灯与灯 1 的设置方法相同。图 3-29 所示是"启动"按钮的"按下"事件设置和变量关联，添加函数"置位位"，关联变量"启停控制"（M10.0）。图 3-30 所示是"停止"按钮的"按下"事件设置和变量关联，添加函数"复位位"，与"启动"按钮关联同一个变量"启停控制"（M10.0）。

HMI 界面设计完成之后，自动生成图 3-31 所示的 HMI 默认变量表，为了提高 16 个 LED 流水灯的流畅度，需要将 HMI 变量的采集周期从默认的"1s"改成"100ms"。

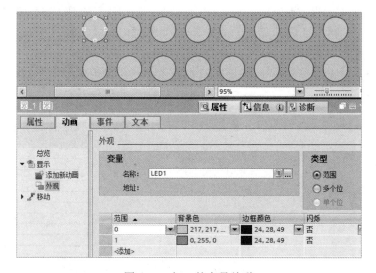

图 3-28　灯 1 的变量关联

 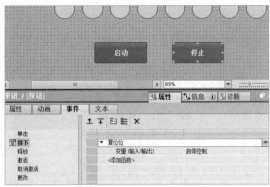

图 3-29　"启动"按钮的"按下"事件设置和变量关联　图 3-30　"停止"按钮的"按下"事件设置和变量关联

默认变量表

名称 ▲	数据类型	连接	PLC 名称	PLC 变量	地址	访问模式	采集周期
LED1	Bool	HMI_连接_1	PLC_1	LED1		<符号访问>	100 ms
LED10	Bool	HMI_连接_1	PLC_1	LED10		<符号访问>	100 ms
LED11	Bool	HMI_连接_1	PLC_1	LED11		<符号访问>	100 ms
LED12	Bool	HMI_连接_1	PLC_1	LED12		<符号访问>	100 ms
LED13	Bool	HMI_连接_1	PLC_1	LED13		<符号访问>	100 ms
LED14	Bool	HMI_连接_1	PLC_1	LED14		<符号访问>	100 ms
LED15	Bool	HMI_连接_1	PLC_1	LED15		<符号访问>	100 ms
LED16	Bool	HMI_连接_1	PLC_1	LED16		<符号访问>	100 ms
LED2	Bool	HMI_连接_1	PLC_1	LED2		<符号访问>	100 ms
LED3	Bool	HMI_连接_1	PLC_1	LED3		<符号访问>	100 ms
LED4	Bool	HMI_连接_1	PLC_1	LED4		<符号访问>	100 ms
LED5	Bool	HMI_连接_1	PLC_1	LED5		<符号访问>	100 ms
LED6	Bool	HMI_连接_1	PLC_1	LED6		<符号访问>	100 ms
LED7	Bool	HMI_连接_1	PLC_1	LED7		<符号访问>	100 ms
LED8	Bool	HMI_连接_1	PLC_1	LED8		<符号访问>	100 ms
LED9	Bool	HMI_连接_1	PLC_1	LED9		<符号访问>	100 ms
启停控制	Bool	HMI_连接_1	PLC_1	启停控制		<符号访问>	100 ms
<添加>							

图 3-31　任务二的 HMI 默认变量表

4）系统调试

（1）进行仿真测试。参考前面的任务，对 PLC 程序进行下载并运行该程序，完成之后仿真运行 HMI 界面，进行如下测试。

①按下"启动"按钮，触摸屏上的 16 个 LED 以 2Hz 的频率流动。

②按下"停止"按钮，触摸屏上的 16 个 LED 暂停流动，但不会熄灭。

③再次按下"启动"按钮，流水灯仍然从第 1 个 LED 开始，以 2Hz 的频率流动。

（2）实物下载并测试。仿真测试成功以后，对实物 PLC 和实物触摸屏进行下载和测试。如果你看到了与仿真测试一致的现象，那么恭喜你完成了本任务。

2．任务实施过程

本任务的详细实施报告如表 3-14 所示。

表 3-14 任务二的详细实施报告

任 务 名 称	16 个 LED 的流水灯		
姓 名		同 组 人 员	
时 间		实 施 地 点	
班 级		指 导 教 师	
任务内容：查阅相关资料、讨论并实施。 （1）西门子 PLC 的数据类型和数据存储结构； （2）上升沿和下降沿指令的使用方法； （3）移位指令的使用方法； （4）16 个 LED 的流水灯的实物接线； （5）16 个 LED 的流水灯的 PLC 程序设计； （6）16 个 LED 的流水灯的 HMI 界面设计			
查阅的相关资料			
完成报告	（1）MD106 包含哪些位		
	（2）上升沿的位存储器是否可以设置为"Q10.5"		
	（3）移位指令的 IN 和 OUT 参数的数据类型是否可以不一致		
	（4）你所设计的 16 个 LED 的流水灯的 PLC 程序		
	（5）你所设计的 16 个 LED 的流水灯的 HMI 界面		

3. 任务评价

本任务的评价表如表 3-15 所示。

表 3-15 任务二的评价表

任 务 名 称	16 个 LED 的流水灯				
小 组 成 员		评 价 人			
评 价 项 目	评 价 内 容	配 分	得 分	备 注	
团队合作	实施任务的过程中有讨论	5			
	有工作计划	5			
	有明确的分工	5			
	小组成员工作积极	5			
7S 管理	安装完成后，工位无垃圾	5			
	安装完成后，工具和配件摆放整齐	5			
	在安装过程中，无损坏元器件及造成人身伤害的行为	5			
	在通电调试过程中，电路无短路现象	5			
安装电气系统	电气元件安装牢固	10			
	电气元件分布合理	5			
	布线规范、美观	10			
	接线端牢固，露铜不超过 1mm	5			

续表

评价项目	评价内容	配 分	得 分	备 注
控制功能	按下"启动"按钮，触摸屏上的 16 个 LED 以 2Hz 的频率流动	10		
	按下"停止"按钮，触摸屏上的 16 个 LED 暂停流动，但不会熄灭	10		
	再次按下启动按钮，流水灯仍然从第 1 个 LED 开始，以 2Hz 的频率流动	10		
总分				

【思考与练习】

1. 在 16 个 LED 的流水灯的子程序[FC1]中，如果不使用 P_TRIG 指令，而是将 2Hz 的输出脉冲直接连接到 ROL 循环左移指令，结果会怎么样？

2. 在 16 个 LED 的流水灯的子程序[FC1]中，如果不使用 P_TRIG 指令，还可以使用什么指令来实现 P_TRIG 指令的功能？

3. 编写程序，使 16 个 LED 的流水灯的流水方向与本任务中的方向相反。

4. 编写程序，使 16 个 LED 的流水灯为双灯流动。

5. 编写程序，使 16 个 LED 的流水灯从中间向两侧同时流动。

6. 尝试使用定时器来实现 16 个 LED 的流水灯。

任务三　彩虹灯

【任务描述】

霓虹灯广告和舞台灯光等都可以采用 PLC 对其进行控制，如灯光的闪烁、移位及时序的变化等。图 3-32 所示是彩虹灯自动控制仿真演示界面，它一共有 10 道 LED，其中 6 道为圆弧，4 道为字母。扫描右侧二维码可分别查看彩虹灯的实验现象及实验演示。参照图 3-32 在触摸屏上建立同样的 HMI 界面，实现如下的闪烁功能。

微课：彩虹灯实验现象

微课：彩虹灯用配套源程序进行实验演示

①按下"启动"按钮，10 道 LED 以 2Hz 的频率、"外圈—中间圈—内圈—N—C—V—T"的顺序进行滚动闪烁，循环 3 次以后，再以"T—V—C—N—内圈—中间圈—外圈"的顺序滚动闪烁 3 次，完成后重新开始循环；

②按下"停止"按钮，不论彩虹灯处于什么状态，所有的灯立即熄灭；

③再次按下"启动"按钮，彩虹灯重新开始循环闪烁。

本任务所需要的硬件条件与本项目任务二要求的硬件条件完全相同。

【任务目标】

知识目标：

➤ 理解计数指令；

➤ 理解比较指令；

➤ 了解较复杂的 HMI 界面的设计方法。

能力目标：

➤ 能使用加计数指令编程实现对脉冲的计数；

➤ 能使用比较指令判断脉冲的个数；

➤ 会编写较复杂的 HMI 界面。

素质目标：

➤ 培养良好的编程习惯。

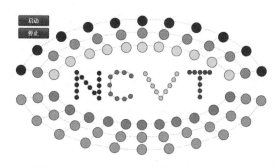

图 3-32　彩虹灯自动控制仿真演示界面

【相关知识】

1．计数指令

1）计数器的种类和数据类型

S7-1200/1500 PLC 中有 3 种计数器：加计数器（CTU）、减计数器（CTD）和加减计数器（CTUD）。使用计数器指令可以对内部程序事件和外部过程事件进行加计数、减计数和加减计数。

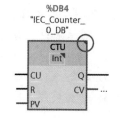

图 3-33　加计数指令（LAD）

如图 3-33 所示，从 LAD 指令库中调出来的一个加计数指令的默认名称为"IEC_Counter_0_DB"，建议将其改名，如改成"C1"。单击图中圈中的橙色小三角标志，在弹出的下拉列表中选择"CTD"或"CTUD"可以直接将其改为减计数或加减计数指令，如图 3-34 所示。例如，选择"CTUD"之后，加计数指令就变成了加减计数指令，如图 3-35 所示。

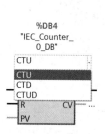

图 3-34　把加计数指令改成减计数或加减计数指令

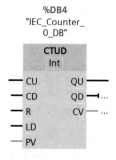

图 3-35　加减计数指令（LAD）

表 3-16 所示是计数器参数的数据类型及其说明。其中，CU 和 CD 分别是加计数输入和减计数输入，在 CU 或 CD 由 0 状态变为 1 状态（信号的上升沿）时，实际计数值 CV 加 1 或减 1。R 为复位信号输入，当 R 为 1 状态时，计数器被复位，CV 被清零，计数器的输出 Q 变为 0 状态。PV 为预置计数值。CV 为实际计数值。CU、CD、R 和 Q 均为 Bool 变量，均可以使用 I（仅用于输入变量）、Q、M、D 和 L 存储区。

表3-16　计数器参数的数据类型及其说明

参　数	数据类型	说　明
CU，CD	Bool	加计数输入，减计数输入
R(CTU，CTUD)	Bool	将计数值重置为零
LD(CTD，CTUD)	Bool	预设值的装载控制
PV	SInt，Int，DInt，USInt，UInt，UDInt	预置计数值
Q，QU	Bool	CV≥PV 时为真
QD	Bool	CV≤0 时为真
CV	SInt，Int，DInt，USInt，UInt，UDInt	实际计数值

2）用 SCL 自编一个计数器

从 SCL 的指令库中调出的加计数指令初始状态如图 3-36 所示。SCL 指令库中的加计数指令与 LAD 指令库中的加计数指令的参数完全一样。

在实际应用中，我们可以不使用指令库中的计数器指令。例如，图 3-37 所示为一种自编的加计数指令。

```
"IEC_Counter_0_DB_1".CTU(CU:=_bool_in_,
                         R:=_bool_in_,
                         PV:=_int_in_,
                         Q=>_bool_out_,
                         CV=>_int_out_);
```

图 3-36　从 SCL 的指令库中调出的加计数指令初始状态

```
IF #上升沿 THEN
    #脉冲计数值 := #脉冲计数值 + 1;
    IF #脉冲计数值>48 THEN
        #脉冲计数值 := 0;
    END_IF;
END_IF;
```

图 3-37　一种自编的加计数指令

如果要将其改为减计数指令，只需要将其中的"#脉冲计数值+1"改为"#脉冲计算值-1"。

3）加计数器的应用

图 3-38 所示是对加计数指令的时序分析，左侧是程序内容，右侧是加计数指令运行时的时序图。

当接在 R 输入端的复位输入 M10.0 为 0 状态时，接在 CU 输入端的加计数脉冲输入电路由断开变为接通（CU 信号的上升沿），实际计数值 CV（存在于 MW20 中）加 1，直到 CV 达到指定的数据类型的上限值，此后 CU 输入的状态变化不再起作用，CV 的值不再增加。

当实际计数值 CV 大于或等于预置计数值 PV 时，输出 Q 为 1 状态，反之为 0 状态。在第一次执行加计数指令时，CV 被清零。

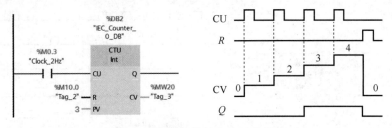

图 3-38　对加计数指令的时序分析

4）减计数器的应用

图 3-39 所示是对减计数指令的时序分析，左侧是程序内容，右侧是减计数指令运行时的时序图。

当减计数指令的装载输入 LD 为 1 状态（图中的 M10.0 触点接通）时，输出 Q 被复位为 0，并把预置计数值 PV 的值装入 CV（存在于 MW20 中）。在减计数输入 CD 的上升沿，实际计数值 CV 减 1，直到 CV 达到指定的数据类型的下限值，此后 CD 输入的状态变化不再起作用，CV 的值不再减小。

当实际计数值 CV 小于或等于 0 时，输出 Q 为 1 状态，反之 Q 为 0 状态。在第一次执行减计数指令时，CV 被清零。

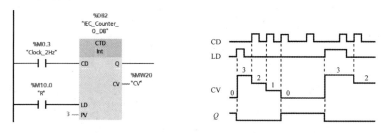

图 3-39　对减计数指令的时序分析

5）加减计数器的应用

图 3-40 所示是对加减计数指令的时序分析，左侧是程序内容，右侧是加减计数指令运行时的时序图。

在加计数输入 CU 的上升沿，实际计数值 CV 加 1，直到 CV 达到指定的数据类型的上限值。当达到上限值时，CV 的值不再增加。

在减计数输入 CD 的上升沿，实际计数值 CV 减 1，直到 CV 达到指定的数据类型的下限值。当达到下限值时，CV 的值不再减小。

如果计数脉冲 CU 和 CD 的上升沿同时出现，则 CV 保持不变；当 CV 大于或等于预置计数值 PV 时，输出 QU 为 1，反之为 0；当 CV 小于或等于 0 时，输出 QD 为 1，反之为 0。

当装载输入 LD 为 1 状态时，预置计数值 PV 被装入实际计数值 CV，输出 QU 变为 1 状态，QD 被复位为 0 状态。

当复位输入 R 为 1 状态时，计数器被复位。实际计数值 CV 被清零，输出 QU 变为 0 状态，QD 变为 1 状态。

当 R 为 1 状态时，CU、CD 和 LD 不再起作用。

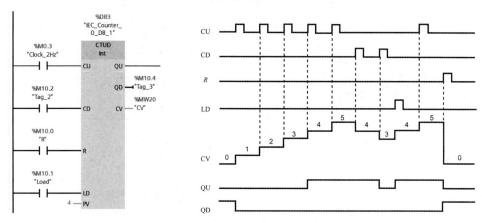

图 3-40　对加减计数指令的时序分析

2．比较指令

表 3-17 列出了全部比较指令。比较指令使用起来比较简单，这些指令的详细用法见表中的说明栏。

表 3-17　全部比较指令

名　　称	LAD/FBD	说　　明
相等	#IN1 == Real #IN2	判断 IN1 和 IN2 是否相等，用于比较数据类型相同的两个值。当比较结果为 TRUE 时，该触点被激活，即"导通"
大于	#IN1 > Real #IN2	判断 IN1 是否大于 IN2，用于比较数据类型相同的两个值。当比较结果为 TRUE 时，该触点被激活，即"导通"
不等于	#IN1 <> Real #IN2	判断 IN1 是否不等于 IN2，用于比较数据类型相同的两个值。当比较结果为 TRUE 时，该触点被激活，即"导通"
小于	#IN1 < Real #IN2	判断 IN1 是否小于 IN2，用于比较数据类型相同的两个值。当比较结果为 TRUE 时，该触点被激活，即"导通"
大于等于	#IN1 >= Real #IN2	判断 IN1 是否大于或等于 IN2，用于比较数据类型相同的两个值。当比较结果为 TRUE 时，该触点被激活，即"导通"
小于等于	#IN1 <= Real #IN2	判断 IN1 是否小于或等于 IN2，用于比较数据类型相同的两个值。当比较结果为 TRUE 时，该触点被激活，即"导通"
在范围内	IN_RANGE Real 1.0 — MIN #IN1 — VAL 50.0 — MAX	判断输入值是否在指定的值范围内。如果在指定的值范围内，则功能框输出为 TRUE
在范围外	OUT_RANGE Real 1.0 — MIN #IN1 — VAL 50.0 — MAX	判断输入值是否在指定的值范围外。如果在指定的值范围外，则功能框输出为 TRUE
检查有效性	#IN1 OK	判断输入数据是否为符合 IEEE754 标准的有效实数。若是，则输出为 TRUE
检查无效性	#IN1 NOK_OK	判断输入数据是否为符合 IEEE754 标准的有效实数。若不是，则输出为 TRUE

【任务实施】

1. 参考实施方案

1）硬件安装和接线

本任务可以采用纯仿真的方式完成，也可以采用实物 PLC 和触摸屏进行实验，但是不要求连接实物按钮和实物 LED。若采用实物 PLC 和触摸屏进行实验，请参考项目三任务二中的相关内容完成硬件安装和接线。

2）PLC 程序

如果本任务仅要求彩虹灯以“外圈—中间圈—内圈—N—C—V—T”的顺序往复循环的话，那么只需要先对 HMI 界面进行更新，让彩虹灯的 10 道 LED 与流水灯的前面 7 个 LED 对应（外圈、中间圈和内圈各 2 道 LED 分别对应前面 3 个 LED），再直接使用项目三任务二中的 PLC 程序就可以实现本任务的要求了。但是本任务要求彩虹灯先顺序滚动 3 个循环，再逆序滚动 3 个循环，最后重新开始。那么就需要对 PLC 程序进行一定的设计才能实现本任务的要求。

（1）PLC 的变量表。本任务以 CPU 1512C-1 PN 为例，图 3-41 所示是本任务的 PLC 变量表。LED1～LED7 分别对应外圈、中间圈、内圈、字母 N、字母 C、字母 V、字母 T。“Tag_1”用于沿指令的存储位，采用了系统的默认命名。

变量表_1

	名称	数据类型	地址	保持	可从 ...	从 H...	在 H...	监控
1	LED1	Bool	%Q5.0	☐	☑	☑	☑	
2	LED2	Bool	%Q5.1	☐	☑	☑	☑	
3	LED3	Bool	%Q5.2	☐	☑	☑	☑	
4	LED4	Bool	%Q5.3	☐	☑	☑	☑	
5	LED5	Bool	%Q5.4	☐	☑	☑	☑	
6	LED6	Bool	%Q5.5	☐	☑	☑	☑	
7	LED7	Bool	%Q5.6	☐	☑	☑	☑	
8	启动	Bool	%M10.0	☐	☑	☑	☑	
9	停止	Bool	%M10.1	☐	☑	☑	☑	
10	运行	Bool	%M10.2	☐	☑	☑	☑	
11	QB5	Byte	%QB5	☐	☑	☑	☑	
12	Tag_1	Bool	%M10.3	☐	☑	☑	☑	
13	<添加>			☐	☑	☑	☑	

图 3-41　任务三的 PLC 变量表

（2）编写 PLC 程序。采用模块化的方式进行编程，先编写彩虹灯控制子程序，再在主程序中调用子程序。在编写程序之前，需要进行系统硬件组态以打开系统时钟。

扫一扫

微课：彩虹灯程序讲解-LAD

①用 LAD 编写彩虹灯控制子程序[FB1]，扫描右侧二维码可查看程序讲解。图 3-42 所示是用 LAD 编写的彩虹灯控制子程序[FB1]。该子程序可以实现任务要求：QB5 先循环左移 3 圈，再循环右移 3 圈，最后重新开始循环。

加计数器 C1 能对 Clock_2Hz 脉冲的上升沿进行计数，当计数值达到 48 以后，"C1".QU 输出 TRUE。"C1".QU 接入加计数器 C1 的复位输入端，可以自动对 C1 进行复位，从而实现 0～48 的循环往复计数。

QB5 为 8 位，循环左移 1 圈需要 8 个脉冲，循环左移 3 圈需要 24 个脉冲。从第 25 个脉冲开始，QB5 开始循环右移。与循环左移一样，QB5 循环右移也为 3 圈。

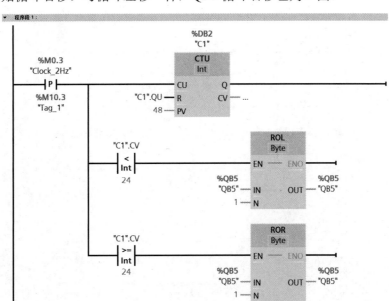

图 3-42　用 LAD 编写的彩虹灯控制子程序[FB1]

②用 SCL 编写彩虹灯控制子程序[FB2]，扫描右侧二维码可查看程序讲解。图 3-43 所示是用 SCL 编写的彩虹灯控制子程序[FB2]。子程序[FB2]与用 LAD 编写的子程序[FB1]功能相同，使用时只需在主程序"Main[OB1]"中调用其中一个即可。

扫一扫

微课：彩虹灯程序讲解-SCL

```
1  "R_TRIG_DB"(CLK := "Clock_2Hz",
2              Q => #上升沿);
3
4  IF #上升沿 THEN
5      #脉冲计数值 := #脉冲计数值 + 1;
6      IF #脉冲计数值>48 THEN
7          #脉冲计数值 := 0;
8      END_IF;
9
10     IF #脉冲计数值 < 24 THEN
11         "QB5" := ROL(IN := "QB5", N := 1);
12     ELSIF #脉冲计数值 >= 24 THEN
13         "QB5" := ROR(IN := "QB5", N := 1);
14     END_IF;
15
16 END_IF;
```

图 3-43　用 SCL 编写的彩虹灯控制子程序[FB2]

③在主程序中调用彩虹灯控制子程序。图 3-44 所示是主程序"Main[OB1]"。

程序段 1 用于处理"启动"按钮。按下"启动"按钮，启动标志 M10.2 置位为"1"，同时会将初值"1"赋值给 QB5，Q5.0 为 1，点亮 Q5.0 对应的外圈 LED，这样可以让彩虹灯从外圈开始启动。

程序段 2 用于处理"停止"按钮。按下"停止"按钮，启动标志 M10.2 被清零，同时会将"0"赋值给 QB5，关闭所有的 LED，这样可以实现熄灭所有的灯。

程序段 3 用于调用彩虹灯控制子程序[FB2]。当启动标志 M10.2 为"1"时，开始运行彩虹

灯控制子程序 [FB2]。

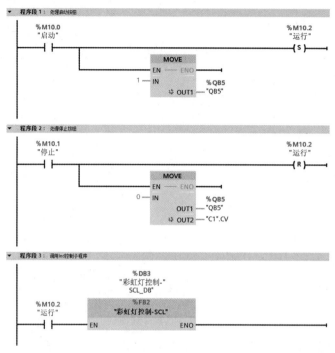

图 3-44　任务三的主程序"Main[OB1]"

3）设计 HMI 界面

根据任务要求，设计图 3-45 所示的 HMI 界面。LED 关联的变量如下。

①外圈的 22 个 LED 关联的变量为 PLC 的"LED1"，即"Q5.0"；

②中圈的 22 个 LED 关联的变量为 PLC 的"LED2"，即"Q5.1"；

③内圈的 22 个 LED 关联的变量为 PLC 的"LED3"，即"Q5.2"；

④字母 N 的 14 个 LED 关联的变量为 PLC 的"LED4"，即"Q5.3"；

⑤字母 C 的 9 个 LED 关联的变量为 PLC 的"LED5"，即"Q5.4"；

⑥字母 V 的 9 个 LED 关联的变量为 PLC 的"LED6"，即"Q5.5"；

⑦字母 T 的 9 个 LED 关联的变量为 PLC 的"LED7"，即"Q5.6"。

HMI 界面设计完成之后，将自动生成图 3-46 所示的 HMI 默认变量表，为了提高彩虹灯的流畅度，需要将 HMI 变量的采集周期从默认的"1s"改为"100ms"。

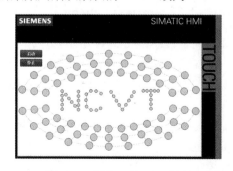

图 3-45　任务三的 HMI 界面

默认变量表

	名称 ▲	数据类型	连接	PLC 名称	PLC 变量	地址	访问模式	采集周期
	LED1	Bool	HMI_连接_1	PLC_1	LED1		<符号访问>	100 ms
	LED2	Bool	HMI_连接_1	PLC_1	LED2		<符号访问>	100 ms
	LED3	Bool	HMI_连接_1	PLC_1	LED3		<符号访问>	100 ms
	LED4	Bool	HMI_连接_1	PLC_1	LED4		<符号访问>	100 ms
	LED5	Bool	HMI_连接_1	PLC_1	LED5		<符号访问>	100 ms
	LED6	Bool	HMI_连接_1	PLC_1	LED6		<符号访问>	100 ms
	LED7	Bool	HMI_连接_1	PLC_1	LED7		<符号访问>	100 ms
	停止	Bool	HMI_连接_1	PLC_1	停止		<符号访问>	100 ms
	启动	Bool	HMI_连接_1	PLC_1	启动		<符号访问>	100 ms
<添加>								

图 3-46 任务三的 HMI 默认变量表

4）系统调试

运行 PLC 程序和 HMI 界面后，按照如下的步骤进行测试。

①按下"启动"按钮，10 道 LED 先以 2Hz 的频率、"外圈—中间圈—内圈—N—C—V—T"的顺序循环 3 次，再以"T—V—C—N—内圈—中间圈—外圈"的顺序循环 3 次，最后重新开始循环。

②按下"停止"按钮，不论彩虹灯处于什么状态，立即熄灭所有的灯。

③再次按下"启动"按钮，彩虹灯重新开始循环闪烁。

如果你看到了上述现象，那么恭喜你完成了本任务。

2．任务实施过程

本任务的详细实施报告如表 3-18 所示。

表 3-18 任务三的详细实施报告

任 务 名 称		彩虹灯	
姓 名		同 组 人 员	
时 间		实 施 地 点	
班 级		指 导 教 师	
任务内容：查阅相关资料、讨论并实施。 （1）计数指令的使用方法； （2）比较指令的使用方法； （3）彩虹灯的 PLC 程序设计； （4）彩虹灯的 HMI 界面设计			
查阅的相关资料			
完成报告	（1）用 SCL 自编一个加计数指令，用来判断按键的次数		
	（2）在 SCL 中是如何使用比较指令的		
	（3）你所设计的彩虹灯的 PLC 程序		
	（4）你所设计的彩虹灯的 HMI 界面		

3．任务评价

本任务的评价表如表 3-19 所示。

表 3-19　任务三的评价表

任务名称	彩虹灯			
小组成员		评价人		
评价项目	评价内容	配　分	得　分	备　注
团队合作	实施任务的过程中有讨论	5		
	有工作计划	5		
	有明确的分工	5		
	小组成员工作积极	5		
7S 管理	安装完成后，工位无垃圾	5		
	安装完成后，工具和配件摆放整齐	5		
	在安装过程中，无损坏元器件及造成人身伤害的行为	5		
	在通电调试过程中，电路无短路现象	5		
安装电气系统	电气元件安装牢固	5		
	电气元件分布合理	5		
	布线规范、美观	5		
	接线端牢固，露铜不超过 1mm	5		
控制功能	按下"启动"按钮，彩虹灯先以"外圈—中间圈—内圈—N—C—V—T"的顺序循环 3 次，再以"T—V—C—N—内圈—中间圈—外圈"的顺序循环 3 次，最后重新开始循环	10		
	彩虹灯的 10 道 LED 以 2Hz 的频率滚动	10		
	按下"停止"按钮，不论彩虹灯处于什么状态，立即熄灭所有的灯	10		
	再次按下"启动"按钮，彩虹灯从外圈重新开始循环闪烁	10		
总分				

■【思考与练习】

1．如果本任务仅要求彩虹灯以"外圈—中间圈—内圈—N—C—V—T"的顺序往复循环，那么应该怎样修改程序？

2．用 SCL 自编一个加减计数指令，要求每次按下第一个按键计数减 1，按下第二个按键计数加 1，并在触摸屏上显示计数结果。

任务四　十字路口交通灯

■【任务描述】

在触摸屏上设计一个模拟的十字路口交通灯界面，用一个"启动"按钮和一个"停止"按钮分别控制交通灯的启动和停止。为了便于观察实验结果，这里将交通灯的时间进行缩减，扫描下方二维码可分别查看交通灯的实验现象及实验演示。具体的控制要求如下。

①0～10s，东西方向的绿灯常亮，红灯和黄灯熄灭；

②10～12s，东西方向的绿灯闪烁，红灯和黄灯熄灭；

③12～14s，东西方向的黄灯常亮，红灯和绿灯熄灭；

④14～28s，东西方向的红灯常亮，黄灯和绿灯熄灭；

⑤0～14s，南北方向的红灯常亮，黄灯和绿灯熄灭；

⑥14～24s，南北方向的绿灯常亮，红灯和黄灯熄灭；

⑦24～26s，南北方向的绿灯闪烁，红灯和黄灯熄灭；

⑧26～28s，南北方向的黄灯常亮，红灯和绿灯熄灭；

⑨按下"启动"按钮，交通灯开始工作；

⑩按下"停止"按钮，交通灯停止工作，所有的灯立即熄灭。

本任务所需要的硬件条件与本项目任务二要求的硬件条件完全相同。

扫一扫

微课：十字路口交通灯实验现象

扫一扫

微课：十字路口交通灯用配套源程序进行实验演示

■【任务目标】

知识目标：

➢ 了解交通灯的时序；

➢ 进一步理解比较指令；

➢ 熟悉 SCL 的与或逻辑运算。

能力目标：

➢ 能使用比较指令编程，定时点亮一个 LED；

➢ 能灵活进行 SCL 的与或逻辑运算编程。

素质目标：

➢ 培养细心观察的编程习惯。

■【任务实施】

1. 参考实施方案

1）硬件安装和接线

请参考本项目任务二完成硬件安装和接线。

2）PLC 程序

（1）PLC 的变量表。本任务以 CPU 1512C-1 PN 为例，图 3-47 所示是本任务的 PLC 变量表。Q5.0～Q5.5 分别对应东西绿灯、东西黄灯、东西红灯、南北绿灯、南北黄灯、南北红灯。MD10 用于存储定时器的定时时间值，数据类型为"Time"，占 4 个字节。

（2）编写 PLC 程序。采用模块化的方式进行编程，先编写交通灯控制子程序，然后在主程序中调用子程序。因为需要用到系统时钟，让绿灯闪烁，所以在编写 PLC 程序之前，需要打开系统时钟。

①用 LAD 编写交通灯控制子程序[FB1]，扫描右侧二维码可查看程序讲解。图 3-48 所示是用 LAD 编写的交通灯控制子程序[FB1]。

扫一扫

微课：十字路口交通灯程序讲解-LAD

图 3-47　任务四的 PLC 变量表

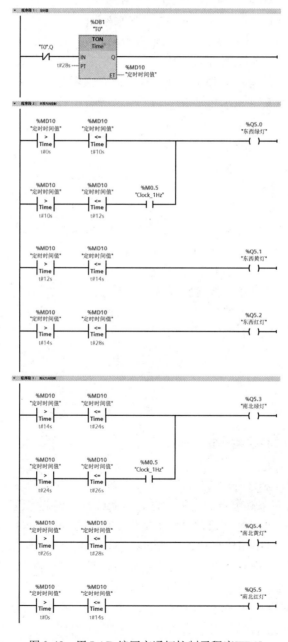

图 3-48　用 LAD 编写交通灯控制子程序[FB1]

程序段 1 为定时器 T0 的自动循环定时。定时器 T0 设定的定时时间为 28s，定时器的输出端"T0".Q 的常闭触点串接在定时器 T0 的 IN 端，一旦时间达到 28s 就能自动断开定时器一个扫描周期，在下一个扫描周期，T0 的常闭触点恢复闭合，从而实现自动循环定时。

程序段 2 是对东西方向的红灯、黄灯、绿灯的控制，其可以实现如下控制要求。

0～10s，东西方向的绿灯常亮，红灯和黄灯熄灭；

10～12s，东西方向的绿灯闪烁，红灯和黄灯熄灭；

12～14s，东西方向的黄灯常亮，红灯和绿灯熄灭；

14～28s，东西方向的红灯常亮，黄灯和绿灯熄灭。

程序段 3 是对南北方向的红灯、黄灯、绿灯的控制，其可以实现如下控制要求。

0～14s，南北方向的红灯常亮，黄灯和绿灯熄灭；

14～24s，南北方向的绿灯常亮，红灯和黄灯熄灭；

24～26s，南北方向的绿灯闪烁，红灯和黄灯熄灭；

26～28s，南北方向的黄灯常亮，红灯和绿灯熄灭。

扫一扫

微课：十字路口交通
灯程序讲解-SCL

②用 SCL 编写交通灯控制子程序[FB2]，扫描右侧二维码可查看程序讲解。图 3-49 所示是用 SCL 编写的交通灯控制子程序[FB2]。[FB2]和 [FB1]的功能完全相同，使用时只需要在主程序"Main[OB1]"中调用其中一个即可。

```
1 "T1".TON(IN := NOT ("T1".Q),
2            PT := t#28S,
3            ET => "定时时间值");
4
5 "东西绿灯" := ("定时时间值" > t#0S AND "定时时间值" < t#10S)
6        OR ("定时时间值" > t#10S AND "定时时间值" < t#12S AND "Clock_1Hz");
7 "东西黄灯" := "定时时间值" > t#12S AND "定时时间值" < t#14S;
8 "东西红灯" := "定时时间值" > t#14S AND "定时时间值" < t#28S;
9
10 "南北绿灯" := ("定时时间值" > t#14S AND "定时时间值" < t#24S)
11        OR ("定时时间值" > t#24S AND "定时时间值" < t#26S AND "Clock_1Hz");
12 "南北黄灯" := "定时时间值" > t#26S AND "定时时间值" < t#28S;
13 "南北红灯" := "定时时间值" > t#0S AND "定时时间值" < t#14S;
```

图 3-49 用 SCL 编写交通灯控制子程序[FB2]

③在主程序中调用交通灯控制子程序。图 3-50 所示是主程序"Main[OB1]"。

程序段 1 用于处理交通灯的启停控制。通过控制 M20.0 的通断来控制交通灯控制子程序的启动与停止。

程序段 2 用于处理停止状态的交通灯。在停止状态下，熄灭所有的交通灯。

3）设计 HMI 界面

根据任务要求，设计图 3-51 所示的 HMI 界面。其中，南面的 3 个灯和北面的 3 个灯完全相同，可以先做好北面的 3 个灯，再复制到南面。东面的 3 个灯和西面的 3 个灯也完全相同。东西绿灯、东西黄灯、东西红灯、南北绿灯、南北黄灯、南北红灯分别关联 PLC 变量 Q5.0～Q5.5。

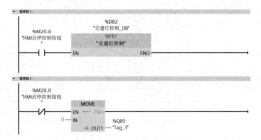

图 3-50 任务四的主程序"Main[OB1]"

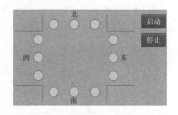

图 3-51 任务四的 HMI 界面

HMI 界面设计完成之后，将自动生成图 3-52 所示的 HMI 默认变量表，为了提高交通灯的流畅度，需要将 HMI 变量的采集周期从默认的"1s"改为"100ms"。

默认变量表					
名称 ▲	数据类型	连接	PLC 名称	PLC 变量	采集周期
HMI启停控制按钮	Bool	HMI_连接_1	PLC_1	HMI启停控制按钮	100 ms
东西红灯	Bool	HMI_连接_1	PLC_1	东西红灯	100 ms
东西绿灯	Bool	HMI_连接_1	PLC_1	东西绿灯	100 ms
东西黄灯	Bool	HMI_连接_1	PLC_1	东西黄灯	100 ms
南北红灯	Bool	HMI_连接_1	PLC_1	南北红灯	100 ms
南北绿灯	Bool	HMI_连接_1	PLC_1	南北绿灯	100 ms
南北黄灯	Bool	HMI_连接_1	PLC_1	南北黄灯	100 ms

图 3-52　任务四的 HMI 默认变量表

4）系统调试

运行 PLC 程序和 HMI 界面后，按照如下的步骤进行测试。

①按下"启动"按钮，交通灯开始按以下要求工作。

0～10s，东西方向的绿灯常亮，红灯和黄灯熄灭；

10～12s，东西方向的绿灯闪烁，红灯和黄灯熄灭；

12～14s，东西方向的黄灯常亮，红灯和绿灯熄灭；

14～28s，东西方向的红灯常亮，黄灯和绿灯熄灭；

0～14s，南北方向的红灯常亮，黄灯和绿灯熄灭；

14～24s，南北方向的绿灯常亮，红灯和黄灯熄灭；

24～26s，南北方向的绿灯闪烁，红灯和黄灯熄灭；

26～28s，南北方向的黄灯常亮，红灯和绿灯熄灭。

②按下"停止"按钮，交通灯停止工作，所有的灯立即熄灭。

③再次按下"启动"按钮，交通灯重新开始工作。

如果你的测试结果与上述现象一致，那么恭喜你完成了本任务。

2．任务实施过程

本任务的详细实施报告如表 3-20 所示。

表 3-20　任务四的详细实施报告

任 务 名 称	十字路口交通灯		
姓　　名		同 组 人 员	
时　　间		实 施 地 点	
班　　级		指 导 教 师	
任务内容：查阅相关资料、讨论并实施。 （1）了解交通灯的时序； （2）使用比较指令编程，定时点亮一个 LED； （3）使用 SCL 编程，实现对交通灯的控制； （4）交通灯的 HMI 界面设计			
查阅的相关资料			

续表

任 务 名 称	十字路口交通灯
查阅的相关资料	
完成报告	（1）十字路口交通灯的时序是怎样的
	（2）如何使用比较指令编程，定时点亮一个灯
	（3）你所设计的交通灯的 PLC 程序（使用 SCL）
	（4）你所设计的交通灯的 HMI 界面

3．任务评价

本任务的评价表如表 3-21 所示。

表 3-21　任务四的评价表

任 务 名 称	十字路口交通灯				
小 组 成 员			评 价 人		
评价项目	评 价 内 容	配　分	得　分	备　注	
团队合作	实施任务的过程中有讨论	5			
	有工作计划	5			
	有明确的分工	5			
	小组成员工作积极	5			
7S 管理	安装完成后，工位无垃圾	5			
	安装完成后，工具和配件摆放整齐	5			
	在安装过程中，无损坏元器件及造成人身伤害的行为	5			
	在通电调试过程中，电路无短路现象	5			
安装电气系统	电气元件安装牢固	5			
	电气元件分布合理	5			
	布线规范、美观	5			
	接线端牢固，露铜不超过 1mm	5			
控制功能	东西方向的红、黄、绿灯按既定的时序正常工作	10			
	南北方向的红、黄、绿灯按既定的时序正常工作	10			
	按下"启动"按钮，交通灯开始工作	10			
	按下"停止"按钮，交通灯停止工作，所有的灯立即熄灭	10			
	总分				

■【思考与练习】

请用一种与本任务不同的编程方法来实现对十字路口交通灯的控制。

任务五　模拟喷泉

■【任务描述】

参照图 3-53 在触摸屏上设计一个模拟喷泉界面，另外设计 1 个"启动"按钮和 1 个"停止"按钮，编程实现如下功能。

①按下"启动"按钮后，模拟喷泉先呈放射状（第 1 圈—第 2 圈—第 3 圈—第 4 圈—第 5 圈）喷出，再顺时针旋转（A 列—B 列—C 列—D 列—E 列—F 列—G 列—H 列）喷出，最后重新循环。

②按下"停止"按钮后，无论喷泉处于什么状态，都立即停止。

扫描下方二维码可分别查看模拟喷泉的实验现象及实验演示。

本任务所需要的硬件条件与本项目任务二要求的硬件条件完全相同。

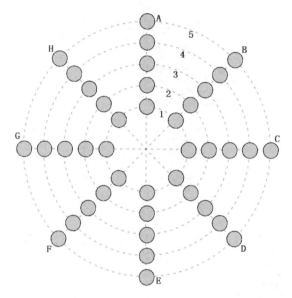

微课：模拟喷泉实验现象

微课：模拟喷泉用配套源程序进行实验演示

图 3-53　模拟喷泉仿真演示界面

【任务目标】

知识目标：

➢ 了解程序算法；

➢ 理解模块化编程方法。

能力目标：

➢ 能设计出模拟喷泉的程序算法；

➢ 能独立编写出模拟喷泉的 PLC 程序。

素质目标：

➢ 培养精益求精的编程习惯。

【相关知识】

1）模拟喷泉的时序分析

（1）模拟喷泉的周期。本任务要求模拟喷泉先呈放射状（第 1 圈—第 2 圈—第 3 圈—第 4 圈—第 5 圈）喷出，再顺时针旋转（A 列—B 列—C 列—D 列—E 列—F 列—G 列—H 列）喷出，最后重新循环。由此可知，模拟喷泉的每个周期分为 13 个时间段，分别对应第 1 圈、第 2 圈、第 3 圈、第 4 圈、第 5 圈、A 列、B 列、C 列、D 列、E 列、F 列、G 列、H 列。

（2）模拟喷泉的输出信号分析。模拟喷泉的 HMI 界面一共有 40 个 LED，与本项目任务三不同的是，本任务的 40 个 LED 都是唯一的，每个 LED 与其他 LED 点亮的时间都不完全一样。因此，本任务的 40 个 LED 需要对应 PLC 的 40 个输出信号。

在一个周期内，每个 LED 都会被点亮两次：第一次被点亮是在模拟喷泉由内向外（从第 1 圈到第 5 圈）喷出的时候；第二次被点亮是在模拟喷泉顺时针旋转（从 A 列到 H 列）喷出的时候。

2）模拟喷泉的编程思路

图 3-54 所示为模拟喷泉的编程思路。

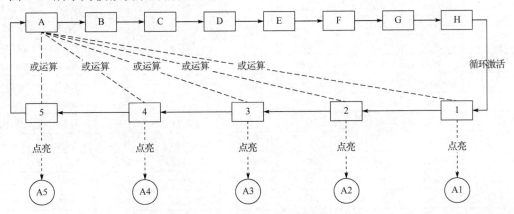

图 3-54　模拟喷泉的编程思路

模拟喷泉的每个周期分为 13 个时间段，这可以由一个定时器来实现，让定时器自动循环定时，将定时总时间设定为模拟喷泉的周期即可。13 个时间段分别对应图 3-54 中的 A、B、C、D、E、F、G、H、1、2、3、4、5。

模拟喷泉的每个 LED 在一个周期内都会被点亮两次，可以通过或运算（并联）来实现。图 3-54 仅列出了 A1～A5 共 5 个 LED，其余 35 个 LED 没有列出。其中，A5 是 A 和 5 进行或运算后的输出；A4 是 A 和 4 进行或运算后的输出；A3 是 A 和 3 进行或运算后的输出；A2 是 A 和 2 进行或运算后的输出；A1 是 A 和 1 进行或运算后的输出；当 A 或 5 的信号为"TRUE"时，A5 就会被点亮。

■【任务实施】

1．参考实施方案

1）硬件安装和接线

请参考本项目任务二完成硬件安装和接线。

2）PLC 程序

（1）PLC 的变量表。本任务以 CPU 1512C-1 PN 为例，表 3-22 所示是本任务的 PLC 变量表。圆 1～圆 5 和 A～H 13 个变量为中间变量，分别对应 13 个时间段。A1～A5、B1～B5、C1～C5、D1～D5、E1～E5、F1～F5、G1～G5、H1～H5 共 40 个变量为最终输出，分别对应 HMI 界面上的 40 个 LED。

表 3-22 任务五的 PLC 变量表

变量名称	数据类型	地址	变量名称	数据类型	地址	变量名称	数据类型	地址
启停控制	Bool	%M10.0	A5	Bool	%M30.4	E3	Bool	%M32.6
圆1	Bool	%M20.0	B1	Bool	%M30.5	E4	Bool	%M32.7
圆2	Bool	%M20.1	B2	Bool	%M30.6	E5	Bool	%M33.0
圆3	Bool	%M20.2	B3	Bool	%M30.7	F1	Bool	%M33.1
圆4	Bool	%M20.3	B4	Bool	%M31.0	F2	Bool	%M33.2
圆5	Bool	%M20.4	B5	Bool	%M31.1	F3	Bool	%M33.3
A	Bool	%M21.0	C1	Bool	%M31.2	F4	Bool	%M33.4
B	Bool	%M21.1	C2	Bool	%M31.3	F5	Bool	%M33.5
C	Bool	%M21.2	C3	Bool	%M31.4	G1	Bool	%M33.6
D	Bool	%M21.3	C4	Bool	%M31.5	G2	Bool	%M33.7
E	Bool	%M21.4	C5	Bool	%M31.6	G3	Bool	%M34.0
F	Bool	%M21.5	D1	Bool	%M31.7	G4	Bool	%M34.1
G	Bool	%M21.6	D2	Bool	%M32.0	G5	Bool	%M34.2
H	Bool	%M21.7	D3	Bool	%M32.1	H1	Bool	%M34.3
A1	Bool	%M30.0	D4	Bool	%M32.2	H2	Bool	%M34.4
A2	Bool	%M30.1	D5	Bool	%M32.3	H3	Bool	%M34.5
A3	Bool	%M30.2	E1	Bool	%M32.4	H4	Bool	%M34.6
A4	Bool	%M30.3	E2	Bool	%M32.5	H5	Bool	%M34.7

（2）编写 PLC 程序。采用模块化的方式进行编程，先编写模拟喷泉控制子程序，然后在主程序中调用子程序。

①用 LAD 编写模拟喷泉控制子程序。图 3-55 所示是用 LAD 编写的模拟喷泉的定时控制子程序[FB1]，扫描下方二维码可查看程序讲解。

子程序[FB1]可以实现定时器 T1 自动重复定时，定时时间为 3900ms。在 0ms～300ms 内"圆 1"输出"TRUE"；在 300ms～600ms 内"圆 2"输出"TRUE"；在 600ms～900ms 内"圆 3"输出"TRUE"；……；在 3600ms～3900ms 内"H"输出"TRUE"。

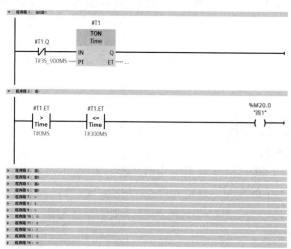

扫一扫

微课：模拟喷泉程序
讲解-LAD

图 3-55 用 LAD 编写的模拟喷泉的定时控制子程序[FB1]

图 3-56 所示是用 LAD 编写的模拟喷泉的 LED 控制子程序[FB2]。

子程序[FB2]可以实现：当"圆 1"或"A"输出为"TRUE"时，LED"A1"会被点亮；当"圆 2"或"A"输出为"TRUE"时，LED"A2"会被点亮；当"圆 3"或"A"输出为"TRUE"时，LED"A3"会被点亮；……；当"圆 5"或"H"输出为"TRUE"时，LED"H5"会被点亮。

②用 SCL 编写模拟喷泉控制子程序[FB3]，扫描下方二维码可查看程序讲解。图 3-57 所示是用 SCL 编写的模拟喷泉控制子程序[FB3]。用 SCL 编写的子程序与用 LAD 编写的子程序功能相同，可以实现本任务的要求。但是，这里把 LAD 的两个子程序 [FB1]和 [FB2]进行了整合，写在 SCL 的子程序[FB3]里面了。

③在主程序中调用模拟喷泉控制子程序。图 3-58 所示是在主程序"Main[OB1]"中调用 LAD 子程序，这里需要同时调用 LAD 的两个子程序[FB1]和[FB2]。

图 3-59 所示是在主程序"Main[OB1]"中调用 SCL 子程序。

用 SCL 编写的子程序与用 LAD 编写的子程序功能相同，使用时只需在主程序"Main[OB1]"中调用其中一个即可。

扫一扫

微课：模拟喷泉程序
讲解-SCL

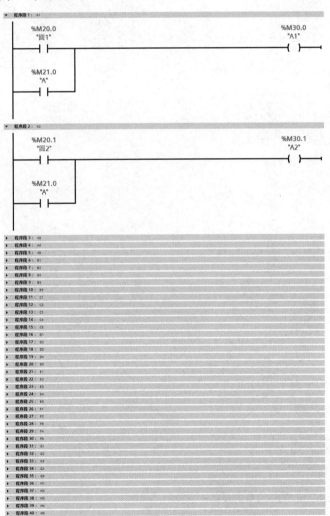

图 3-56 用 LAD 编写的模拟喷泉的 LED 控制子程序[FB2]

```
 1⊟"T1".TON(IN := NOT "T1".Q,
 2              PT := T#3S_900MS);
 3
 4  //以下为定时控制
 5  "圆1" := "T1".ET > T#0MS AND "T1".ET <= T#300MS;
 6  "圆2" := "T1".ET > T#300MS AND "T1".ET <= T#600MS;
 7  "圆3" := "T1".ET > T#600MS AND "T1".ET <= T#900MS;
 8  "圆4" := "T1".ET > T#900MS AND "T1".ET <= T#1200MS;
 9  "圆5" := "T1".ET > T#1200MS AND "T1".ET <= T#1500MS;
10
11  "A" := "T1".ET > T#1500MS AND "T1".ET <= T#1800MS;
12  "B" := "T1".ET > T#1800MS AND "T1".ET <= T#2100MS;
13  "C" := "T1".ET > T#2100MS AND "T1".ET <= T#2400MS;
14  "D" := "T1".ET > T#2400MS AND "T1".ET <= T#2700MS;
15  "E" := "T1".ET > T#2700MS AND "T1".ET <= T#3000MS;
16  "F" := "T1".ET > T#3000MS AND "T1".ET <= T#3300MS;
17  "G" := "T1".ET > T#3300MS AND "T1".ET <= T#3600MS;
18  "H" := "T1".ET > T#3600MS AND "T1".ET <= T#3900MS;
19
20  //以下为LED逻辑控制
21  "A1" := "A" OR "圆1";
22  "A2" := "A" OR "圆2";
23  "A3" := "A" OR "圆3";
24  "A4" := "A" OR "圆4";
25  "A5" := "A" OR "圆5";
26
27  "B1" := "B" OR "圆1";
28  "B2" := "B" OR "圆2";
29  "B3" := "B" OR "圆3";
30  "B4" := "B" OR "圆4";
31  "B5" := "B" OR "圆5";
32
33  "C1" := "C" OR "圆1";
34  "C2" := "C" OR "圆2";
35  "C3" := "C" OR "圆3";
36  "C4" := "C" OR "圆4";
37  "C5" := "C" OR "圆5";
38
39  "D1" := "D" OR "圆1";
40  "D2" := "D" OR "圆2";
41  "D3" := "D" OR "圆3";
42  "D4" := "D" OR "圆4";
43  "D5" := "D" OR "圆5";
44
45  "E1" := "E" OR "圆1";
46  "E2" := "E" OR "圆2";
47  "E3" := "E" OR "圆3";
48  "E4" := "E" OR "圆4";
49  "E5" := "E" OR "圆5";
50
51  "F1" := "F" OR "圆1";
52  "F2" := "F" OR "圆2";
53  "F3" := "F" OR "圆3";
54  "F4" := "F" OR "圆4";
55  "F5" := "F" OR "圆5";
56
57  "G1" := "G" OR "圆1";
58  "G2" := "G" OR "圆2";
59  "G3" := "G" OR "圆3";
60  "G4" := "G" OR "圆4";
61  "G5" := "G" OR "圆5";
62
63  "H1" := "H" OR "圆1";
64  "H2" := "H" OR "圆2";
65  "H3" := "H" OR "圆3";
66  "H4" := "H" OR "圆4";
67  "H5" := "H" OR "圆5";
```

图 3-57　用 SCL 编写的模拟喷泉控制子程序[FB3]

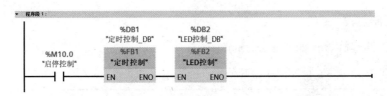

图 3-58　在主程序"Main[OB1]"中调用 LAD 子程序

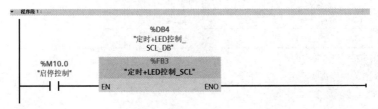

图 3-59　在主程序"Main[OB1]"中调用 SCL 子程序

3）设计 HMI 界面

根据本任务的要求，设计图 3-60 所示的 HMI 界面。

LED 关联的变量如下。

第 1 圈与 A 列相交的 LED 关联的变量为"A1"，第 2 圈与 A 列相交的 LED 关联的变量为"A2"，……，第 5 圈与 H 列相交的 LED 关联的变量为"H5"。

HMI 界面设计完成之后，将自动生成 HMI 默认变量表，为了提高模拟喷泉的流畅度，需要将 HMI 变量的采集周期由默认的"1s"改为"100ms"。

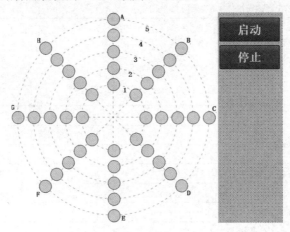

图 3-60　任务五的 HMI 界面

4）系统调试

运行 PLC 程序和 HMI 界面后，按照如下的步骤进行测试。

①按下"启动"按钮后，模拟喷泉先以放射状（第 1 圈—第 2 圈—第 3 圈—第 4 圈—第 5 圈）喷出，再顺时针旋转（A 列—B 列—C 列—D 列—E 列—F 列—G 列—H 列）喷出，最后重新循环。

②按下"停止"按钮后，无论喷泉处于什么状态，都立即停止。

③再次按下"启动"按钮，模拟喷泉重新开始循环。

如果你看到了上述现象，那么恭喜你完成了本任务。

2．任务实施过程

本任务的详细实施报告如表 3-23 所示。

表 3-23　任务五的详细实施报告

任 务 名 称		模拟喷泉	
姓　　名		同 组 人 员	
时　　间		实 施 地 点	
班　　级		指 导 教 师	
任务内容：查阅相关资料、讨论并实施。 （1）使用 LAD 编程实现模拟喷泉； （2）使用 SCL 编程实现模拟喷泉； （3）模拟喷泉的 HMI 界面设计			
查阅的相关资料			
完成报告	（1）使用 LAD 编程实现模拟喷泉		
	（2）使用 SCL 编程实现模拟喷泉		
	（3）模拟喷泉的 HMI 界面设计		
	（4）你在调试模拟喷泉时遇到了哪些问题		

3．任务评价

本任务的评价表如表 3-24 所示。

表 3-24　任务五的评价表

任 务 名 称	模拟喷泉			
小 组 成 员		评 价 人		
评 价 项 目	评 价 内 容	配　分	得　分	备　注
团队合作	实施任务的过程中有讨论	5		
	有工作计划	5		
	有明确的分工	5		
	小组成员工作积极	5		
7S 管理	安装完成后，工位无垃圾	5		
	安装完成后，工具和配件摆放整齐	5		
	在安装过程中，无损坏元器件及造成人身伤害的行为	5		
	在通电调试过程中，电路无短路现象	5		
安装电气系统	电气元件安装牢固	10		
	电气元件分布合理	5		
	布线规范、美观	10		
	接线端牢固，露铜不超过 1mm	5		

续表

评价项目	评价内容	配 分	得 分	备 注
控制功能	按下"启动"按钮后，模拟喷泉先呈放射状喷出，再顺时针旋转喷出，最后重新开始循环	10		
	按下"停止"按钮后，模拟喷泉立即停止	10		
	再次按下"启动"按钮，模拟喷泉重新开始循环	10		
总分				

■【思考与练习】

1．请修改本任务程序，使模拟喷泉以"先由内到外，再由外到内，然后顺时针旋转 1 圈，最后逆时针旋转 1 圈"的顺序无限循环喷出。

2．请修改本任务程序，使模拟喷泉以"先由内到外循环 5 次，再顺时针旋转 5 圈"的顺序无限循环喷出。

任务六　带参数子程序应用

■【任务描述】

PLC 控制系统中有 4 个传感器和 4 个 LED。编写一个"传感器触发 LED 闪烁"子程序，子程序共设置 4 个参数：闪烁次数、触发传感器、灯和完成标志。在主程序中调用 4 次该子程序，实现 4 个传感器分别触发 4 个 LED，4 个 LED 分别闪烁 1～4 次。扫描下方二维码分别查看本任务的实验现象及实验演示。

■【任务目标】

知识目标：

➤ 了解西门子 PLC 与传感器的接口电路；

➤ 了解多重背景数据块；

➤ 理解数学运算指令的用法；

➤ 掌握带参数的子程序的编写方法。

能力目标：

➤ 能灵活地使用数学运算指令；

➤ 能编写出带参数的子程序并灵活调用。

素质目标：

➤ 培养精益求精的编程习惯。

扫一扫

微课：带参数子程序
应用实验现象

扫一扫

微课：带参数子程序
应用实验演示

■【相关知识】

1．西门子 PLC 和传感器的连接

1）传感器的类型

常用的三线制传感器可以分为 NPN（漏型）传感器和 PNP（源型）传感器两大类，它们都

是利用晶体管的饱和与截止两种输出状态工作的，属于开关型传感器。这两种类型的传感器一般都有 3 个引脚，分别接 24V 电压、0V 电压和 OUT（信号输出）。

（1）NPN 传感器。图 3-61 是 NPN 传感器的示意图，导通时输出低电平，需从外部流入电流。

（2）PNP 传感器。图 3-62 是 PNP 传感器的示意图，导通时输出高电平，可以通过三极管对外输出电流。

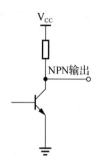

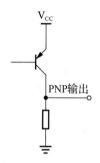

图 3-61　NPN 传感器的示意图　　　　　图 3-62　PNP 传感器的示意图

2）西门子 S7-1200/1500 PLC 的 DI 端口类型

西门子 PLC 根据其 DI 端口的电流流向，可以分为源型和漏型。

①源型：电流从 DI 端口流出，意为电流源头；

②漏型：电流从 DI 端口流入，意为电流流向处。

【注意】
　西门子 PLC 和三菱 PLC 对源型和漏型的定义相反。三菱 PLC 是根据公共端电流流向来区分的。

S7-1500 PLC 的 DI 端口有的为漏型，可以接 PNP 传感器，如 DI16/DQ16 数字量输入/输出模块 6ES7 523-1BL00-0AA0；有的为源型，可以接 NPN 传感器，如 DI8 数字量输入模块 6ES7 131-6BF60-0AA0。

与 S7-1500 PLC 不同的是，S7-1200 PLC 的输入端 DI 既支持 NPN 传感器也支持 PNP 传感器，所以 NPN 传感器和 PNP 传感器都适用于 S7-1200 PLC。

3）把传感器接入西门子 PLC

（1）把 PNP 传感器接入西门子 PLC。要把 PNP 传感器接入西门子 PLC，要求该 PLC 的 DI 端口（或 DI 模块）必须是漏型。如图 3-63 所示，把 PLC 的 DI 端口的 1M 端与 DC 24V 电源的 M 端接在一起，电流的流向为 L+（DC 24V）→传感器 24V→传感器 OUT→I0.0（电流流入 I0.0）→1M（DI 端口）→M（DC 24V）。

（2）把 NPN 传感器接入西门子 PLC。要把 NPN 传感器接入西门子 PLC，要求该 PLC 的 DI 端口（或 DI 模块）必须是源型。如图 3-64 所示，把 PLC 的 DI 端口的 1M 端与 DC 24V 电源的 L+端接在一起，电流的流向为 L+（DC 24V）→1M（DI 端口）→I0.0（电流从 I0.0 流出）→传感器 OUT→传感器 0V→M（DC 24V）。

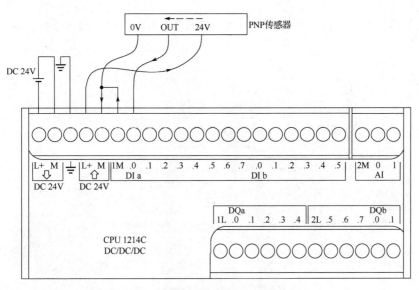

图 3-63 把 PNP 传感器接入西门子 PLC

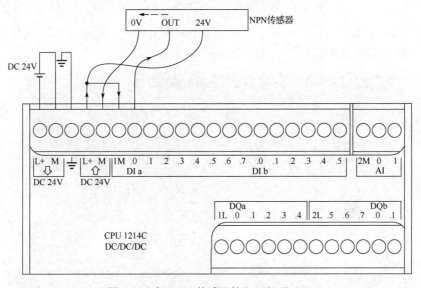

图 3-64 把 NPN 传感器接入西门子 PLC

2．多重实例

当一个函数块[FB1]调用另一个函数块[FB2]时，可以不为[FB2]创建单独的背景数据块，而是将[FB2]的实例数据保存在[FB1]的背景数据块中，这种块的调用称为多重实例，其具有以下3个优势。

①适用于复杂块的完美结构；

②背景数据块的数量较少；

③快速编程本地子程序。

图 3-65 所示是使用多重实例设计的发动机控制系统。FB10 为上层功能块，它把 FB1 作为其局部实例，通过两次调用本地实例，分别实现对汽油发动机和柴油发动机的控制。这种调用

不占用 FB1 的背景数据块，它将每次调用实例的数据存储到 FB10 的背景数据块 DB10 中。

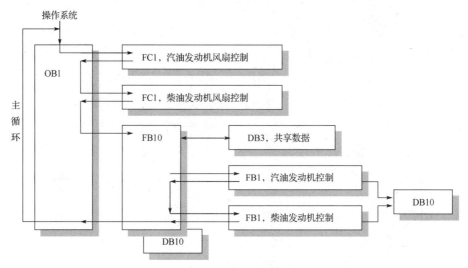

图 3-65　使用多重实例设计的发动机控制系统

如果要使用多重实例，那么当在一个函数块中调用另外一个函数块的时候，可以在"调用选项"对话框中选择"多重实例"选项，如图 3-66 所示。

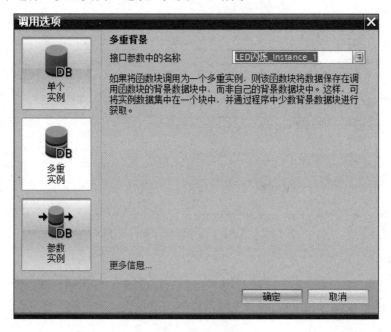

图 3-66　多重实例的创建

3．数学运算指令

表 3-25 列出了主要的数学运算指令。

表 3-25　主要的数学运算指令

名　　称	LAD	说　　明
加、减、乘、除	ADD ??? / SUB Auto (???) / MUL Auto (???) / DIV Auto (???)　EN ENO IN1 OUT IN2	ADD：加法（IN1+IN2=OUT）； SUB：减法（IN1-IN2=OUT）； MUL：乘法（IN1*IN2=OUT）； DIV：除法（IN1/IN2=OUT），整数除法运算会截去商的小数部分，仅输出整数部分
取模	MOD Auto (???)　EN ENO IN1 OUT IN2	用 IN1 的值除以 IN2 的值，在 OUT 中返回余数
取反	NEG ???　EN ENO IN OUT	对 IN 值的算术符号取反，将结果存储在 OUT 中
递增	INC ???　EN ENO IN/OUT	将 IN_OUT 加 1 后再赋值给 IN_OUT
递减	DEC ???　EN ENO IN/OUT	将 IN_OUT 减 1 后再赋值给 IN_OUT
求绝对值	ABS ???　EN ENO IN OUT	将 IN 的绝对值存储在 OUT 中
取最小值	MIN ???　EN ENO IN1 OUT IN2	用于比较两个参数 IN1 和 IN2 的大小，并将较小值赋值给 OUT
取最大值	MAX ???　EN ENO IN1 OUT IN2	用于比较两个参数 IN1 和 IN2 的大小，并将较大值赋值给 OUT
设置限值	LIMIT ???　EN ENO MN OUT IN MX	用于判断 IN 的值是否在 MIN 和 MAX 之间
取平方值	SQR ???　EN ENO IN OUT	将 IN 的平方值赋值给 OUT。如：如果 IN 为 9，则 OUT 为 81
通用计算	CALCULATE ???　EN ENO OUT := <???> IN1 OUT IN2	用于创建有多个输入参数的数学函数（IN1，IN2，…，INn），并根据自定义的公式在 OUT 处生成结果

CALCULATE 指令可以用于创建具有多个输入参数的数学函数。与其他的数学运算指令不同的是，CALCULATE 指令可以任意添加输入参数（通过单击最后一个输入处的图标来添加

输入参数)。除此之外,CALCULATE 指令还需要编辑自定义的公式。

CALCULATE 指令在编辑公式前需要先选择数据类型,所有输入和输出参数的数据类型必须相同,可以是 SInt、Int、DInt、USInt、UInt、UDInt、Real、LReal、Byte、Word、DWord 等。若 CALCULATE 指令的 IN 和 OUT 参数的数据类型不同,则对输入参数进行隐式转换,变成与 OUT 参数相同数据类型的参数。例如,若 OUT 参数是 Int 或 Real 类型,则会自动将 SInt 类型的输入值转换为 Int 或 Real 类型的输入值。

双击 CALCULATE 指令图标可打开"编辑'Calculate'指令"对话框,如图 3-67 所示。在这个对话框中可以输入一个公式(如 IN1*N2*IN2),单击"确定"按钮可以保存函数,自动生成 CALCULATE 指令的函数式。

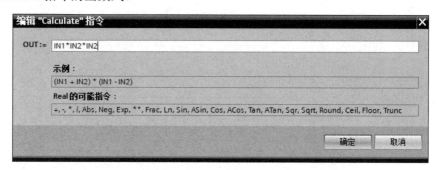

图 3-67 "编辑'Calculate'指令"对话框

【注意】
必须把算式中的所有常量定义成输入值。例如,圆形面积公式中的 π,在处理的时候先把它定义成常数"pi",再在 CALCULATE 指令的相关输入"IN1"中连接该常量。

如果采用 SCL 编程,则可以使用标准 SCL 数学表达式来创建各种等式。

【例 3-7】 求表达式 $(x*(y+z))/w$ 的值,其中 x、y、z、w 都是 Real 类型。

解:
①进行函数块的接口定义,如图 3-68 所示。

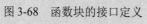

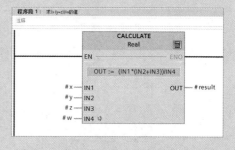

图 3-68 函数块的接口定义　　　　　图 3-69 使用 CALCULATE 指令求函数值

②使用 CALCULATE 指令求函数值,如图 3-69 所示。

4.带参数的子程序

函数块(FB)和函数(FC)有三种不同类型的接口:IN、OUT 和 IN/OUT。函数块和函数通过 IN 和 IN/OUT 接口接收参数,通过 IN/OUT 和 OUT 接口将返回值传回给调用者。

【例 3-8】　编写一个带参数的子程序用于求圆形的面积，参数为圆的半径。

解：

①子程序的块接口定义。如图 3-70 所示，定义一个数据类型为 Real 的 Input 变量"半径 R"、一个数据类型为 Real 的 Output 变量"面积 S"、一个 Constant 常数"pi"（默认值为 3.141593）。

求圆形的面积			
	名称	数据类型	默认值
1	▼ Input		
2	■ 半径R	Real	0.0
3	■ <新增>		
4	▼ Output		
5	■ 面积S	Real	0.0
6	■ <新增>		
7	▼ InOut		
8	■ <新增>		
9	▼ Static		
10	■ <新增>		
11	▼ Temp		
12	■ <新增>		
13	▼ Constant		
14	■ pi	Real	3.141593
15	■ <新增>		

图 3-70　子程序的块接口定义

②编写子程序。如图 3-71 所示，使用 CALCULATE 指令，编写自定义的公式 OUT:=IN1*IN2*IN2。给参数 IN1、IN2、OUT 分别接入"pi""半径 R""面积 S"。

③在主程序中调用子程序。在主程序中调用子程序"求圆形的面积"，启动仿真调试，录入半径 2.5，得到的面积是 19.63496，如图 3-72 所示。

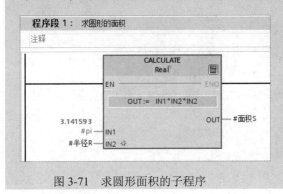

图 3-71　求圆形面积的子程序　　　图 3-72　在主程序中调用子程序"求圆形面积"

【任务实施】

1. 参考实施方案

1）硬件安装和接线

（1）实验器材准备。本任务可以采用纯仿真方式来完成，也可以采用实物来完成。若采用实物进行实验，安装和接线前，应在本项目任务二所需硬件条件的基础上，再准备 4 个 PNP 传感器和 8 个 LED。

（2）安装和接线。与前面的任务不同的是，本任务的输入口接入的是传感器。请读者参考本任务"相关知识"中的内容"西门子 PLC 和传感器的连接"及前面的任务来设计本任务的电气图系统，并完成硬件安装和接线。完成接线之后，请务必进行基本的短路和断路检测。

2）PLC 程序

（1）PLC 的变量表。本任务以 CPU 1512C-1 PN 为例，图 3-73 所示是本任务的 PLC 变量表。闪烁灯 1～闪烁灯 4 的地址分别是 Q5.0～Q5.3，闪烁完成指示灯 1～闪烁完成指示灯 4 的地址分别是 Q5.4～Q5.7。读者可以根据身边已有的条件选用 PLC、对 I/O 变量进行分配，也可以采用仿真的方法调试本任务的程序。

		名称	数据类型	地址	可从…	从 H…	在 HMI…	监控
		变量表_1						
1	◀	传感器1	Bool	%I1… ▼	☑	☑	☑	
2	◀	传感器2	Bool	%I11.1	☑	☑	☑	
3	◀	传感器3	Bool	%I11.2	☑	☑	☑	
4	◀	传感器4	Bool	%I11.3	☑	☑	☑	
5	◀	闪烁灯1	Bool	%Q5.0	☑	☑	☑	
6	◀	闪烁灯2	Bool	%Q5.1	☑	☑	☑	
7	◀	闪烁灯3	Bool	%Q5.2	☑	☑	☑	
8	◀	闪烁灯4	Bool	%Q5.3	☑	☑	☑	
9	◀	闪烁完成指示灯1	Bool	%Q5.4	☑	☑	☑	
10	◀	闪烁完成指示灯2	Bool	%Q5.5	☑	☑	☑	
11	◀	闪烁完成指示灯3	Bool	%Q5.6	☑	☑	☑	
12	◀	闪烁完成指示灯4	Bool	%Q5.7	☑	☑	☑	
13		<添加>			☑	☑	☑	

图 3-73　任务六的 PLC 变量表

（2）编写 PLC 程序。采用模块化的方式进行编程，先编写子程序"传感器触发 LED 闪烁"[FB1]，然后在主程序中调用 4 次子程序[FB1]。因为用到了系统时钟，让 LED 闪烁，所以在编写 PLC 程序之前，需要打开系统时钟。

扫一扫

微课：带参数子程序应用程序讲解-LAD

①用 LAD 编写子程序"传感器触发 LED 闪烁"[FB1]，扫描右侧二维码可查看程序讲解。先在块接口中添加输入变量、输出变量及内部变量，图 3-74 所示是子程序[FB1]所定义的输入变量、输出变量及内部变量，单击圈中的黑色小三角可以显示或隐藏块接口变量编辑区。其中，Input 输入型变量有"闪烁次数""传感器"；Output 输出型变量有"闪烁灯""闪烁完成指示灯"；Static 类型的静态局部变量有"k0"、"k1"、"闪烁计数"和"开始标志"。

图 3-75 所示是用 LAD 编写的子程序"传感器触发 LED 闪烁"[FB1]。

在程序段 1 中，当"传感器"被触发以后，"开始标志"被置位，"闪烁完成指示灯"被清零，"闪烁计数"被清零。

在程序段 2 中，当"开始标志"被置位以后，只要"闪烁计数"小于或等于"闪烁次数"，"闪烁灯"就会随着 M0.5 以 1Hz 频率闪烁。同时，每闪烁一次，"闪烁计数"自动加 1。当"闪烁计数"大于"闪烁次数"的时候，"闪烁灯"不再闪烁，同时"闪烁完成指示灯"被置位。

扫一扫

微课：带参数子程序应用程序讲解-SCL

②用 SCL 编写子程序"传感器触发 LED 闪烁-SCL"[FB2]，扫描右侧二维码可查看程序讲解。

与 LAD 编程一样，先在块接口中添加输入变量、输出变量及内部变量，与图 3-74 所示内容基本一致。k0、k1 两个 Static 类型的变量没有用处，可以删去。

图 3-76 所示是用 SCL 编写的子程序"传感器触发 LED 闪烁-SCL"[FB2]，与[FB1]的功能完全一致。

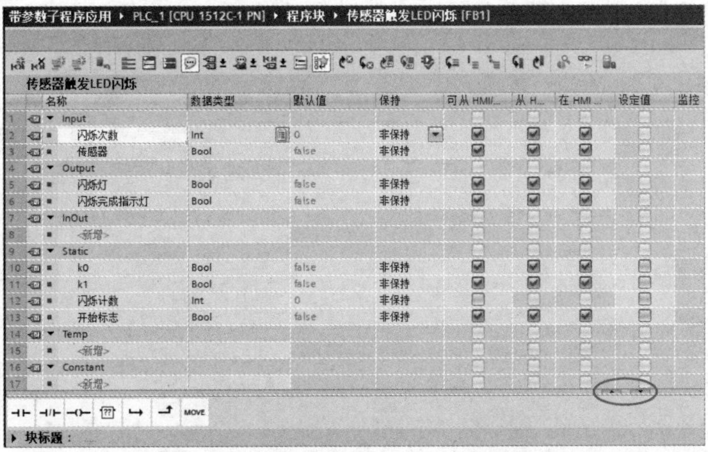

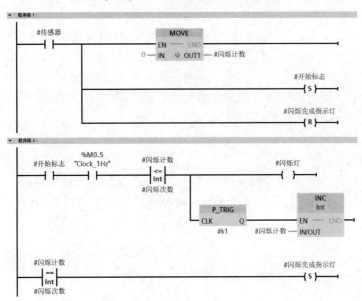

图 3-74　子程序[FB1]所定义的输入变量、输出变量及内部变量

图 3-75　用 LAD 编写的子程序"传感器触发 LED 闪烁"[FB1]

```
1 □IF #传感器 THEN
2      #闪烁计数 := 0;
3      #开始标志 := 1;
4      #闪烁完成指示灯 := 0;
5 END_IF;
6
7 #闪烁灯 := #开始标志 AND "Clock_1Hz" AND (#闪烁计数 < #闪烁次数);
8
9 #R_TRIG_Instance(CLK := #闪烁灯);
10
11 □IF #R_TRIG_Instance.Q THEN
12      #闪烁计数 := #闪烁计数 + 1;
13 END_IF;
14
15 □IF #闪烁计数=#闪烁次数 THEN
16      #闪烁完成指示灯:=1;
17 END_IF;
18
```

图 3-76　用 SCL 编写的子程序"传感器触发 LED 闪烁-SCL"[FB2]

图 3-77 所示是主程序"Main[OB1]"。在主程序"Main[OB1]"中调用 4 次同一个子程序[FB1]，实现 4 个传感器分别触发 4 个 LED，4 个 LED 分别闪烁 1～4 次。

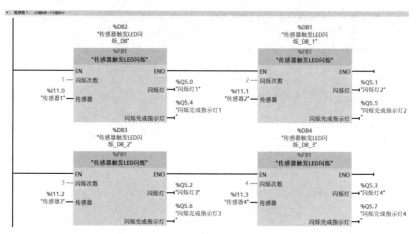

图 3-77　主程序"Main[OB1]"

需要注意的是 4 次调用的子程序虽然是同一个子程序[FB1]，但是每次调用时，背景数据块是不一样的。如图 3-78 所示，4 次调用使用的背景数据块分别是传感器触发 LED 闪烁_DB[DB2]、传感器触发 LED 闪烁_DB_1[DB1]、传感器触发 LED 闪烁_DB_2[DB3]、传感器触发 LED 闪烁_DB_3[DB4]。

用 SCL 编写的子程序[FB2]与用 LAD 编写的子程序[FB1]功能相同，使用时只需要在主程序"Main[OB1]"中调用其中一个即可。

3）系统调试

（1）仿真测试。

因无法在 PLC 的变量表中直接更改 PLC 的 DI 输入端口的值，所以为了能够模拟测试传感器的信号，可以通过强制表来实现，如图 3-79 所示。强制表可以将 DI 输入信号强制设置为"1"或"0"。

图 3-78　4 次调用使用 4 个不同背景数据块

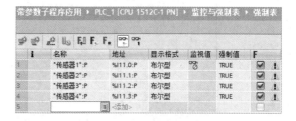

图 3-79　PLC 的强制表

还有另一种方法可以快速地设置仿真 PLC 的 DI 输入端口的值。如图 3-80 所示，先在 PLCSIM 中新建项目并添加一个 SIM 表格，再在 SIM 表格中新建需要仿真的变量就可以了。在 SIM 表内，若想要更改变量的值，则对于模拟量可使用滚动条，对于布尔型变量可使用按钮（图 3-80 中圈中的部分就是一个按钮），这样能够快速测试用户程序。

把程序下载到仿真 PLC 中，运行 PLC 并在线监控程序，进行以下测试。

①单击 PLCSIM 中的"传感器 4"按钮，可以看到主程序"Main[OB1]"中对应的"闪烁灯 4"

（Q5.3）开始闪烁，闪烁 4 次以后，"闪烁灯 4"（Q5.3）熄灭，"闪烁完成指示灯 4"（Q5.7）亮起。

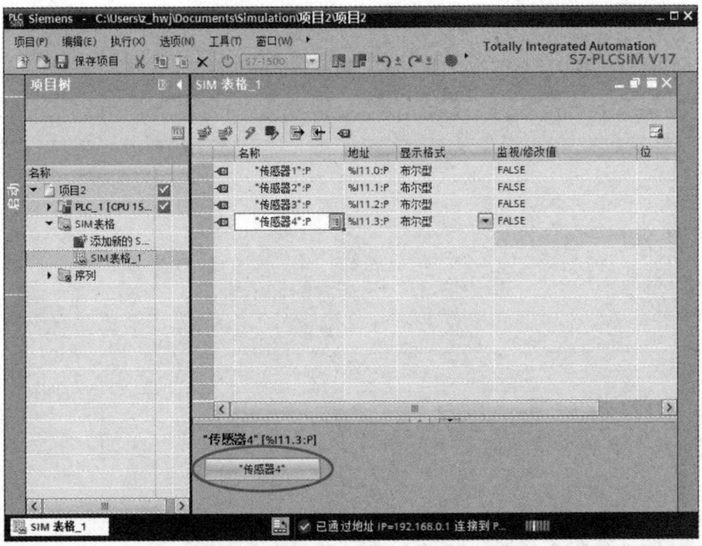

图 3-80　通过仿真 PLC 的 SIM 表格来直接修改输入端口的值

②参照①的步骤，测试剩下的 3 组。

（2）实际下载并测试。仿真测试成功以后，将程序下载到实物的 PLC 中并运行该程序，按仿真测试的步骤对其进行测试。如果你看到了与仿真测试相同的现象，那么恭喜你完成了本任务。

2．任务实施过程

本任务的详细实施报告如表 3-26 所示。

表 3-26　任务六的详细实施报告

任 务 名 称	带参数子程序应用		
姓　　名		同 组 人 员	
时　　间		实 施 地 点	
班　　级		指 导 教 师	
任务内容：查阅相关资料、讨论并实施。 （1）西门子 PLC 与传感器的接口电路； （2）数学运算指令的用法； （3）带参数子程序的编写方法； （4）传感器触发 LED 闪烁的系统电路设计； （5）传感器触发 LED 闪烁的 PLC 程序设计			
查阅的相关资料			
完成报告	（1）请准备 1 个 NPN 传感器，并设计出其与西门子 S7-1500 PLC 的接口电路		
	（2）请使用数学运算指令的编程求出 $a+5b+10c$ 的值		

续表

任 务 名 称	带参数子程序应用
完成报告	（3）请编写一个简单的带参数子程序，用于求圆柱体的体积
	（4）画出你设计的传感器触发 LED 闪烁的系统电路图
	（5）写出你设计的传感器触发 LED 闪烁的 PLC 程序

3．任务评价

本任务的评价表如表 3-27 所示。

表 3-27　任务六的评价表

任 务 名 称	带参数子程序应用			
小 组 成 员		评 价 人		
评 价 项 目	评 价 内 容	配　分	得　　分	备　　注
团队合作	实施任务的过程中有讨论	5		
	有工作计划	5		
	有明确的分工	5		
	小组成员工作积极	5		
7S 管理	安装完成后，工位无垃圾	5		
	安装完成后，工具和配件摆放整齐	5		
	在安装过程中，无损坏元器件及造成人身伤害的行为	5		
	在通电调试过程中，电路无短路现象	5		
设计电气系统图	设计的电气系统图可行	5		
	绘制的电气系统图美观	5		
	电气元件的图形符号标准	5		
安装电气系统	电气元件安装牢固	5		
	电气元件分布合理	5		
	布线规范、美观	5		
	接线端牢固，露铜不超过 1mm	5		
控制功能	当"传感器 1"检测到信号以后，"闪烁灯 1"闪烁 1 次后熄灭，"闪烁完成指示灯 1"亮起	10		
	当"传感器 2"检测到信号以后，"闪烁灯 2"闪烁 2 次后熄灭，"闪烁完成指示灯 2"亮起	5		
	当"传感器 3"检测到信号以后，"闪烁灯 3"闪烁 3 次后熄灭，"闪烁完成指示灯 3"亮起	5		
控制功能	当"传感器 4"检测到信号以后，"闪烁灯 4"闪烁 4 次后熄灭，"闪烁完成指示灯 4"亮起	5		
总分				

■【思考与练习】

1．请修改程序，要求使用 4 个按钮代替例程中的 4 个传感器，并且将 4 个 LED 的闪烁次数分别改为 5～8 次。

2．请修改程序，为本任务中的子程序增加一个参数"闪烁频率"。

项目四

顺序控制

任务一　两种液体混合控制

■【任务描述】

请设计一个两种液体混合控制系统，如图4-1所示。具体的控制要求如下。

①系统在复位状态下，阀门 Y1、阀门 Y2、阀门 Y3 都是关闭的，搅拌电动机 M 停止，3 个液位传感器 L1、L2、L3 输出信号均为"0"。

②按下"启动"按钮后，阀门 Y1 打开，开始注入液体 A。

③当液位传感器 L2、L3 的输出信号为"1"时，表示液体到了 L2 的高度，这时关闭阀门 Y1，停止注入液体 A。同时打开阀门 Y2，开始注入液体 B。

④当液位传感器 L1、L2、L3 输出信号为"1"时，表示液体到了 L1 的高度，这时关闭阀门 Y2，停止注入液体 B。同时开启搅拌电动机 M，对液体进行搅拌。

⑤搅拌电动机 M 搅拌 4s 后停止搅拌，这时打开阀门 Y3，开始排出液体。

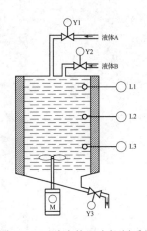

图 4-1　两种液体混合控制系统

⑥当液位降低至 L3 时，继续延时 3s 放空液体，然后关闭阀门 Y3，一个周期结束，系统回到复位状态。

⑦在液体混合过程中，按下"停止"按扭，系统直接回到复位状态。

有条件的读者，可以参考图 4-1 用实物搭建一个两种液体混合控制系统。如果不具备实物条件，也可以在触摸屏的 HMI 界面中设计一个这样的模拟控制系统，扫描右侧二维码可查看两种液体混合控制的实验现象。

扫一扫

微课：两种液体混合控制实验现象

在这个系统中，3 个液位传感器 L1、L2、L3，可以采用实物开关进行模拟，也可以采用 HMI 界面中的虚拟开关进行模拟。

■【任务目标】

知识目标：

➢ 理解顺序控制系统；

➢ 掌握使用 S7 GRAPH 语言（以下简称 GRAPH）编写顺控类程序的方法；

➢ 进一步熟悉 TIA Portal 软件的仿真调试方法。

能力目标：

➢ 能熟练地使用 GRAPH 编写简单的顺控类程序；

➢ 能对两种液体混合控制系统进行仿真调试。

素质目标：

➢ 树立国家标准意识；

➢ 培养多角度、多维度思考问题的习惯。

■【相关知识】

顺序功能图（简称 SFC）是 IEC 标准编程语言，用于编制复杂的顺序控制类程序。顺序功能图很容易被初学者接受，对于有经验的电气工程师，也会大大提高其工作效率。GRAPH 是 S7-300/400 和 S7-1500 的顺序功能图语言，遵从 IEC 61131-3 标准的规定。

1）GRAPH 编程界面

（1）添加 GRAPH 程序块。在"添加新块"对话框中单击添加"函数块"选项，如图 4-2 所示，在"语言"下拉列表中选择"GRAPH"，就可以添加 GRAPH 程序块了。

图 4-2　添加 GRAPH 程序块

（2）GRAPH 编程视图。GRAPH 编程界面一共有 5 种视图，分别是前固定指令视图、顺控器视图、单步视图、后固定指令视图和报警视图。图 4-3 所示是前固定指令视图，单击方框中的图标可以进行 5 种视图的切换。例如，单击图标 🔳 可以切换到顺控器视图，如图 4-4 所示。

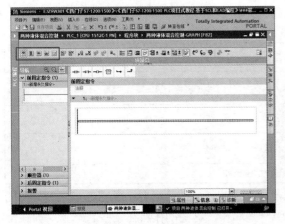

图 4-3　前固定指令视图

图 4-4　顺控器视图

2）GRAPH 顺控器

（1）GRAPH 顺控器的结构。如图 4-5 所示，根据复杂程度，顺控器可分为如下 3 种类型的结构。

①简单的线性结构；

②同时包含选择结构和并行结构；

③同时包含多个顺控器的结构。

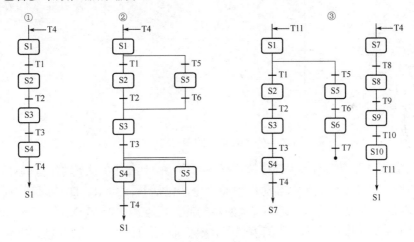

图 4-5　顺控器的结构

（2）GRAPH 指令。表 4-1 所示是 GRAPH 指令的说明。

表 4-1　GRAPH 指令的说明

符　号	名　称	说　明
⊥⊤	步和转换条件	用于同时插入步和转换条件，快捷键是"Shift+F5"
⊤	步	用于单独插入步

续表

符 号	名 称	说 明
┴	转换条件	用于单独插入转换条件
┴•	顺控器结尾	在非循环控制的顺控器结尾插入该指令，用于结束顺序控制，快捷键是"Shit+F7"
┴S	跳转到步	可在转换条件之后插入该指令，用于步的跳转，快捷键是"Shift+F12"
┬┴	选择分支	用于创建选择分支
╪	并行分支	用于创建并行分支，快捷键是"Shift+F8"
↵	嵌套闭合	用于嵌套闭合，快捷键是"Shift+F9"

（3）GRAPH 顺控器的步。在 GRAPH 顺控器中，控制任务被分为多个独立的步，例如，图 4-6 所示是 GRAPH 的步"Step2"。在步中将声明一些动作，这些动作将在某些状态下（如在激活后）被控制器执行。

活动的步是当前正在被执行的步，非活动的步在以下两种情况下可以被激活。

①某步前面的转换条件得到满足。

②某步被定义为初始步，并且顺控器被初始化。

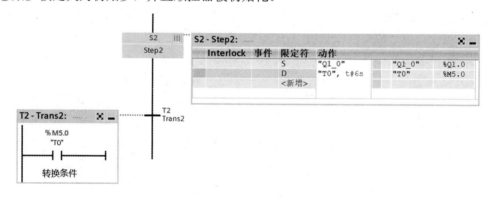

图 4-6　GRAPH 的步"Step2"

（4）GRAPH 顺控器的动作。大部分控制任务要由步的动作来完成，动作可以分为以下几类。

①标准动作。表 4-2 所示是标准动作中的命令，包括 N、S、R、D、L 和 CALL 等。表中的 Q、I、M 和 D 均为位地址。图 4-6 所示的步的动作就使用了 S 和 D 两个标准动作命令。

表 4-2 说明栏括号中的内容用于有互锁的动作。标准动作可以设置互锁，有互锁的动作只有在步处于活动状态且满足互锁条件时才被执行，而没有互锁的动作只要步处于活动状态就会被执行。

表 4-2　标准动作中的命令

命 令	地 址 类 型	说 明
N	Q、I、M、D	只要步为活动步（且满足互锁条件），就执行动作，无锁存功能
S	Q、I、M、D	置位，只要步为活动步（且满足互锁条件），该地址就被置为 1 状态并保持为 1 状态
R	Q、I、M、D	复位，只要步为活动步（且满足互锁条件），该地址就被置为 0 状态并保持为 0 状态

续表

命　令	地 址 类 型	说　　明
D	Q、I、M、D	延时，如果满足互锁条件，步变为活动步 *n* 秒后，如果步仍然是活动的，则该地址被置为 1 状态，无锁存功能
	T#<常数>	有延迟的动作的下一行为时间常数
L	Q、I、M、D	脉冲限制：步为活动步（且满足互锁条件），该地址在 *n* 秒内为 1 状态，无锁存功能
	T#<常数>	有脉冲限制的动作的下一行为时间常数
CALL	FC、FB	块调用：只要步为活动步（且满足互锁条件），指定的块就被调用

② 与事件有关的动作。事件是指步、监控信号、互锁信号的状态变化，信息的确认或信号被置位，如图 4-7 所示。

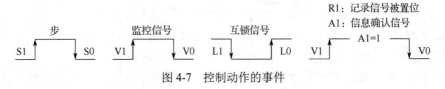

图 4-7　控制动作的事件

事件的具体意义如表 4-3 所示。

表 4-3　事件的具体意义

名　称	事 件 意 义
S1	步变为活动步
S0	步变为不活动步
V1	发生监控错误（有干扰）
V0	监控错误消失（无干扰）
L1	互锁条件解除
L0	互锁条件变为 1
A1	信息被确认
R1	在输入信号 REG_EF/REG_S 的上升沿，记录信号被置位

动作可以与事件结合。除命令 D（延时）和 L（脉冲限制）外，其他命令都可以与事件进行逻辑组合。

若检测到事件，并且互锁条件被激活（对于有互锁的命令 NC、RC、SC 和 CALLC），那么在下一个循环内，使用 N（NC）命令的动作为 1 状态，使用 R（RC）命令的动作被置位 1 次，使用 S（SC）命令的动作被复位 1 次，使用 CALL（CALLC）命令的动作的块被调用 1 次。

③ON 命令与 OFF 命令。用 ON 命令（或 OFF 命令）可以将命令所在的步之外的其他步变为活动步（或不活动步）。

ON 命令和 OFF 命令取决于步的事件，即该事件决定了这个步变为活动步或变为不活动步的时间。这两条命令可以与互锁条件组合，即可以组成命令 ONC 和 OFFC。

当指定的事件发生时，ON 命令和 OFF 命令可以将指定的步分别变为活动步、不活动步。如果命令 OFF 的地址标识符为 S_ALL，则将除该命令所在的步之外的其他步变为不活动步。

例如，图 4-8 所示的步 S3 变为活动步后，各动作按以下方式执行。

• 一旦 S3 变为活动步（出现事件 S1）且满足互锁条件，就将输出 Q5.0 复位为 0；

- 当监控错误发生（出现 V1 事件）时，除了步 S3，其他活动步变为不活动步；
- 一旦 S3 变为不活动步（出现事件 S0），就将步 S5 变为活动步。

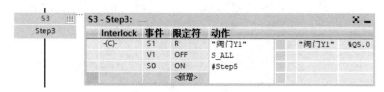

图 4-8　步与动作

④动作中的计数器。有互锁功能的计数器只有在满足互锁条件且指定的事件出现时，动作中的计数器才会计数。当事件发生时，计数器指令 CS 将初值装入计数器。CS 指令下面一行是要装入计数器的初值。CU、CD 和 CR 指令分别使计数值加 1、减 1 和复位为 0。

⑤动作中的定时器。当事件发生时，定时器被执行，互锁功能也可以用于定时器。

TL 为扩展的脉冲定时器命令，一旦事件发生，定时器就被启动。

TD 命令用于实现定时器位有闭锁功能的延迟。一旦事件发生，定时器就被启动。互锁条件 C 仅仅在定时器被启动的那一时刻起作用。

TR 是复位定时器命令，一旦事件发生。定时器位与定时值就被复位为 0。

【注意】
　顺控器的步可以没有动作，顺序执行到这些步后，此步激活，并直接进入后续的转换条件判断部分。

（5）GRAPH 顺控器的条件。

①转换条件。转换条件可以用梯形图或功能块图来表示。图 4-6 所示的步"Step2"的转换条件为定时时间到，T0 触点接通。

②互锁条件。如果互锁条件的逻辑运算得到满足，那么执行受互锁控制的动作。

③监控条件。如果监控条件的逻辑运算得到满足，那么表示有干扰事件 V1 发生，此时顺控器不会转换到下一步，保持当前步为活动步。如果监控条件的逻辑运算没有得到满足，那么表示没有干扰，此时若转换条件得到满足，则转换到下一步。只有活动步被监控。

【例 4-1】　使用 GRAPH 编程来控制图 4-9 所示的运输带控制系统。其中，I1.0 为启动按钮，I1.1 为停止按钮，Q1.0 控制 1 号运输带，Q1.1 控制 2 号运输带。按下启动按钮后，1 号运输带立即启动，2 号运输带在 6s 之后启动；按下停止按钮后，2 号运输带立即停止，5s 之后 1 号运输带停止。

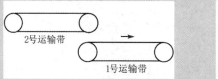
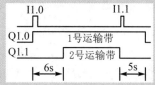

图 4-9　运输带控制系统

解：
　根据运输带控制要求，可以编写图 4-10 所示的运输带控制系统的子程序[FB1]，并在主程序中调用[FB1]。

图 4-10　运输带控制系统的子程序[FB1]

■【任务实施】

1. 参考实施方案

1）硬件安装和接线

本任务可以采用纯仿真方式来完成，也可以采用实物来完成。若采用实物进行实验，需要用到的两个主要设备是 CPU 1512C-1 PN PLC 和 TP700 精智面板。参考项目三任务二中的电气系统图，完成硬件安装和接线，并进行短路和断路检测。

2）PLC 程序

（1）PLC 的变量表。本任务以 CPU 1512C-1 PN 为例，图 4-11 所示是本任务的 PLC 变量表。阀门 Y1～Y3、搅拌电动机 M 的地址分别是 Q5.0～Q5.3。Tag_1 用于临时存储，没有进行重命名。

【注意】

为了让所有读者都能实施本任务，这里的 3 个液位传感器 L1～L3 在 HMI 界面中用按钮进行了模拟，所以使用 M 寄存器（因为在触摸屏上无法写入 I 寄存器），地址分别为 M11.2～M11.4。

读者可以根据身边已有的条件选用 PLC，对 I/O 变量进行分配，也可以采用仿真的方法调试本任务的程序。

		名称	数据类型	地址 ▲	保持	可从 ...	从 H...	在 H...	监控
1	◀	阀门Y1	Bool	%Q5.0	☐	☑	☑	☑	
2	◀	阀门Y2	Bool	%Q5.1	☐	☑	☑	☑	
3	◀	阀门Y3	Bool	%Q5.2	☐	☑	☑	☑	
4	◀	搅拌电机M	Bool	%Q5.3	☐	☑	☑	☑	
5	◀	启动按钮	Bool	%M11.0	☐	☑	☑	☑	
6	◀	停止按钮	Bool	%M11.1	☐	☑	☑	☑	
7	◀	液位传感器L1	Bool	%M11.2	☐	☑	☑	☑	
8	◀	液位传感器L2	Bool	%M11.3	☐	☑	☑	☑	
9	◀	液位传感器L3	Bool	%M11.4	☐	☑	☑	☑	
10	◀	Tag_1	Bool	%M100.0	☐	☑	☑	☑	
11		<添加>			☐	☑	☑	☑	

图 4-11　任务一的 PLC 变量表

（2）编写 PLC 程序。采用模块化的方式进行编程，先编写子程序控制两种液体混合，再在主程序中调用子程序。

①编写子程序。根据本任务的具体控制要求，这里采用 LAD、GRAPH、SCL 三种语言分别设计三种顺序控制程序，来实现两种液体的混合控制。读者可以从这三种方法中选择一种来具体实施。

方法一：用 LAD 编写子程序"两种液体混合控制-LAD"[FB1]，扫描右侧二维码可查看程序讲解。

参考项目三任务六，先在块接口中添加内部变量，图 4-12 所示是子程序[FB1]定义的内部变量。其中，Step1～Step6 是顺序控制程序的 6 个步，需要手动添加；而定时器 T0、T1 是自动生成的。如果编程时添加的定时器 T0、T1 选择"多重实例"选项，则系统会将定时器数据存储在[FB1]的背景数据块中，而不是生成一个单独的数据块。

扫一扫

微课：两种液体混合控制程序讲解-LAD

参考图 4-13 所示程序，用 LAD 编写子程序"两种液体混合控制-LAD"[FB1]。

其中，程序段 2 和程序段 3 用于控制 Step1；程序段 4 和程序段 5 用于控制 Step2；程序段 6 和程序段 7 用于控制 Step3；程序段 8 和程序段 9 用于控制 Step4；程序段 10 和程序段 11 用于控制 Step5；程序段 12 和程序段 13 用于控制 Step6。

___

注：本项目软件界面图和程序图中的电机均应为电动机。

程序段 2 是 Step1 的动作。Step1 的动作就是将阀门 Y1、阀门 Y2、阀门 Y3、搅拌电动机 M 都复位为 0。

程序段 3 是 Step1 转到 Step2 的条件。当按下"启动"按钮时，Step1 被复位为 0，Step2 被置位为 1，实现由 Step1 到 Step2 的转换。

程序段 4 是 Step2 的动作。Step2 的动作就是打开阀门 Y1。

程序段 5 是 Step2 转到 Step3 的条件。当液位传感器 L2、L3 均检测到信号 1 时，Step2 被复位为 0，Step3 被置位为 1，实现由 Step2 到 Step3 的转换。

程序段 6 是 Step3 的动作。Step3 的动作就是关闭阀门 Y1、打开阀门 Y2。

程序段 7 是 Step3 转到 Step4 的条件。当液位传感器 L1、L2、L3 均检测到信号 1 时，Step3 被复位为 0，Step4 被置位为 1，实现由 Step3 到 Step4 的转换。

程序段 8 是 Step4 的动作。Step4 的动作就是关闭阀门 Y2、启动搅拌电动机 M、启动定时器 T0 定时 4s。

程序段 9 是 Step4 转到 Step5 的条件。当 T0 设定的 4s 到时，Step4 被复位为 0，Step5 被置位为 1，实现由 Step4 到 Step5 的转换。

程序段 10 是 Step5 的动作。Step5 的动作就是关闭搅拌电动机 M、打开阀门 Y3。

程序段 11 是 Step5 转到 Step6 的条件。液位慢慢下降，当液位传感器 L1、L2、L3 均检测到信号 0 时，Step5 被复位为 0，Step6 被置位为 1，实现由 Step5 到 Step6 的转换。

程序段 12 是 Step6 的动作。Step6 的动作就是启动定时器 T1 定时 3s，以排空液体。

程序段 13 是 Step6 转到 Step1 的条件。当 T1 设定的 3s 到时，说明液体已经排空，Step6 被复位为 0，Step1 被置位为 1，实现由 Step6 到 Step1 的转换。

程序段 14 是停止操作，当按下"停止"按钮时，Step1～Step6 和所有的输出口被复位为 0。

		名称	数据类型	默认值	保持	可从 HMI/...
1	▼	Input				
2	■	<新增>				
3	▼	Output				
4	■	<新增>				
5	▼	InOut				
6	■	<新增>				
7	▼	Static				
8	■	Step1	Bool	false	非保持	☑
9	■	Step2	Bool	false	非保持	☑
10	■	Step3	Bool	false	非保持	☑
11	■	Step4	Bool	false	非保持	☑
12	■	Step5	Bool	false	非保持	☑
13	■	Step6	Bool	false	非保持	☑
14	■ ▶	T1	TON_TIME		非保持	☑
15	■ ▶	T0	TON_TIME		非保持	☑
16	▼	Temp				
17	■	<新增>				
18	▼	Constant				
19	■	<新增>				

图 4-12 子程序[FB1]定义的内部变量

▶ 块标题：

▼ 程序段 1：

```
     %M11.0
    "启动按钮"                                            #Step1
      ┤ ├                                                ─( S )─
```

▼ 程序段 2： step1 动作（初始化）

```
                                                         %Q5.0
                                                        "阀门Y1"
    #Step1                                              ─( R )─
     ┤ ├───┬──────────────────────────────────────────

                                                         %Q5.1
                                                        "阀门Y2"
                                                        ─( R )─
        ├──────────────────────────────────────────

                                                         %Q5.2
                                                        "阀门Y3"
                                                        ─( R )─
        ├──────────────────────────────────────────

                                                         %Q5.3
                                                       "搅拌电机M"
                                                        ─( R )─
        └──────────────────────────────────────────
```

▼ 程序段 3： step1转到step2的条件

```
                    %M11.0
    #Step1         "启动按钮"                             #Step2
     ┤ ├             ┤ ├───┬────────────────────────── ─( S )─

                                                        #Step1
                             └───────────────────────── ─( R )─
```

▼ 程序段 4： step2的动作

```
                                                         %Q5.0
                                                        "阀门Y1"
    #Step2                                              ─( S )─
     ┤ ├──────────────────────────────────────────────
```

▼ 程序段 5： step2转到step3的条件

```
                    %M11.3          %M11.4
    #Step2       "液位传感器L2"   "液位传感器L3"              #Step3
     ┤ ├             ┤ ├             ┤ ├───┬──────────── ─( S )─

                                                        #Step2
                                           └──────────── ─( R )─
```

▼ 程序段 6： step3的动作

```
                                                         %Q5.0
                                                        "阀门Y1"
    #Step3                                              ─( R )─
     ┤ ├───┬──────────────────────────────────────────

                                                         %Q5.1
                                                        "阀门Y2"
                                                        ─( S )─
        └──────────────────────────────────────────
```

图 4-13　用 LAD 编写的子程序"两种液体混合控制-LAD"[FB1]

▼ 程序段 7: step3转到step4的条件

```
          %M11.2            %M11.3            %M11.4
#Step3   "液位传感器L1"      "液位传感器L2"      "液位传感器L3"                    #Step4
─┤├────────┤├──────────────┤├──────────────┤├───────────┬──( S )──
                                                         │
                                                         │      #Step3
                                                         └──( R )──
```

▼ 程序段 8: step4的动作

```
                                                               %Q5.1
                                                              "阀门Y2"
#Step4                                                        ─( R )──
─┤├──┬─────────────────────────────────────────────────────
      │                                                        %Q5.3
      │                                                       "搅拌电机M"
      ├─────────────────────────────────────────────────────( S )──
      │
      │                        #T0
      │                       ┌─────────┐
      │                       │  TON    │
      │                       │  Time   │
      └───────────────────────┤IN     Q├────
                       T#4S ──┤PT    ET├── ...
                               └─────────┘
```

▼ 程序段 9: step4转到step5的条件

```
#Step4    #T0.Q                                                #Step5
─┤├────────┤├────────────────────────────────────────────┬──( S )──
                                                          │
                                                          │       #Step4
                                                          └──( R )──
```

▼ 程序段 10: step5的动作

```
                                                               %Q5.3
                                                              "搅拌电机M"
#Step5                                                        ─( R )──
─┤├──┬─────────────────────────────────────────────────────
      │                                                        %Q5.2
      │                                                       "阀门Y3"
      └─────────────────────────────────────────────────────( S )──
```

▼ 程序段 11: step5转到step6的条件

```
          %M11.2            %M11.3            %M11.4
#Step5   "液位传感器L1"      "液位传感器L2"      "液位传感器L3"                    #Step6
─┤├────────┤/├──────────────┤/├──────────────┤/├───────────┬──( S )──
                                                           │
                                                           │      #Step5
                                                           └──( R )──
```

图 4-13　用 LAD 编写的子程序"两种液体混合控制-LAD"[FB1]（续）

▼ 程序段 12： step6的动作

```
                         #T1
                        TON
                        Time
        #Step6
        ┤ ├─────────── IN        Q ─────────────────────
               T#3S ── PT        ET ──  …
```

▼ 程序段 13： step6转到step1的条件

```
        #Step6        #T1.Q                        #Step1
        ┤ ├──────────┤ ├──────────┬───────────────( S )──
                                   │
                                   │               #Step6
                                   └───────────────( R )──
```

▼ 程序段 14： 停止操作

```
      %M11.1
      "停止按钮"                                    #Step1
        ┤ ├──────────┬──────────────────────────( S )──
                     │
                     │                            #Step2
                     ├──────────────────────────( R )──
                     │
                     │                            #Step3
                     ├──────────────────────────( R )──
                     │
                     │                            #Step4
                     ├──────────────────────────( R )──
                     │
                     │                            #Step5
                     ├──────────────────────────( R )──
                     │
                     │                            #Step6
                     ├──────────────────────────( R )──
                     │
                     │                            %Q5.0
                     │                            "阀门Y1"
                     ├──────────────────────────( R )──
                     │
                     │                            %Q5.1
                     │                            "阀门Y2"
                     ├──────────────────────────( R )──
                     │
                     │                            %Q5.2
                     │                            "阀门Y3"
                     ├──────────────────────────( R )──
                     │
                     │                            %Q5.3
                     │                            "搅拌电机M"
                     └──────────────────────────( R )──
```

图 4-13　用 LAD 编写的子程序"两种液体混合控制-LAD" [FB1]（续）

方法二：用 GRAPH 编写子程序"两种液体混合控制-GRAPH"[FB2]，扫描右侧二维码可查看程序讲解。

添加一个程序块[FB2]，选择编程语言为 GRAPH。先搭建图 4-14 所示的框架，只需要连续 6 次单击命令图标 ╪ 就能搭建好这个顺序控制程序的框架。

搭建好程序框架以后，输入每一步的动作和转换条件。单击图 4-14 中①圈选处可以输入每一步的动作，单击②圈选处可以输入转换条件。

微课：两种液体混合控制程序讲解-GRAPH

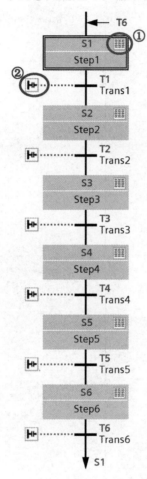

图 4-14 子程序"两种液体混合控制-GRAPH"[FB2]的框架

参考图 4-15 所示程序，用 GRAPH 编写完整的子程序"两种液体混合控制-GRAPH"[FB2]。

用 GRAPH 编写的[FB2]与用 LAD 编写的[FB1]相比，结构更清晰，编写每一步的动作和转换条件也更简单。建议读者使用 GRAPH 编写程序。

【注意】
GRAPH 适用于西门子 S7-300/400、S7-1500 PLC，而 S7-1200 PLC 暂时还不支持 GRAPH 编程。

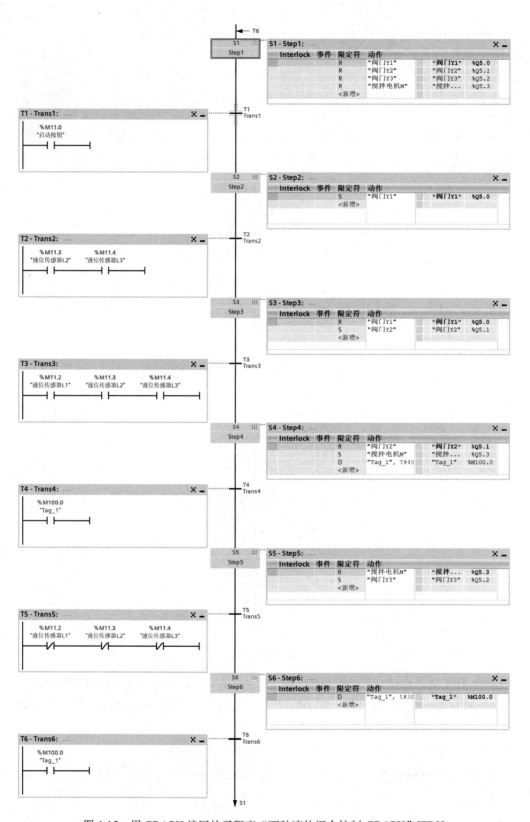

图 4-15　用 GRAPH 编写的子程序"两种液体混合控制-GRAPH"[FB2]

方法三：用 SCL 编写子程序"两种液体混合控制-SCL"[FB3]，扫描右侧二维码可查看程序讲解。

扫一扫

微课：两种液体混合控制程序讲解-SCL

与用 LAD 编程一样，采用 SCL 编程也需要先在块接口中添加内部变量。如图 4-16 所示，在 Static 编辑区添加静态局部变量。变量"STEP"用于控制步，是手动添加所得；T0、T1 是添加定时器（选择多重实例）时自动生成的。

参考图 4-17 所示程序，用 SCL 编写子程序"两种液体混合控制-SCL"[FB3]。[FB3]和[FB1]、[FB2]的功能完全一致，请读者从三种方法中任意选择一种来实施。

两种液体混合控制 ▶ PLC_1 [CPU 1512C-1 PN] ▶ 程序块 ▶ 两种液体混合控制-SCL [FB3]

两种液体混合控制-SCL

		名称	数据类型	默认值	保持	可从 HMI/...	从 H...	在 HMI...	设定值
1		▼ Input							
2		■ 〈新增〉							
3		▼ Output							
4		■ 〈新增〉							
5		▼ InOut							
6		■ 〈新增〉							
7		▼ Static							
8		■ STEP	Int	0	非保持	☑	☑	☑	
9		■ ▶ T0	TON_TIME		非保持	☑	☑	☑	
10		■ ▶ T1	TON_TIME		非保持	☑	☑	☑	
11		▼ Temp							
12		■ 〈新增〉							
13		▼ Constant							
14		■ 〈新增〉							

图 4-16　子程序"两种液体混合控制-SCL"[FB3]的块接口

```
1 CASE #STEP OF
2     0,1:
3         "阀门Y1" := ~ "阀门Y2" := ~ "阀门Y3" := ~ "搅拌电机M" := 0;   //动作
4         IF "启动按钮" THEN   //转到下一步的条件
5             #STEP := 2;
6         END_IF;
7     2:
8         "阀门Y1" := ~ 1;   //动作
9         IF "液位传感器L2" AND "液位传感器L3" THEN   //转到下一步的条件
10            #STEP := 3;
11        END_IF;
12    3:
13        "阀门Y1" := 0;   //动作
14        "阀门Y2" := 1;
15        IF "液位传感器L1" AND "液位传感器L2" AND "液位传感器L3" THEN
16            #STEP := 4;
17        END_IF;
18    4:
19        "阀门Y2" := 0;   //动作
20        "搅拌电机M" := 1;
21        #T0(IN:=1,
22            PT:=T#4S);
23        IF #T0.Q THEN   //转到下一步的条件
24            #STEP := 5;
25            #T0(IN := 0,
26                PT := T#4S);
27        END_IF;
28    5:
29        "搅拌电机M" := 0;   //动作
30        "阀门Y3" := 1;
31        IF NOT "液位传感器L1" AND NOT "液位传感器L2" AND NOT "液位传感器L3"
32        THEN
33            #STEP := 6;   //转到下一步的条件
34        END_IF;
35    6:
36        #T1(IN:=1,   //动作
37            PT:=T#3S);
38        IF #T1.Q THEN   //转到下一步的条件
39            #STEP := 1;
40            #T1(IN := 0,
41                PT := T#3S);
42        END_IF;
43 END_CASE;
44
45 IF "停止按钮" THEN   //急停操作
46     "阀门Y1" := ~ "阀门Y2" := ~ "阀门Y3" := ~ "搅拌电机M" := 0;
47     #STEP := 0;
48 END_IF;
```

图 4-17　用 SCL 编写的子程序"两种液体混合控制-SCL"[FB3]

② 编写主程序。

图 4-18 所示是在主程序"Main[OB1]"中调用子程序[FB1]，[FB1]使用背景数据块[DB1]。

图 4-19 所示是在主程序"Main[OB1]"中调用子程序[FB2]，[FB2]使用背景数据块[DB2]。

图 4-20 所示是在主程序"Main[OB1]"中调用子程序[FB3]，[FB3]使用背景数据块[DB3]。

在主程序"Main[OB1]"中调用[FB1]、[FB2]、[FB3]时，会分别自动创建一个背景数据块[DB1]、[DB2]、[DB3]，最终的程序块如图 4-21 所示。

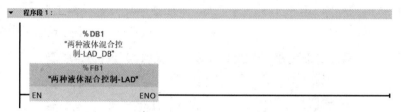

图 4-18　在主程序"Main[OB1]"中调用[FB1]

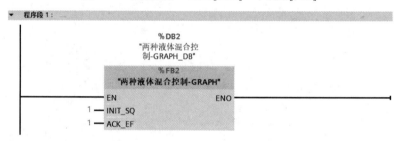

图 4-19　在主程序"Main[OB1]"中调用[FB2]

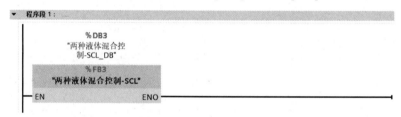

图 4-20　在主程序"Main[OB1]"中调用[FB3]

图 4-21　两种液体混合控制系统的程序块

使用时，只需要在主程序"Main[OB1]"中调用[FB1]、[FB2]、[FB3]中的一个即可，不需要同时调用。

3）设计 HMI 界面

根据任务要求，设计图 4-22 所示的 HMI 界面。HMI 界面中的模型与 PLC 变量的关联情况如下。

阀门 Y1～Y3 分别关联 PLC 的变量"阀门 Y1""阀门 Y2""阀门 Y3";搅拌电动机关联 PLC 的变量"搅拌电动机 M";"启动"和"停止"按钮分别关联 PLC 的变量"启动按钮""停止按钮";3 个模拟液位传感器按钮"液位传感器 L1""液位传感器 L2""液位传感器 L3"分别关联 PLC 的变量"液位传感器 L1""液位传感器 L2""液位传感器 L3"。

为了模拟 3 个液位传感器,在 HMI 界面中设计了 3 个模拟液位传感器的按钮。为按钮的"单击"事件添加函数"取反位",如图 4-23 所示。

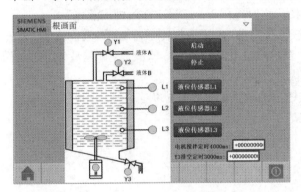
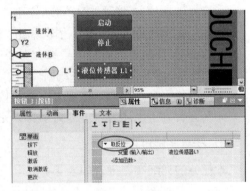

图 4-22　任务一的 HMI 界面　　　　　图 4-23　为按钮的"单击"事件添加函数"取反位"

为了能在 HMI 界面中实时监测电动机搅拌的时间和排液阀的排空时间,可以将子程序的背景数据块中的定时器 T0 和 T1 的当前时间值 ET 拖动到 HMI 界面,如图 4-24 所示。

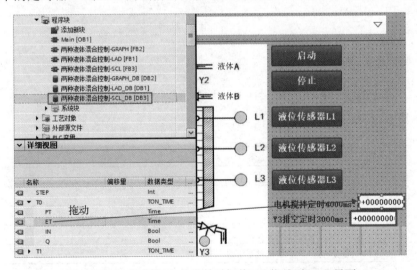

图 4-24　把定时器 T0 的当前时间值 ET 拖动到 HMI 界面

HMI 界面设计完成之后,将自动生成 HMI 默认变量表,为了提高流畅度,需要将 HMI 变量的采集周期由默认的"1s"改为"100ms"。

4)系统调试

运行 PLC 程序和 HMI 界面后,按照如下的步骤进行测试。

①系统在复位状态下,阀门 Y1、阀门 Y2、阀门 Y3 都是关闭的,搅拌电动机 M 处于停

止状态。

②按下"启动"按钮后，阀门 Y1 打开，开始注入液体 A。

③人工模拟液位慢慢上升，先单击"液位传感器 L3"按钮，液位传感器 L3 的信号变成 1，表示液位上升到了 L3；再单击"液位传感器 L2"按钮，液位传感器 L2 的信号变成 1，表示液位上升到了 L2。这时阀门 Y1 关闭，停止注入液体 A；阀门 Y2 打开，开始注入液体 B。

④人工模拟液位继续上升，单击"液位传感器 L1"按钮，液位传感器 L1 的信号变成 1，表示液位上升到了 L1。这时阀门 Y2 关闭，停止注入液体 B；搅拌电动机 M 开启，进行搅拌。

⑤搅拌电动机 M 搅拌 4s 后自动停止搅拌，这时阀门 Y3 打开，开始排出液体。

⑥人工模拟液位慢慢下降，依次单击"液位传感器 L1""液位传感器 L2""液位传感器 L3"3 个按钮，3 个液位传感器的信号又变为 0，表示液位下降到了 L3。延时 3s 排空液体，之后阀门 Y3 关闭，一个周期结束，系统回到复位状态。

⑦在液体混合过程中，按下"停止"按钮，系统直接回到复位状态。

如果你看到了上述现象，那么恭喜你完成了本任务。

2．任务实施过程

本任务的详细实施报告如表 4-4 所示。

表 4-4　任务一的详细实施报告

任 务 名 称	两种液体混合控制		
姓　　名		同 组 人 员	
时　　间		实 施 地 点	
班　　级		指 导 教 师	
任务内容：查阅相关资料、讨论并实施。 （1）顺序控制系统的应用场景； （2）使用 GRAPH 编写顺序控制程序的方法； （3）使用 SCL 编写顺序控制程序的方法； （4）液位传感器的模拟实现方法； （5）两种液体混合控制的 HMI 界面设计			
查阅的相关资料			
完成报告	（1）请列举出 1 个顺序控制系统的应用场景		
	（2）写出使用 GRAPH 编写顺序控制程序的基本步骤		
	（3）写出使用 SCL 编写顺序控制程序的基本思路		
	（4）液位传感器是否可以用外接开关来模拟？是否可以用外接按钮来模拟？怎样在 HMI 界面中用按钮来模拟实现液位传感器		
	（5）画出你设计的两种液体混合控制的 HMI 界面		

3．任务评价

本任务的评价表如表 4-5 所示。

表 4-5　任务一的评价表

任务名称	两种液体混合控制				
小组成员			评价人		
评价项目	评价内容	配　　分	得　　分	备　　注	
团队合作	实施任务的过程中有讨论	5			
	有工作计划	5			
	有明确的分工	5			
	小组成员工作积极	5			
7S 管理	安装完成后，工位无垃圾	5			
	安装完成后，工具和配件摆放整齐	5			
	在安装过程中，无损坏元器件及造成人身伤害的行为	5			
	在通电调试过程中，电路无短路现象	5			
安装电气系统	电气元件安装牢固	5			
	电气元件分布合理	5			
	布线规范、美观	5			
	接线端牢固，露铜不超过 1mm	5			
控制功能	能否人工模拟液位慢慢上升、下降	5			
	系统在复位状态下，阀门 Y1、阀门 Y2、阀门 Y3 都是关闭的，搅拌电动机 M 处于停止状态	5			
	按下"启动"按钮后，阀门 Y1 打开，开始注入液体 A	5			
	液位上升到 L2 时阀门 Y1 关闭，停止注入液体 A；阀门 Y2 打开，开始注入液体 B	5			
	液位上升到 L1 时阀门 Y2 关闭，停止注入液体 B；搅拌电动机 M 开启，进行搅拌	5			
	搅拌电动机 M 搅拌 4s 后自动停止搅拌，这时阀门 Y3 打开，开始排出液体	5			
	液位下降到 L3，延时 3s 排空液体，之后阀门 Y3 关闭，一个周期结束，系统回到复位状态	5			
	在液体混合过程中，按下"停止"按钮，系统直接回到复位状态	5			
总分					

■【思考与练习】

1．请用 PLC 设计一个三种液体混合控制系统，如图 4-25 所示。其中，L1、L2、L3 为液位传感器，T 为温度传感器（开关量，达到预定温度后输出高电平）。液体 A、B、C 的进料由阀门 Y1、Y2、Y3 控制，混合液体排出由阀门 Y4 控制，M 为搅拌电动机，H 为加热炉（由开关量控制）。请在触摸屏上设计一个模拟控制界面，实现以下控制要求。

（1）复位状态：阀门 Y1、Y2、Y3、Y4 关闭，搅拌电动机 M 停止，加热炉 H 无输出。

（2）启动操作：按下"启动"按钮后，按以下给定规律运行。

①液体 A 的阀门 Y1 打开，液体 A 流入容器。

②当液位升高到 L3 时，液位传感器 L3 接通，关闭液体 A 的阀门 Y1，并打开液体 B 的阀门 Y2。

③当液位升高到 L2 时，液位传感器 L2 接通，关闭液体 B 的阀门 Y2，并打开液体 C 的阀门 Y3，同时搅拌电动机启动，开始对液体进行搅拌。

④当液位升高到 L1 时，关闭液体 C 的阀门 Y3，并开启加热炉。

⑤当温度传感器达到设定温度时，加热炉停止加热。

⑥加热炉停止加热后延时 5s，搅拌电动机停止搅拌，同时排液阀门 Y4 打开，开始排出液体。

⑦当液位下降到 L3 以下时，液位传感器 L3 由接通变为断开，延时 3s 后，混合液体排空，这时关闭排液阀门 Y4，开始下一周期。

（3）停止操作：按下"停止"按钮后，要先将当前的混合操作处理完毕，系统才回到复位状态。

2. 请参照图 4-26 在触摸屏上设计一个模拟控制界面，并编程以实现对模拟机械手的控制。对模拟机械手的控制要求如下。

①在复位状态下，机械手在原点，即左移到位，上升到位，气爪张开。

②按下"启动"按钮，机械手下降，下降到位（通过单击"下降到位 SQ1"按钮来模拟，下同）后气爪夹紧，夹紧到位后机械手上升，上升到位后机械手右移，右移到位后机械手下降，下降到位后气爪张开，放松工件，气爪松开到位后机械手上升，上升到位后机械手缩回，回到原点后就完成了一次工件搬运。

③按下"停止"按钮，结束流程。

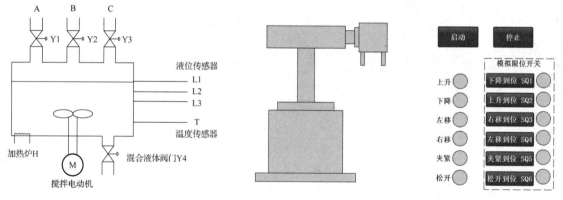

图 4-25　三种液体混合控制系统　　　　　图 4-26　机械手模拟搬运

任务二　自动洗衣机

■【任务描述】

请设计一个简易的自动洗衣机控制系统。在 HMI 界面上模拟自动洗衣机的动作，并设置 5 个信息输入框：水量预设值、正反转次数预设值、正转时间、反转时间、脱水时间。扫描下方二维码可查看自动洗衣机的实验现象，其具体的控制要求如下。

扫一扫

微课：自动洗衣机实验现象

初始状态：进水阀、排水阀关闭，洗涤电动机（以下简称电动机）停止转动，运行指示灯、脱水指示灯熄灭。

①按下"启动"按钮，打开进水阀开始进水，运行指示灯亮；

②水量慢慢增加，当达到水量预设值时，停止进水；

③进水完成后，按照预设的正、反转时间，电动机开始交替正反转；

④当达到正反转次数预设值时，电动机停止转动，排水阀打开，开始排水；

⑤水排完后，电动机开始连续正转，对衣服进行脱水；

⑥当达到预设的脱水时间时，洗衣完成，回到初始状态；

⑦只要水量预设值、正反转次数预设值、正转时间、反转时间、脱水时间 5 个参数的值中有 1 个为 0，报错指示灯就会亮，洗衣机不能启动。

本任务仅要求在 HMI 界面上模拟自动洗衣机的动作，不要求搭建实物平台。

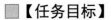【任务目标】

知识目标：

➤ 了解自动洗衣机的控制流程；

➤ 掌握 GRAPH 顺序控制程序的选择分支编程的使用方法；

➤ 熟悉 SCL 顺序控制程序的选择分支编程的使用方法；

能力目标：

➤ 能使用 GRAPH 编写带有选择分支的顺序控制程序；

➤ 能使用 SCL 编写带有选择分支的顺序控制程序。

素质目标：

➤ 培养多方案解决问题并选择最优方法的习惯；

➤ 培养安全意识。

【任务实施】

1．参考实施方案

1）硬件安装和接线

本任务的硬件条件与本项目任务一的硬件条件一样，请参考本项目任务一完成硬件安装和接线。

2）PLC 程序

（1）PLC 的变量表。本任务以 CPU 1512C-1 PN 为例，图 4-27 所示是本任务的 PLC 变量表。读者可以根据身边已有的条件选择 PLC 并对 I/O 变量进行分配。

系统用到的输入信号为启动按钮。

系统用到的输出信号有进水阀、排水阀、正转、反转、运行指示灯、报错指示灯、脱水指示灯。

需要在触摸屏上交互输入的控制参数有水量预设值、正反转次数预设值、正转时间、反转时间、脱水时间 5 个参数。水量值与水量预设值不同，其用于存储洗衣机的当前水量值。

		名称	数据类型	地址 ▲	保持	可从 ...	从 H...	在 H...
		变量表_1						
1		进水阀	Bool	%Q5.0		☑	☑	☑
2		排水阀	Bool	%Q5.1		☑	☑	☑
3		正转	Bool	%Q5.2		☑	☑	☑
4		反转	Bool	%Q5.3		☑	☑	☑
5		运行指示灯	Bool	%Q5.4		☑	☑	☑
6		报错指示灯	Bool	%Q5.5		☑	☑	☑
7		脱水指示灯	Bool	%Q5.6		☑	☑	☑
8		启动按钮	Bool	%M10.0		☑	☑	☑
9		水量值	Int	%MW100		☑	☑	☑
10		水量预设值	Int	%MW102		☑	☑	☑
11		正反转次数预设值	Int	%MW104		☑	☑	☑
12		正转时间	Time	%MD106		☑	☑	☑
13		反转时间	Time	%MD110		☑	☑	☑
14		脱水时间	Time	%MD114		☑	☑	☑
15		<添加>				☑	☑	☑

图 4-27　任务二的 PLC 变量表

（2）编写 PLC 程序。采用模块化的方式进行编程，先编写控制洗衣机的子程序，再在主程序中调用子程序。

①编写子程序。根据任务的具体控制要求，采用 LAD、GRAPH、SCL 三种语言分别设计三种顺序控制程序，来实现洗衣机的自动控制。读者可以从这三种方法中选择一种来具体实施。

方法一：用 LAD 编写子程序"洗衣机控制-LAD"[FB1]，扫描右侧二维码可查看程序详解。

在块接口中添加内部变量，图 4-28 所示是子程序[FB1]定义的内部变量。其中，Step1～Step6 用于顺序控制程序的 6 个步，变量"正反转次数"用于记录电动机当前已经完成的正反转次数。程序中会用到 3 个定时器 T0、T1、T2，但因为选择的是"单个实例"，系统为这 3 个定时器都分配了单独的背景数据块，所以定时器的数据没有存储在[FB1]的数据块中，而是存储在系统块中。

微课：自动洗衣机程序讲解-LAD

参考图 4-29 所示程序，用 LAD 编写子程序"洗衣机控制-LAD"[FB1]。

程序段 1 是对报错指示灯的控制，只要水量预设值、正反转次数预设值、正转时间、反转时间、脱水时间 5 个参数的值中有 1 个为 0，报错指示灯就会亮，洗衣机不能启动。

程序段 2 是用一个加减计数器来模拟水量的变化。当进水阀打开时，水量以 5L/s 的速度增加；而当排水阀打开时，水量则以 5L/s 的速度减少。

程序段 3 用于控制 Step1，当系统处于复位状态时，所有输出信号被清零。如果报错指示灯没有亮起，则按下"启动"按钮就能跳转到 Step2 了。

程序段 4 用于控制 Step2，打开进水阀。当水量上升到水量预设值时，就能跳转到 Step3 了。

程序段 5 用于控制 Step3，关闭进水阀并启动电动机正转。当正转时间达到预设值时，就能跳转到 Step4 了。

程序段 6 用于控制 Step4，启动电动机反转。当反转时间达到预设值时，如果正反转次数没有达到预设值，则跳转到 Step3；而如果正反转次数已经达到预设值，则跳转到 Step5。

程序段 7 用于控制 Step5，关闭电动机并启动排水。当水量下降到 0 时，跳转到 Step6。

程序段 8 用于控制 Step6，启动电动机正转脱水。当脱水时间达到预设值时，洗衣流程结束，跳转到 Step1，从而可以开始新一轮循环。

【注意】

在 Step4 这一步之后出现了选择分支，满足不同的条件可以从 Step4 分别跳转到 Step3 或者 Step5。

洗衣机控制-LAD

	名称	数据类型	默认值	保持	可从 HMI/...	从 H...	在 HMI ...	设定值
1	▼ Input				☐	☐	☐	☐
2	<新增>				☐	☐	☐	☐
3	▼ Output				☐	☐	☐	☐
4	<新增>				☐	☐	☐	☐
5	▼ InOut				☐	☐	☐	☐
6	<新增>				☐	☐	☐	☐
7	▼ Static				☐	☐	☐	☐
8	正反转次数	Int	0	非保持	☑	☑	☑	☐
9	Step1	Bool	false	非保持	☑	☑	☑	☐
10	Step2	Bool	false	非保持	☑	☑	☑	☐
11	Step3	Bool	false	非保持	☑	☑	☑	☐
12	Step4	Bool	false	非保持	☑	☑	☑	☐
13	Step5	Bool	false	非保持	☑	☑	☑	☐
14	Step6	Bool	false	非保持	☑	☑	☑	☐
15	▼ Temp				☐	☐	☐	☐
16	<新增>				☐	☐	☐	☐
17	▼ Constant				☐	☐	☐	☐
18	<新增>				☐	☐	☐	☐

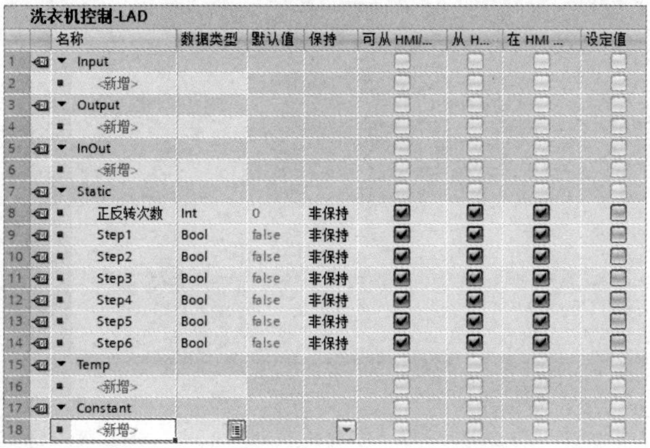

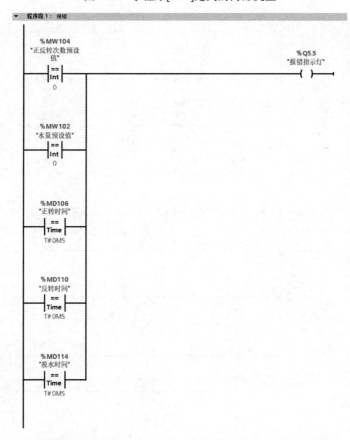

图 4-28　子程序[FB1]定义的内部变量

图 4-29　用 LAD 编写子程序“洗衣机控制-LAD”[FB1]

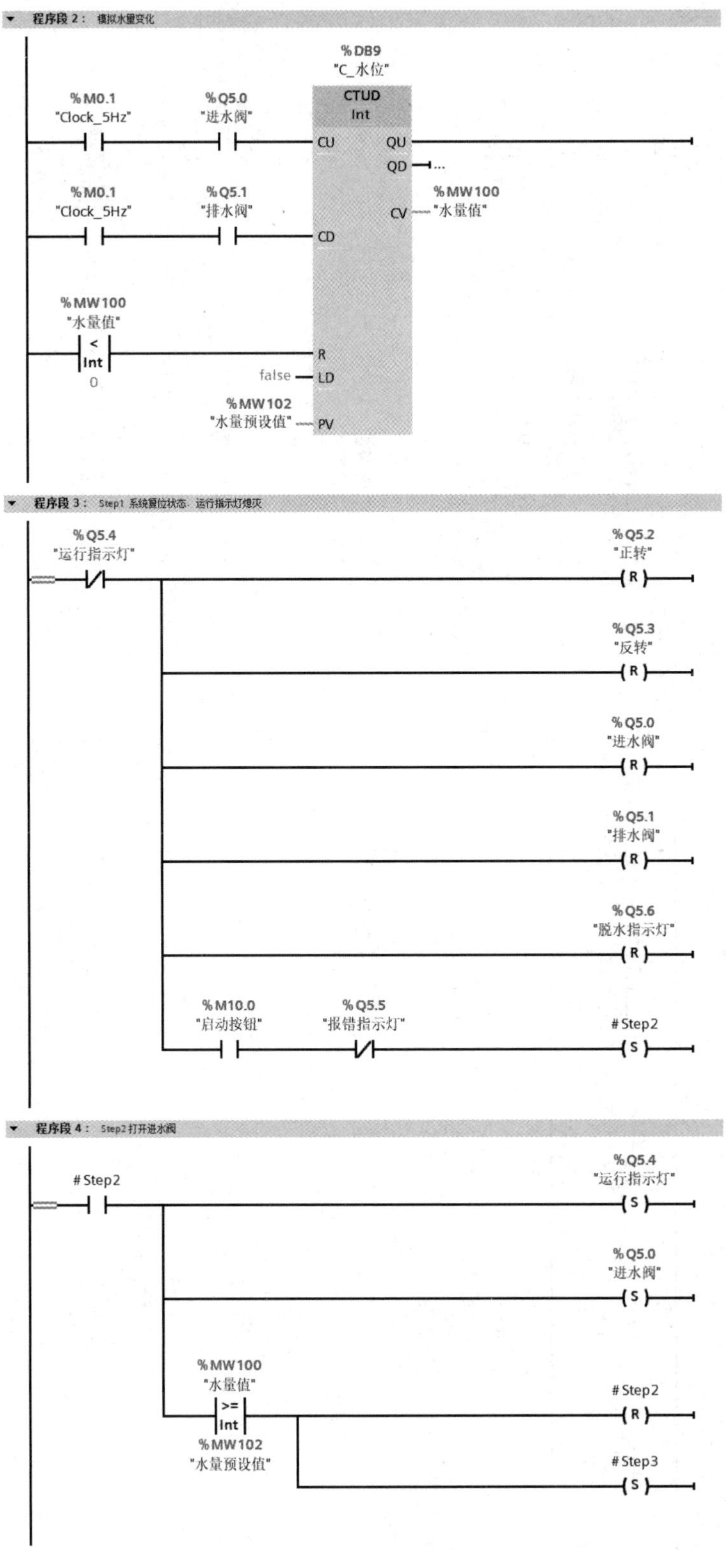

图 4-29　用 LAD 编写的子程序“洗衣机控制-LAD”[FB1]（续）

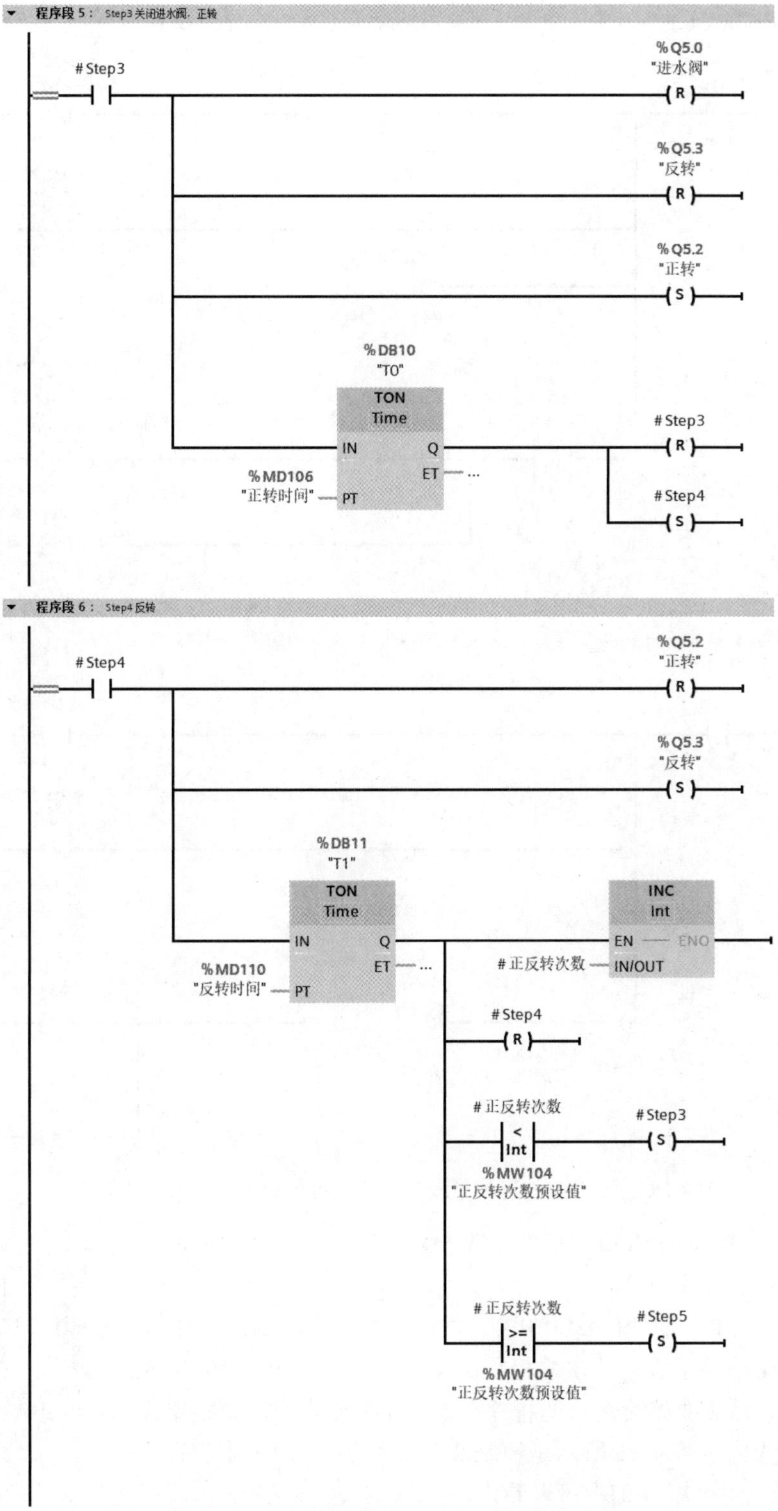

图 4-29　用 LAD 编写的子程序“洗衣机控制-LAD”[FB1]（续）

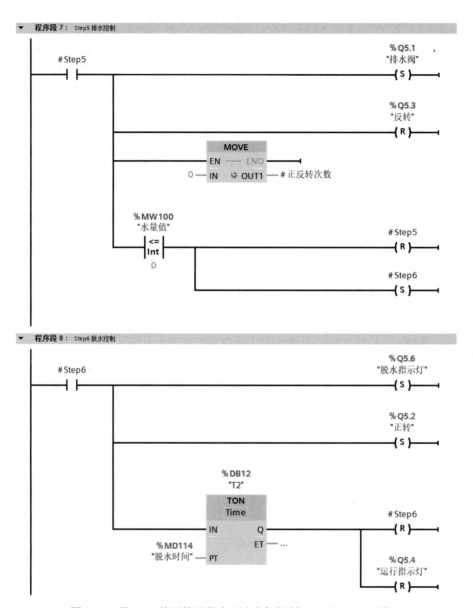

图 4-29 用 LAD 编写的子程序"洗衣机控制-LAD"[FB1](续)

方法二：用 GRAPH 编写子程序"洗衣机控制-GRAPH"[FB2]，扫描右侧二维码可查看程序讲解。

先添加一个 GRAPH 程序块[FB2]，再参考图 4-30 和图 4-31 所示程序，用 GRAPH 编写子程序"洗衣机控制-GRAPH"[FB2]。图 4-30 所示是前固定指令，是需要始终运行的程序，2 个程序段分别控制报错指示灯和模拟水量的变化。图 4-31 所示是控制洗衣流程的顺序控制程序。

从 GRAPH 程序块[FB2]中可以看出，在 Step4 这一步之后出现了选择分支，若条件"T7"成立，则从 Step4 跳转到 Step3；若条件"T4"成立，则从 Step4 跳转到 Step5。

对比 GRAPH 和 LAD 这两种顺序控制程序，可以看出，用 GRAPH 编写子程序比用 LAD 简单明了，容易上手。

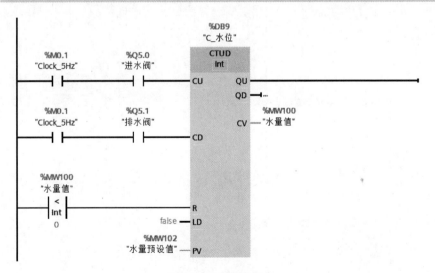

图 4-30 前固定指令

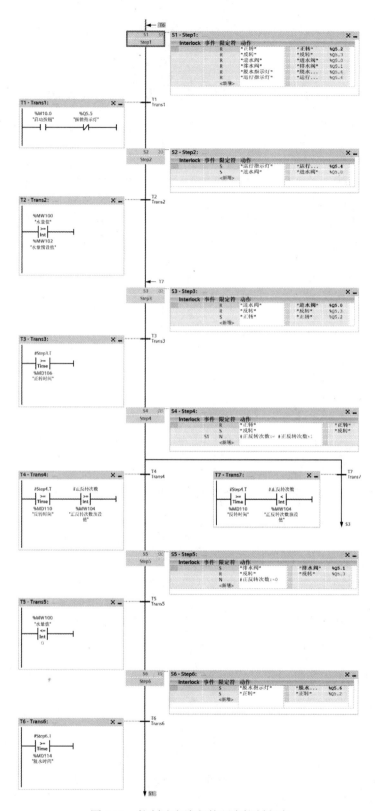

图 4-31 控制洗衣流程的顺序控制程序

方法三：用 SCL 编写子程序"洗衣机控制-SCL"[FB3]，扫描右侧二维码可查看程序详解。

与采用 LAD 编程一样，先在块接口中添加内部变量。如图 4-32 所示，在 Static 编辑区添加静态局部变量。"STEP"用于控制步；"正反转次数"用于记录电动机当前已经完成的正反转次数，是手动添加所得；T1 是添加定时器（选择多重实例）时自动生成的。

微课：自动洗衣机程序讲解-SCL

		名称	数据类型	默认值	保持	可从 HMI/...	从 H...	在 HMI ...	设定值	监控
1	▼	Input								
2	■	<新增>								
3	▼	Output								
4	■	<新增>								
5	▼	InOut								
6	■	<新增>								
7	▼	Static								
8	■	STEP	Int	0	非保持	☑	☑	☑		
9	■	正反转次数	Int	0	非保持	☑	☑	☑		
10	■ ▶	T1	TON_TIME		非保持	☑	☑	☑		
11	▼	Temp								
12	■	<新增>								
13	▼	Constant								
14	■	<新增>								

洗衣机控制-SCL

图 4-32　子程序"洗衣机控制-SCL"[FB3]的块接口

完成内部变量的添加以后，参考图 4-33 所示程序，用 SCL 编写子程序"洗衣机控制-SCL"[FB3]。

"洗衣机控制-SCL"[FB3]使用一个条件判断语句来实现选择分支，满足两种不同的条件可分别跳转到第 5 步或第 3 步。具体的条件判断语句如下。

```
IF #正反转次数 = "正反转次数预设值" THEN
    #STEP := 5;
ELSE
    #STEP := 3;
END_IF;
```

② 编写主程序。

图 4-34 所示是在主程序"Main[OB1]"中调用子程序[FB1]。

图 4-35 所示是在主程序"Main[OB1]"中调用子程序[FB2]。

图 4-36 所示是在主程序"Main[OB1]"中调用子程序[FB3]。

在主程序"Main[OB1]"中调用子程序时，会自动创建一个背景数据块。[FB1]使用的背景数据块是[DB1]，[FB2]使用的背景数据块是[DB2]，[FB3]使用的背景数据块是[DB3]。洗衣机控制系统的程序块如图 4-37 所示。

用 LAD、GRAPH、SCL 编写的子程序[FB1]、[FB2]、[FB3]的功能完全一样，使用时只需在主程序"Main[OB1]"中调用其中一个即可。

3）设计 HMI 界面

根据任务要求，设计图 4-38 所示的 HMI 界面。按下"启动"按钮之前，需将水量预设值、正反转次数预设值、正转时间、反转时间、脱水时间 5 个参数输入完整，否则报错指示灯亮，并提示"请设置水量预设值等参数"，洗衣机不能启动。

```
1   "报错指示灯" := "水量预设值" = 0 OR "正反转次数预设值" = 0       ►   "报错指示灯"      %Q5.5
2               OR "正转时间" = t#0ms OR "反转时间" = t#0ms       ►   "正转时间"        %MD106
3               OR "脱水时间" = t#0ms;                              "脱水时间"        %MD114
4
5   CASE #STEP OF
6       0,1:  //复位状态
7           "正转" := 0;                                            "正转"          %Q5.2
8           "反转" := 0;                                            "反转"          %Q5.3
9           "排水阀" := 0;                                          "排水阀"        %Q5.1
10          "脱水指示灯" := 0;                                      "脱水指示灯"      %Q5.6
11          "运行指示灯" := 0;                                      "运行指示灯"      %Q5.4
12          IF "启动按钮" AND NOT "报错指示灯" THEN                 "启动按钮"        %M10.0
13              #STEP := 2;
14          END_IF;
15       2:  //进水
16          "运行指示灯" := 1;                                      "运行指示灯"      %Q5.4
17          "进水阀" := 1;                                          "进水阀"        %Q5.0
18          #正反转次数 := 0;
19          IF "CTUD1".QU THEN  //当到达预设的水量                ►   "CTUD1"        %DB7
20              #STEP := 3;
21          END_IF;
22       3:  //正转控制
23          "进水阀" := 0;                                          "进水阀"        %Q5.0
24          "反转" := 0;                                            "反转"          %Q5.3
25          "正转" := 1;                                            "正转"          %Q5.2
26          #T1(IN:=1,
27              PT:="正转时间");                                    "正转时间"        %MD106
28          IF #T1.Q THEN   //当到达预设的正转时间
29              #T1(IN := 0,
30                  PT := "正转时间");                              "正转时间"        %MD106
31              #STEP := 4;
32          END_IF;
33       4:  //反转控制
34          "正转" := 0;                                            "正转"          %Q5.2
35          "反转" := 1;                                            "反转"          %Q5.3
36          #T1(IN := 1,
37              PT := "反转时间");                                  "反转时间"        %MD110
38          IF #T1.Q THEN    //当到达预设的反转时间
39              #T1(IN := 0,
40                  PT := "反转时间");                              "反转时间"        %MD110
41              #正反转次数 += 1;
42              IF #正反转次数 = "正反转次数预设值" THEN          "正反转次数..."    %MW104
43                  #STEP := 5;
44              ELSE
45                  #STEP := 3;
46              END_IF;
47          END_IF;
48       5:  //排水控制
49          "反转" := 0;                                            "反转"          %Q5.3
50          "排水阀" := 1;                                          "排水阀"        %Q5.1
51          IF "水量值"=0 THEN                                      "水量值"        %MW100
52              #STEP := 6;
53          END_IF;
54       6:  //脱水控制
55          "脱水指示灯" := 1; //正转+脱水=电机高速正转           "脱水指示灯"      %Q5.6
56          "正转" := 1;                                            "正转"          %Q5.2
57          #T1(IN := 1,
58              PT := "脱水时间");                                  "脱水时间"        %MD114
59          IF #T1.Q THEN   //当到达预设的脱水时间
60              #T1(IN := 0,
61                  PT := "脱水时间");                              "脱水时间"        %MD114
62              #STEP := 1;
63          END_IF;
64   END_CASE;
65
66   //用加减计数器来模拟水量变化
67   "CTUD1".CTUD(CU:="Clock_5Hz" AND "进水阀",               ►   "CTUD1"        %DB7
68               CD:="Clock_5Hz" AND "排水阀",               ►   "Clock_5Hz"    %M0.1
69               R:="FirstScan" OR "水量值"<0,               ►   "FirstScan"    %M1.0
70               PV:="水量预设值",                               "水量预设值"      %MW102
71               CV=>"水量值");                                   "水量值"        %MW100
```

图 4-33 用 SCL 编写的子程序"洗衣机控制-SCL"[FB3]

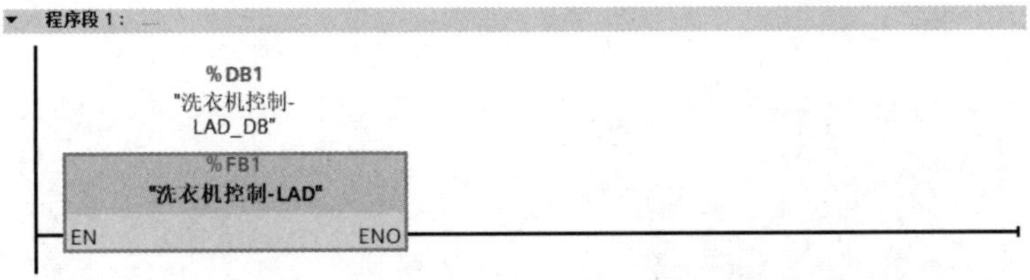

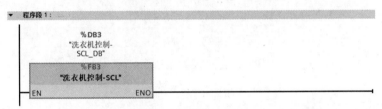

图 4-34　在主程序"Main[OB1]"中调用[FB1]

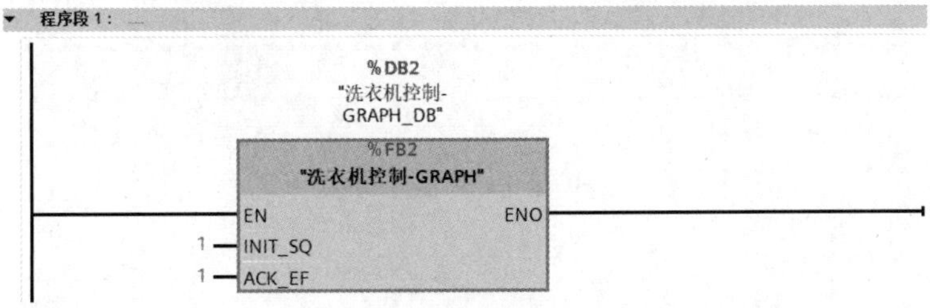

图 4-35　在主程序"Main[OB1]"中调用[FB2]

图 4-36　在主程序"Main[OB1]"中调用[FB3]

图 4-37　洗衣机控制系统的程序块

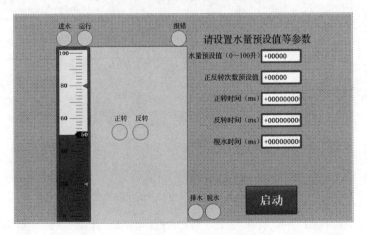

图 4-38　任务二的 HMI 界面

如图 4-39 所示，用一个棒图来监控实时水量，并关联变量"水量值"。

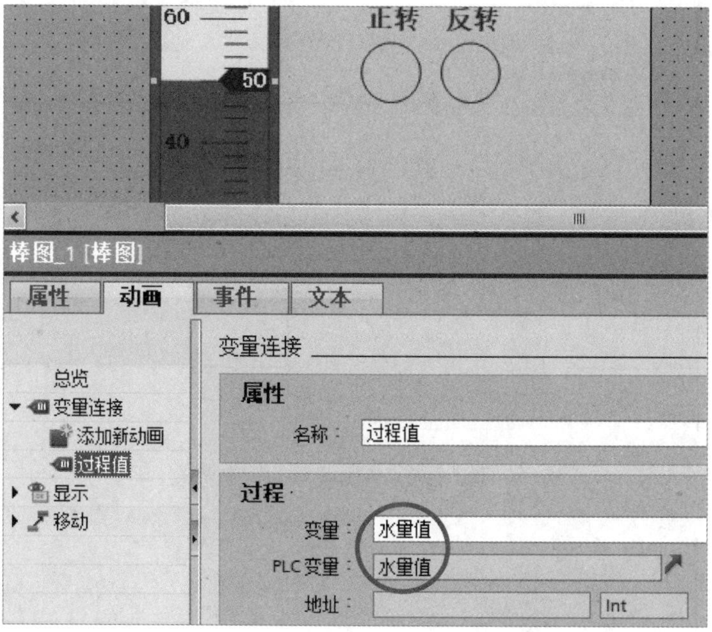

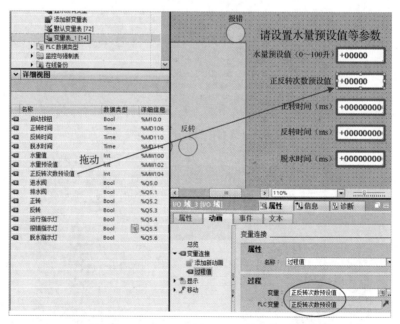

图 4-39　用一个棒图来监控实时水量

在 HMI 界面输入水量预设值、正反转次数预设值、正转时间、反转时间、脱水时间 5 个参数，可以采用将 PLC 变量表中的这 5 个参数拖动到 HMI 界面对应位置的方法，如图 4-40 所示。

图 4-40　将 PLC 变量表中的 5 个参数拖动到 HMI 界面对应位置

如图 4-41 所示，HMI 界面设计完成之后，将自动生成 HMI 默认变量表，为了提高流畅度，需要将 HMI 变量的采集周期由默认的"1s"改为"100ms"。

默认变量表

名称	数据...	连接	PLC 名称	PLC 变量	地址	访问模式	采集周期
进水阀	Bool	HMI_连接_1	PLC_1	进水阀		<符号访问>	100 ms
运行指示灯	Bool	HMI_连接_1	PLC_1	运行指示灯		<符号访问>	100 ms
排水阀	Bool	HMI_连接_1	PLC_1	排水阀		<符号访问>	100 ms
正转	Bool	HMI_连接_1	PLC_1	正转		<符号访问>	100 ms
反转	Bool	HMI_连接_1	PLC_1	反转		<符号访问>	100 ms
启动按钮	Bool	HMI_连接_1	PLC_1	启动按钮		<符号访问>	100 ms
脱水指示灯	Bool	HMI_连接_1	PLC_1	脱水指示灯		<符号访问>	100 ms
报错指示灯	Bool	HMI_连接_1	PLC_1	报错指示灯		<符号访问>	100 ms
水量值	Int	HMI_连接_1	PLC_1	水量值		<符号访问>	100 ms
水量预设值	Int	HMI_连接_1	PLC_1	水量预设值		<符号访问>	100 ms
正反转次数预设值	Int	HMI_连接_1	PLC_1	正反转次数预设值		<符号访问>	100 ms
正转时间	Time	HMI_连接_1	PLC_1	正转时间		<符号访问>	100 ms
反转时间	Time	HMI_连接_1	PLC_1	反转时间		<符号访问>	100 ms
脱水时间	Time	HMI_连接_1	PLC_1	脱水时间		<符号访问>	100 ms
<添加>							

图 4-41　HMI 默认变量表

4）系统调试

运行 PLC 程序和 HMI 界面后，按照如下步骤进行测试。

①只要水量预设值、正反转次数预设值、正转时间、反转时间、脱水时间 5 个参数的值中有一个为 0，报错指示灯就会亮，洗衣机不能启动。

②按下“启动”按钮，进水阀打开，运行指示灯亮。

③水量慢慢增加，当达到水量预设值时，进水阀自动关闭，停止进水。

④进水完成后，电动机按照预设的正、反转时间开始交替正、反转。

⑤当达到正反转次数预设值时，电动机自动停止转动，排水阀自动打开，开始排水。

⑥水排完后，电动机连续正转，对衣服进行脱水。

⑦当达到预设的脱水时间时，洗衣完成，系统回到初始状态。

如果你看到的现象与上述结果一致，那么恭喜你完成了本任务。

2. 任务实施过程

本任务的详细实施报告如表 4-6 所示。

表 4-6　任务二的详细实施报告

任务名称	自动洗衣机		
姓　　名		同组人员	
时　　间		实施地点	
班　　级		指导教师	
任务内容：查阅相关资料、讨论并实施。 （1）自动洗衣机的控制流程； （2）GRAPH 顺序控制程序的选择分支编程的使用方法； （3）SCL 顺序控制程序的选择分支编程的使用方法； （4）洗衣机控制系统的 HMI 界面设计			
查阅的相关资料			

任 务 名 称	自动洗衣机
完成报告	（1）请写出一款家用洗衣机的洗衣动作流程
	（2）GRAPH 顺序控制程序的选择分支编程可以使用什么方法
	（3）请用两种语句来完成 SCL 顺序控制程序的选择分支编程
	（4）画出你设计的洗衣机控制系统的 HMI 界面设计

3．任务评价

本任务的评价表如表 4-7 所示。

表 4-7　任务二的评价表

任 务 名 称	自动洗衣机				
小 组 成 员		评 价 人			
评 价 项 目	评 价 内 容	配　分	得　分	备　注	
团队合作	实施任务的过程中有讨论	5			
	有工作计划	5			
	有明确的分工	5			
	小组成员工作积极	5			
7S 管理	安装完成后，工位无垃圾	5			
	安装完成后，工具和配件摆放整齐	5			
	在安装过程中，无损坏元器件及造成人身伤害的行为	5			
	在通电调试过程中，电路无短路现象	5			
安装电气系统	电气元件安装牢固	5			
	电气元件分布合理	5			
	布线规范、美观	5			
	接线端牢固，露铜不超过 1mm	5			
控制功能	只要水量预设值、正反转次数预设值、正转时间、反转时间、脱水时间 5 个参数的值中有一个为 0，报错指示灯就会亮，洗衣机不能启动	10			
	按下"启动"按钮，进水阀打开，运行指示灯亮	5			
	水量慢慢增加，当达到水量预设值时，进水阀自动关闭，停止进水	5			
	进水完成后，电动机按照预设的正、反转时间开始交替正、反转	5			
	当达到正反转次数预设值时，电动机自动停止转动，排水阀自动打开，开始排水	5			
	水排完后，电动机连续正转，对衣服进行脱水	5			
	当达到预设的脱水时间时，洗衣完成，系统回到初始状态	5			
总分					

■【思考与练习】

1．请设计一个 24 个 LED 的流水灯系统。在触摸屏上设计 24 个 LED，要求关联的变量依次为 Q5.0～Q5.7，Q6.0～Q6.7，Q7.0～Q7.3。请使用 GRAPH 编程，启动时从第 1 个 LED 开始，达到顺序循环流水灯效果。

2．在上一题的基础上修改程序，使其达到逆序循环流水灯效果，要求启动时从最后一个 LED 开始。

3．请用 PLC 控制一个三级物料传送系统，如图 4-42 所示。在触摸屏上搭建该系统的模型，实现如下的控制要求。

①第一次按下"启/停"按钮，系统启动。系统状态指示灯 HL0 立即以 2Hz 频率闪烁，3 号传送带首先开始启动，3s 后 2 号传送带自动启动，再过 3s 后 1 号传送带自动启动，再过 2s 后供料阀底门打开，HL0 由闪烁变为常亮。

②第二次按下"启/停"按钮，系统停止。系统状态指示灯 HL0 在停机期间以 2Hz 频率闪烁；停机的顺序与启动的顺序相反，间隔为 2s；全部设备停止后，系统状态指示灯 HL0 熄灭。

③如果在启动过程中再次按下"启/停"按钮，没有启动的传送带不会启动，已启动的传送带按照启动的顺序逆序停止。

4．请用 PLC 控制一个四级传送带系统，在触摸屏上设计一个模拟控制界面，如图 4-43 所示。具体的控制要求如下。

①当按下"启动"按钮时，先启动最下面的传送带，1s 后再从下到上依次启动其他的传送带；

②当按下"停止"按钮时，先停止最上面的传送带，1s 后再从上到下依次停止其他的传送带；

③当某条传送带发生故障时，该传送带及上面的传送带应立即停止，下面的传送带每隔 1s 顺序停止；

④当某条传送带上有重物时，该传送带上面的传送带应立即停止，该传送带及下面的传送带每隔 1s 顺序停止。

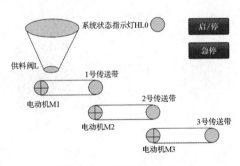

图 4-42　三级物料传送系统

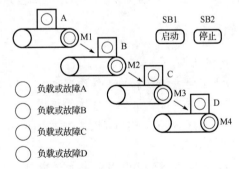

图 4-43　四级传送带系统的模拟控制界面

项目五

电动机控制和速度测量

任务一 控制步进电机

■【任务描述】

用 PLC 实现对步进电机的点动控制、相对运动控制和绝对运动控制。在触摸屏上设置电机使能、电机停止、回原点（位置校正）、点动正转、点动反转、启动相对运动、启动绝对运动 7 个按钮，并设置点动速度、相对运动距离、相对运动速度、绝对运动位置、绝对运动速度 5 个数值输入框。扫描下方二维码可分别查看控制步进电机的实验现象及实验过程。

■【任务目标】

知识目标：
➤ 了解步进电机的工作原理；
➤ 理解步进电机驱动系统的接线方法；
➤ 掌握 S7-1200/1500 PLC 主要的运动控制指令的使用方法。

能力目标：
➤ 能完成 S7-1200 PLC 与步进电机驱动系统的接线；
➤ 能编程实现对步进电机的点动控制、相对运动控制和绝对运动控制。

素质目标：
➤ 掌握科学的认识论和方法论。

微课：控制步进电机
实验现象

微课：控制步进电机
实验过程

【相关知识】

1．步进电机及其驱动

1）步进电机概述

步进电机是将电脉冲信号转变为角位移或线位移的开环控制电动机，又称为脉冲电动机。在非超载的情况下，步进电机的转速、停止的位置只取决于脉冲信号的频率和脉冲数，而不受负载变化的影响。当步进电机驱动器接收到一个脉冲信号时，它可以驱动步进电机按设定的方向转动一个固定的角度，这个角度称为步距角。

步进电机的旋转是以固定的角度一步一步运行的，可以通过控制脉冲个数来控制角位移量，实现准确定位。同时，可以通过控制脉冲频率来控制步进电机转动的速度和加速度，从而实现调速。

步进电机工作时，位置和速度信号不反馈给控制系统，如果步进电机工作时将位置和速度信号反馈给控制系统，那么它就属于伺服电机。和伺服电机相比，步进电机的控制相对简单，但不适用于对精度要求很高的场景。

步进电机按照定子绕组划分，可分为二相、三相、五相等系列。目前比较受欢迎的是二相混合式步进电机，主要原因是其性价比高，搭配细分驱动器后效果良好。二相步进电机的基本步距角为 1.8°/步，搭配半步驱动器后，步距角可达到 0.9°，搭配细分驱动器后，其步距角最高可细分 256 倍（0.007°/微步）。步进电机固有步距角与真正步距角的关系如表 5-1 所示。由于摩擦力和制造精度等原因，实际控制精度略低。同一个步进电机可搭配不同的细分驱动器。

表 5-1　步进电机固有步距角与真正步距角的关系

步进电机固有步距角	工　作　状　态	步进电机运行时的真正步距角
0.9°/1.8°	半步状态	0.9°
0.9°/1.8°	5 细分状态	0.36°
0.9°/1.8°	10 细分状态	0.18°
0.9°/1.8°	20 细分状态	0.09°
0.9°/1.8°	40 细分状态	0.045°

2）步进电机的优缺点

主要的优点：

①结构简单，使用及维修方便，制造成本低；

②控制简单，可以通过脉冲信号对步进电机进行控制；

③可以进行开环控制，不需要通过反馈电路来返回旋转轴的位置和速度信息。

④步进电机带动负载惯量的能力强，适用于中小型机床。

主要的缺点：

①若负载过大或控制不当，则可能会出现失步现象；

②发热较大，步进电机停止时仍会因存在电流而产生热量；

③噪声较大，效率较低。

3）步进电机驱动系统

步进电机驱动系统框图如图 5-1 所示。控制器（PLC、单片机等）发出脉冲信号和方向信号。步进电机驱动器接收这些信号后，先进行环形分配和细分，再进行功率放大。经过放大后的脉冲驱动信号连接到步进电机，从而驱动步进电机运转。

控制器、步进电机驱动器和步进电机共同构成步进电机驱动系统。步进电机驱动系统的性能不仅取决于步进电机自身的性能，还取决于步进电机驱动器的性能。图 5-2 是两相步进电机驱动器实物图。

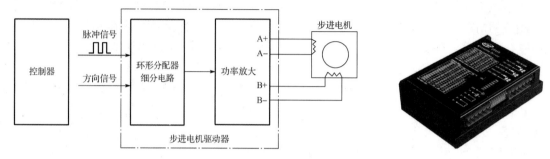

图 5-1　步进电机驱动系统框图　　　　　　图 5-2　两相步进电机驱动器实物图

步进电机驱动系统分为共阳极接法和共阴极接法两种，如图 5-3 所示。若采用共阳极接法，需要把"PUL+""DIR+""ENA+"接到电源正极。若采用共阴极接法，需要把"PUL-""DIR-""ENA-"接到电源负极。

有些控制器只能采用共阳极接法，如 C51 单片机。C51 单片机控制引脚输出电流的能力太弱，无法驱动步进电机驱动器，只能采用共阳极接法。有些控制器只能采用共阴极接法，如晶体管输出型的 S7-1200/1500 PLC，它的输出口为源型，电流只能从 PLC 的输出端口流出，所以只能采用共阴极接法。

当 S7-1200/1500 PLC 连接步进电机驱动器时，其控制电压为 24V，若步进电机驱动器能接受的信号电压为 3～5V，则需要在 PLC 和步进电机驱动器中间串接一个阻值为 1000Ω 的限流电阻，否则可能会烧坏接口电路。

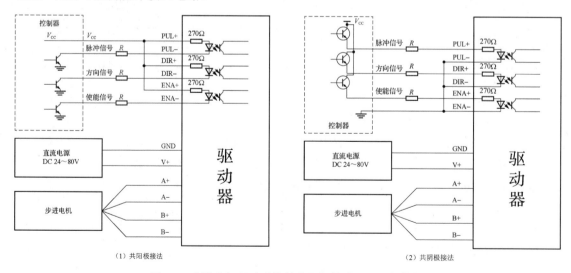

图 5-3　步进电机驱动系统的共阳极接法和共阴极接法

2．S7-1200/1500 PLC 的运动控制指令

1）MC_Power 启动轴指令

图 5-4 所示是 MC_Power 启动轴指令。MC_Power 指令必须在程序中一直被调用，且 MC_Power 指令应在其他运动控制指令的前面被调用。

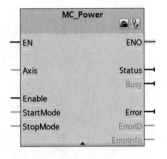

该指令主要引脚的定义如下。

EN：MC_Power 指令的使能端。

Axis：轴的名称。

Enable：轴的使能控制端。

StartMode：轴的启动模式选择。若 Enable=0，则启用位置不受控的定位轴，即速度控制模式；若 Enable=1，则启用位置受控的定位轴，即位置控制模式（默认）。

图 5-4　MC_Power 启动轴指令

StopMode：轴的停止模式选择。若 StopMode=0，则为紧急停止；若 StopMode=1，则为立即停止；若 StopMode=2，则为带有加速度变化率控制的紧急停止。

2）MC_Halt 停止轴指令

图 5-5 所示是 MC_Halt 停止轴指令。当 Execute 引脚检测到上升沿时，停止所有运动并以组态的减速度停止轴。

3）MC_Home 回原点（原点校准）指令

图 5-6 所示是 MC_Home 回原点指令，该指令主要引脚的定义如下。

Position：位置值。当 Mode=1 时，该值为对当前轴位置的修正值；当 Mode=0、2、3 时，该值为轴的绝对位置值。

Mode：回原点模式值。若 Mode=0，则为绝对式直接回原点，轴的位置值为参数"Position"的值；若 Mode=1，则为相对式直接回原点，轴的位置值等于当前轴位置+参数"Position"的值；若 Mode=2，则为被动回原点，轴的位置值为参数"Position"的值；若 Mode=3，则为主动回原点，轴的位置值为参数"Position"的值。

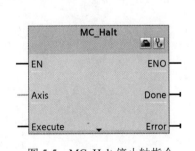

图 5-5　MC_Halt 停止轴指令

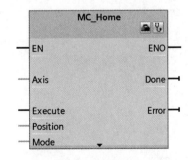

图 5-6　MC_Home 回原点指令

4）MC_MoveAbsolute 绝对运动指令

图 5-7 所示是 MC_MoveAbsolute 绝对运动指令，当 Execute 引脚检测到上升沿时，以参数"Velocity"设定的运行速度运行到参数"Position"设定的绝对位置。

5）MC_MoveRelative 相对运动指令

图 5-8 所示是 MC_MoveRelative 相对运动指令，当 Execute 引脚检测到上升沿时，以参数"Velocity"设定的运行速度运行参数"Distance"设定的相对距离。

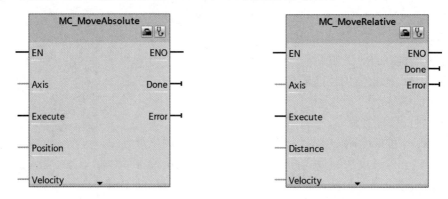

图 5-7 MC_MoveAbsolute 绝对运动指令　　图 5-8 MC_MoveRelative 相对运动指令

6）MC_MoveJog 点动指令

图 5-9 所示是 MC_MoveJog 点动指令，该指令主要引脚的定义如下。

JogForward：正向点动。当 JogForward 为 1 时，轴正向运行；当 JogForward 为 0 时，轴停止。这类似于按钮的功能，按下按钮后，轴开始运行；松开按钮后，轴停止运行。

JogBackward：反向点动。JogBackward 的使用方法与 JogForward 一致，但是轴的运动方向相反。

【注意】

JogForward 不是用上升沿触发，而是用高电平触发。当 JogForward 和 JogBackward 同时为 1 或 0 时，轴停止。

Velocity：点动速度设定。

7）MC_Reset 复位（确认错误）指令

图 5-10 所示是 MC_Reset 复位（确认错误）指令，可以用来确认"伴随轴停止出现的运行错误"和"组态错误"。

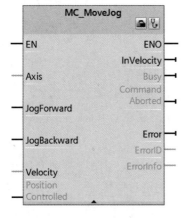
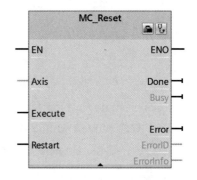

图 5-9 MC_MoveJog 点动指令　　　　图 5-10 MC_Reset 复位（确认错误）指令

【任务实施】

1. 参考实施方案

1）硬件安装和接线

本任务需要准备的主要设备有 1 台 S7-1200（或 S7-1500）PLC、1 台 TP700 精智面板、1 个 DC 24V 电源、1 台步进电机、1 个步进电机驱动器。

请参考图 5-11 所示的 PLC 控制步进电机的实物接线和本书前面的任务完成硬件安装和接线。本任务的步进电机驱动系统采用共阴极接法。其中，归位开关（位置传感器）接入 PLC 的 I0.5，用于 X 轴的原点校准。步进电机驱动器的 "ENA+" "ENA−" 信号用于控制步进电机脱机，这里不需要控制步进电机脱机，悬空就可以了。

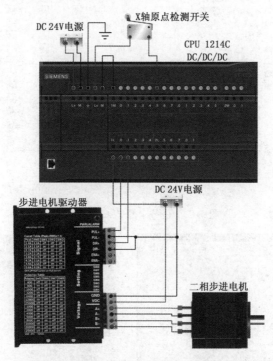

图 5-11　PLC 控制步进电机的实物接线

2）PLC 的组态与程序

（1）PLC 的变量表。图 5-12 所示是本任务的 PLC 变量表。其中，Tag_1～Tag_13 用于存储一些不重要的输出状态，没有对其进行重命名。其余变量的名称与其实际作用相符。

（2）启用 PLC 的脉冲发生器。在 PLC 的设备组态窗口，先选中 "脉冲发生器(PTO/PWM)" → "PTO1/PWM1" 选项，再在右边窗口中勾选 "启用该脉冲发生器" 复选框，如图 5-13 所示。

（3）新增工艺对象。双击项目树中的 "PLC_1" → "工艺对象" → "新增对象" 选项，弹出图 5-14 所示的 "新增对象" 对话框。在 "Motion Control" 下拉选项中选择 "—轴—" 选项，将新增对象命名为 "X 轴"，单击确定按钮后将弹出 "X 轴" 的组态窗口。

变量表_1							
	名称	数据类型	地址 ▲	从 H…	从 H…	在 H…	注释
1	X轴原点检测	Bool	%I0.5	☑	☑	☑	
2	X轴脉冲输出	Bool	%Q0.0	☑	☑	☑	
3	X轴方向输出	Bool	%Q0.1	☑	☑	☑	
4	启动相对运动	Bool	%M10.0	☑	☑	☑	
5	启动绝对运动	Bool	%M10.1	☑	☑	☑	
6	回原点	Bool	%M10.2	☑	☑	☑	
7	点动反转	Bool	%M10.3	☑	☑	☑	
8	点动正转	Bool	%M10.4	☑	☑	☑	
9	电机使能	Bool	%M10.5	☑	☑	☑	
10	电机停止	Bool	%M10.6	☑	☑	☑	
11	点动速度	Real	%MD12	☑	☑	☑	
12	相对运动距离	Real	%MD16	☑	☑	☑	
13	相对运动速度	Real	%MD20	☑	☑	☑	
14	绝对运动位置	Real	%MD24	☑	☑	☑	
15	绝对运动速度	Real	%MD28	☑	☑	☑	
16	Tag_1	Bool	%M100.0	☑	☑	☑	
17	Tag_2	Bool	%M100.1	☑	☑	☑	
18	Tag_3	Bool	%M100.2	☑	☑	☑	
19	Tag_4	Bool	%M100.3	☑	☑	☑	
20	Tag_5	Bool	%M100.4	☑	☑	☑	
21	Tag_6	Bool	%M100.5	☑	☑	☑	
22	Tag_7	Bool	%M100.6	☑	☑	☑	
23	Tag_8	Bool	%M100.7	☑	☑	☑	
24	Tag_9	Bool	%M101.0	☑	☑	☑	
25	Tag_10	Bool	%M101.1	☑	☑	☑	
26	Tag_11	Bool	%M101.2	☑	☑	☑	
27	Tag_12	Bool	%M101.3	☑	☑	☑	
28	Tag_13	Bool	%M101.4	☑	☑	☑	
29	<新增>			☑	☑	☑	

图 5-12　任务一的 PLC 的变量表

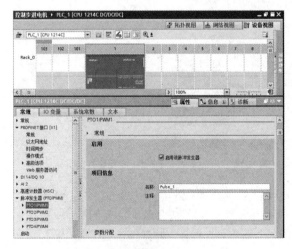

图 5-13　启用脉冲发生器

图 5-14　"新增对象"对话框

图 5-15～图 5-20 所示依次为"X 轴"的常规、驱动器、机械、位置限制、常规动态、主动回原点 6 个参数组态窗口。其中，图 5-17 所示窗口中的电机每转的脉冲数和电机每转的负载位移请根据实际情况填写，使用不同的驱动系统，这 2 个参数值是不一样的；组态主动回原点参数时，根据硬件接线图，归位开关选择"X 轴原点检测"（I0.5），如图 5-20 所示。

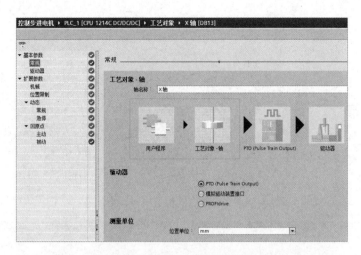

图 5-15 "X 轴"的常规参数组态

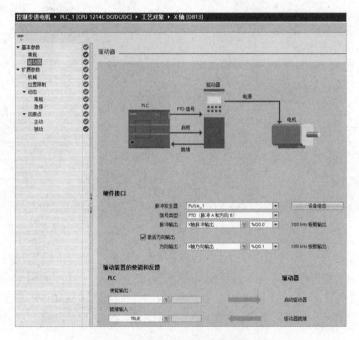

图 5-16 "X 轴"的驱动器参数组态

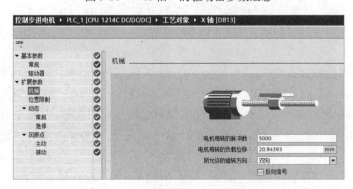

图 5-17 "X 轴"的机械参数组态

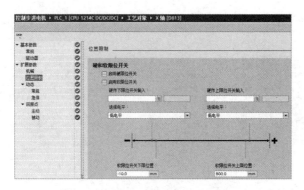

图 5-18　"X 轴"的位置限制参数组态

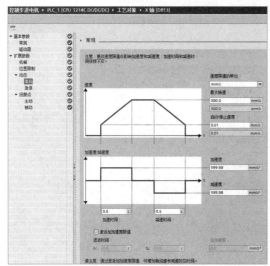

图 5-19　"X 轴"的常规动态参数组态

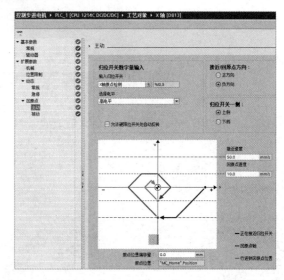

图 5-20　"X 轴"的主动回原点参数组态

（4）编写 PLC 程序。参考图 5-21 所示程序完成子程序"控制步进电机"[FC1]的编写。

程序段 1，轴的使能控制。MC_Power 指令必须在程序中一直被调用，且应在其他运动控制指令的前面被调用。所以，要想启动步进电机，"电机使能"（M10.5）必须一直保持为 1。

程序段 2，轴的停止控制。当"电机停止"（M10.6）出现上升沿时，若步进电机为运动状态，则其立即停止。

程序段 3，轴的回原点控制。Mode=3，当"回原点"（M10.2）出现上升沿时，向轴的负方向运动，直到"X 轴原点检测"传感器（I0.5）检测到信号 1 时才完成回原点操作，轴的绝对位置值变成 0。

程序段 4，轴的绝对运动控制。当"启动绝对运动"（M10.1）出现上升沿时，将以"绝对运动速度"（MD28）设定的速度运行到"绝对运动位置"（MD24）指定的位置。

程序段 5，轴的相对运动控制。当"启动相对运动"（M10.0）出现上升沿时，将以"相对运动速度"（MD20）设定的速度运行"相对运动距离"（MD16）指定的距离（负值表示向负方向）。

程序段 6，轴的点动控制。当"点动正转"（M10.4）为 1 时，轴正向运行；当"点动反转"（M10.3）为 1 时，轴反向运行；若"点动正转"和"点动反转"同时为 1 或 0，则步进电机停止。

程序段 7，轴的复位控制。可以用来确认"伴随轴停止出现的运行错误"和"组态错误"。

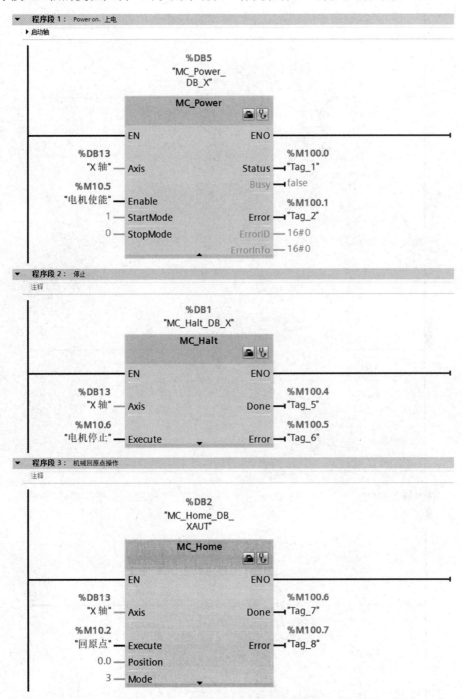

图 5-21 子程序"控制步进电机"[FC1]

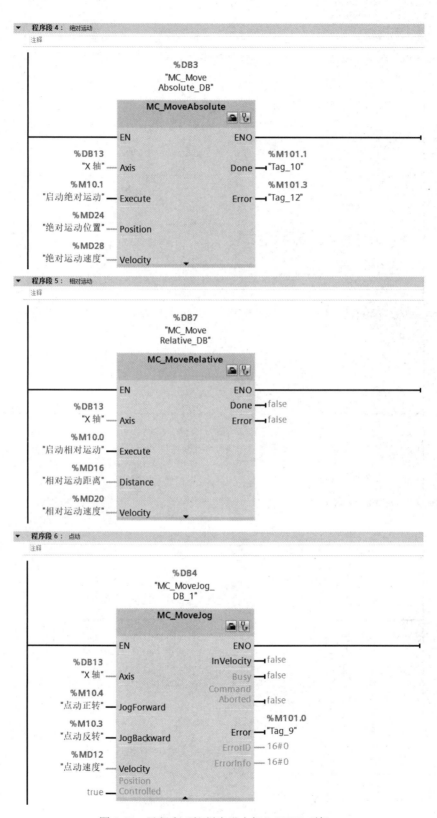

图 5-21 子程序"控制步进电机"[FC1]（续）

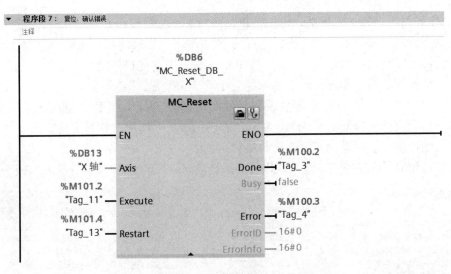

图 5-21　子程序"控制步进电机"[FC1]（续）

编写好子程序"控制步进电机"[FC1]后，还需要在主程序"Main[OB1]"中调用[FC1]，如图 5-22 所示。

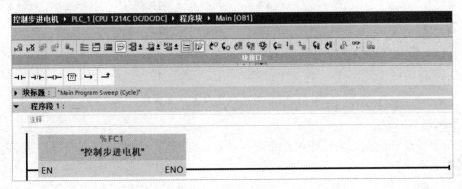

图 5-22　在主程序"Main[OB1]"中调用[FC1]

3）设计 HMI 界面

根据任务要求设计图 5-23 所示的 HMI 界面。

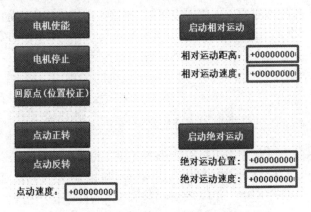

图 5-23　控制步进电机的 HMI 界面

在 HMI 界面上设置电机使能、电机停止、回原点（位置校正）、点动正转、点动反转、启动相对运动、启动绝对运动 7 个按钮，为它们的"按下"事件均添加函数"置位位"，为"释放"事件均添加函数"复位位"，分别关联 PLC 变量表中的电机使能、电机停止、回原点、点动正转、点动反转、启动相对运动、启动绝对运动 7 个变量。

将 PLC 变量表中的"点动速度""相对运动距离""相对运动速度""绝对运动位置""绝对运动速度" 5 个变量依次拖动至 HMI 界面，可以生成点动速度、相对运动距离、相对运动速度、绝对运动位置、绝对运动速度 5 个数值输入框。

所有按钮和输入框都完成变量关联以后，系统自动生成的 HMI 默认变量表如图 5-24 所示。

名称 ▲	数据类型	连接	PLC 名称	PLC 变量	访问模式	采集周期
Tag_ScreenNumber	UInt	<内部变量>		<未定义>		1 s
X轴原点检测	Bool	HMI_连接_1	PLC_1	X轴原点检测	<符号访问>	100 ms
启动相对运动	Bool	HMI_连接_1	PLC_1	启动相对运动	<符号访问>	100 ms
启动绝对运动	Bool	HMI_连接_1	PLC_1	启动绝对运动	<符号访问>	100 ms
回原点	Bool	HMI_连接_1	PLC_1	回原点	<符号访问>	100 ms
点动反转	Bool	HMI_连接_1	PLC_1	点动反转	<符号访问>	100 ms
点动正转	Bool	HMI_连接_1	PLC_1	点动正转	<符号访问>	100 ms
点动速度	Real	HMI_连接_1	PLC_1	点动速度	<符号访问>	100 ms
电机使能	Bool	HMI_连接_1	PLC_1	电机使能	<符号访问>	100 ms
电机停止	Bool	HMI_连接_1	PLC_1	电机停止	<符号访问>	100 ms
相对运动距离	Real	HMI_连接_1	PLC_1	相对运动距离	<符号访问>	100 ms
相对运动速度	Real	HMI_连接_1	PLC_1	相对运动速度	<符号访问>	100 ms
绝对运动位置	Real	HMI_连接_1	PLC_1	绝对运动位置	<符号访问>	100 ms
绝对运动速度	Real	HMI_连接_1	PLC_1	绝对运动速度	<符号访问>	100 ms
<添加>						

图 5-24　任务一的 HMI 默认变量表

4）系统调试

在进行系统联调之前，需检查电路是否存在短路、断路等问题。确认没有问题后给步进电机驱动系统通电。

首先下载 PLC 的硬件和软件，以及触摸屏的 HMI 界面。然后运行 PLC 程序和 HMI 界面，按照如下步骤进行测试。

（1）单击 HMI 界面的"电机使能"按钮，在线监控 PLC 程序，观察[FC1]的程序段 1 的 MC_Power 指令的输出状态 Status 是否为"TRUE"，若是，则表示步进电机使能成功。

（2）单击 HMI 界面的"回原点（位置校正）"按钮，步进电机将主动回到轴的原点，轴的绝对位置值变成 0。轴的原点位置由"X 轴原点检测"传感器（I0.5）的安装位置决定。

（3）先在 HMI 界面上设定好"绝对运动位置"和"绝对运动速度"，再单击"启动绝对运动"按钮，观察步进电机是否以指定的速度运动到设定的位置。

【注意】
必须先完成回原点操作，然后才能启动绝对运动。

（4）先在 HMI 界面上设定好"相对运动距离"和"相对运动速度"，再单击"启动相对运动"按钮，观察步进电机是否以指定的速度运动，运动的距离是否为设定值。

（5）在步进电机运动过程中，单击 HMI 界面的"电机停止"按钮，观察步进电机是否停止。

（6）按下 HMI 界面的"点动正转"按钮，观察步进电机是否正向运行，松开按钮之后是否停止。

（7）按下 HMI 界面的"点动反转"按钮，观察步进电机是否反向运行，松开按钮之后是否停止。

2．任务实施过程

本任务的详细实施报告如表 5-2 所示。

表 5-2　任务一的详细实施报告

任 务 名 称		控制步进电机		
姓　　名		同组人员		
时　　间		实施地点		
班　　级		指导教师		
任务内容：查阅相关资料、讨论并实施。 （1）步进电机的工作原理； （2）步进电机驱动系统的接线方法； （3）S7-1200/1500 PLC 的运动控制指令的使用方法； （4）具体实现对步进电机的点动控制、相对运动控制和绝对运动控制的方法				
查阅的相关资料				
完成报告	（1）简述步进电机的工作原理			
	（2）在 S7-1200 PLC 与步进电机驱动系统的硬件安装和接线过程中，需要注意哪些问题			
	（3）在进行 PLC 的硬件组态和编程时，你遇到了哪些问题			
	（4）在系统调试点动控制、相对运动控制和绝对运动控制的过程中，你遇到了哪些问题			

3．任务评价

本任务的评价表如表 5-3 所示。

表 5-3　任务一的评价表

任 务 名 称		控制步进电机			
小 组 成 员			评 价 人		
评 价 项 目	评 价 内 容	配　分	得　分	备　注	
团队合作	实施任务的过程中有讨论	5			
	有工作计划	5			
	有明确的分工	5			
	小组成员工作积极	5			
7S 管理	安装完成后，工位无垃圾	5			
	安装完成后，工具和配件摆放整齐	5			

续表

评价项目	评价内容	配　分	得　分	备　注
7S 管理	在安装过程中，无损坏元器件及造成人身伤害的行为	5		
	在通电调试过程中，电路无短路现象	5		
安装电气系统	电气元件安装牢固	5		
	电气元件分布合理	5		
	布线规范、美观	5		
	接线端牢固，露铜不超过 1mm	5		
控制功能	单击"电机使能"按钮，步进电机是否使能成功	5		
	单击"回原点（位置校正）"按钮，步进电机是否能回到轴的原点	5		
	启动绝对运动，步进电机是否以指定的速度运动到设定的位置	10		
	启动相对运动，步进电机是否以指定的速度运动，运动的距离是否为设定值	5		
	在电机运动过程中，单击"电机停止"按钮，步进电机是否停止	5		
	按下"点动正转"按钮，步进电机是否正向运行，松开按钮之后是否停止	5		
	按下"点动反转"按钮，步进电机是否反向运行，松开按钮之后是否停止	5		
总分				

■【思考与练习】

1．简述步进电机的工作原理和控制方法。

2．若需要用步进电机驱动 2 个轴，并在轴的两端安装限位开关，请画出 S7-1200 PLC 与步进电机驱动系统的接线图。

3．请编写一个程序，使其能控制 2 个步进电机，实现点动控制和位置控制。

任务二　通过 G120 变频器控制电动机

■【任务描述】

PLC 通过 PROFINET 总线控制 G120 变频器，驱动电动机正、反转和调速。在 HMI 界面上设置启动、停止、正反转切换、复位 4 个按钮，并设置一个速度设定输入框（用来调整电动机的速度）和一个状态字输入框，扫描右侧二维码可查看详细操作。

扫一扫

微课：通过 G120 变频器控制电动机

■【任务目标】

知识目标：

➤ 了解 G120 变频器的接线；

➤ 掌握通过智能面板手动调试 G120 变频器的方法；

➤ 掌握 PLC 通过 PROFINET 总线控制 G120 变频器的方法。

能力目标：

➤ 能通过智能面板手动调试 G120 变频器；

➤ 能通过 PROFINET 总线控制 G120 变频器。

素质目标：

➤ 树立国家标准意识；

➤ 培养良好的职业道德和敬业精神。

■【相关知识】

西门子 G120 变频器具有矢量控制技术、低速高转矩输出、良好的动态特性、很强的过载能力、内部互联功能等优势，在电动机控制领域有较大的应用空间。

1）G120 变频器的结构和类型

每个 G120 变频器都是由一个控制单元（Control Unit，CU）和一个功率模块（Power Module，PM）组成的。控制单元可以控制并监测功率模块和与它相连的电动机。功率模块适用于功率在 0.37 kW 和 250 kW 之间的电动机。

表 5-4 所示是控制单元 CU250S-2 的部分型号的信息，各个型号的区别在于支持的现场总线类型不同。在控制单元的铭牌上可以查阅其名称、订货号、FW 版本等信息。

表 5-4　控制单元 CU250S-2 的部分型号的信息

名　　称	订　货　号	支持的现场总线
CU250S-2	6SL3246-0BA22-1BA0	USS，Modbus RTU
CU250S-2 DP	6SL3246-0BA22-1PA0	PROFIBUS
CU250S-2 PN	6SL3246-0BA22-1FA0	PROFINET，EtherNet/IP
CU250S-2 CAN	6SL3246-0BA22-1CA0	CANopen

PM340 1AC、PM240、PM240-2 IP20、PM250、PM260 等功率模块可以和控制单元 CU250S-2 一起运行。在功率模块的铭牌上可以查阅其名称、技术数据、订货号、FS 版本等信息。

图 5-25 是西门子 G120 变频器的结构和功率模块的接线示意图。该变频器包含智能面板、控制单元、功率模块。三相交流电源 L1、L2、L3 从功率模块接入，三相电动机的驱动线 U、V、W 从功率模块接出。

2）G120 变频器的快速调试

（1）恢复出厂设置。在调试和使用 G120 变频器的过程中，很多时候都需要恢复其出厂设置。例如，在使用过程中 G120 变频器若出现死机或者参数混乱，则恢复出厂设置会起到意想不到的作用。

在恢复出厂设置前先按如下步骤将 G120 变频器的设置备份到操作面板上。

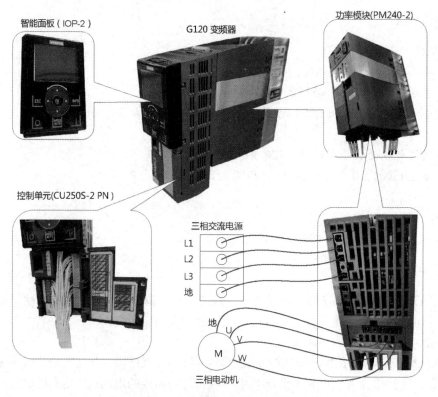

图 5-25　西门子 G120 变频器的结构和功率模块的接线示意图

①进入"EXTRAS"菜单；

②在菜单中选择"TO BOP"选项；

③按下"OK"按钮，确认启动数据传输；

④等待，直到显示"DONE"，表示 G120 变频器的设置已经备份到智能面板了。

使用 G120 变频器的智能面板，可以通过以下两步将 G120 变频器恢复至出厂设置。

①在"EXTRAS"菜单中选择"DRVRESET"选项；

②按下"OK"按钮，确认恢复出厂设置。

此外，还可以使用 STARTER 软件或 StartDrive（TIA）恢复 G120 变频器的出厂设置。

（2）快速调试。在使用 G120 变频器前需进行系列调试或快速调试，只有当 G120 变频器与电动机匹配得很好的时候，才能发挥 G120 变频器和电动机的最佳性能。

通过智能面板对 G120 变频器进行调试有 5 种的不同方法：快速调试、电动机参数识别、计算电动机控制参数、应用调试、系列调试。快速调试是最常用的调试方法，它能够完成 G120 变频器与电动机的匹配和重要技术参数的设置。

恢复出厂设置后，通过向导能很方便地进行快速调试。快速调试需要提前准备的参数有进线电源频率、铭牌数据、命令设定值来源、最小频率、最大频率、上升斜坡时间、下降斜坡时间、闭环控制方式、电动机参数识别等。

【任务实施】

1. 参考实施方案

1）硬件安装和接线

本任务需要准备的主要设备有 1 台 S7-1200（或 S7-1500）PLC、1 台 G120 变频器（控制单元为 CU250S-2 PN，功率模块为 PM240-2）、1 台 TP700 精智面板、1 台 DC 24V 电源、1 台支持变频调速的 380V/60W 三相电动机。

PLC 通过 PROFINET 总线控制 G120 变频器，它们之间通过 RJ45 标准网线进行连接。本任务没有用到 PLC 的数字输入口和数字输出口，也没有用到控制单元 CU250S-2 PN 的数字输入/输出信号。请参考图 5-25 所示的功率模块的接线、图 5-26 所示的 G120 变频器的接线和本书前面的任务完成硬件安装和接线。

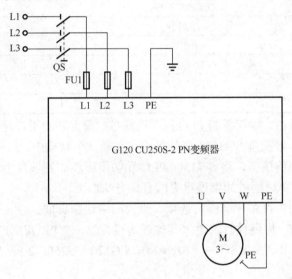

图 5-26　G120 变频器的接线

2）PLC 的组态和程序

（1）PLC 的变量表。图 5-27 所示是本任务的 PLC 变量表。通过 G120 变频器控制电动机的控制字为 QW128，控制电动机速度的寄存器为 QW130。

		名称	数据类型	地址	可从 …	从 H…	在 H…	监控
变量表_1								
1		控制字	Word	%QW128	☑	☑	☑	
2		速度	Word	%QW130	☑	☑	☑	
3		正反转控制	Bool	%Q128.3	☑	☑	☑	
4		启停控制	Bool	%Q129.0	☑	☑	☑	
5		HMI复位按钮	Bool	%M10.0	☑	☑	☑	
6		<添加>			☑	☑	☑	

图 5-27　任务二的 PLC 的变量表

表 5-5 所示是控制字 QW128 的每一位的定义。可以看出，控制电动机启停的位是第 0 位，对应 Q129.0；控制电动机正反转的位是第 11 位，对应 Q128.3。

表 5-5　控制字 QW128 每一位的定义

控 制 字 位	含　　义	参 数 设 置
0	ON/OFF1	P840=r2090.0
1	OFF2 停车	P844=r2090.1
2	OFF3 停车	P848=r2090.2
3	脉冲使能	P852=r2090.3
4	使能斜坡函数发生器	P1140=r2090.4
5	继续斜坡函数发生器	P1141=r2090.5
6	使能转速设定值	P1142=r2090.6
7	故障应答	P2103=r2090.7
8，9	预留	
10	通过 PLC 控制	P854=r2090.10
11	方向控制	P1113=r2090.11
12	未使用	
13	电动电位计升速	P1035=r2090.13
14	电动电位计降速	P1036=r2090.14
15	CDS 位 0	P0810=r2090.15

（2）PLC 的硬件组态。本任务的 PLC 程序很简单，最主要的工作是在 TIA Portal 软件中进行硬件组态，把 PLC、触摸屏和 G120 变频器连接在同一个网络中。

第一步，参照前面的任务，将 S7-1500 PLC 和触摸屏添加到项目中。

第二步，将 G120 变频器添加到项目中，具体方法如下。

①单击项目树中的"设备和网络"选项，进入网络视图页面；

②如图 5-28 所示，将硬件目录中"其他现场设备"→"PROFINET IO"→"Drives"→"SIEMENS AG"→"SINAMICS"→"SINAMICS G120 CU250S-2 PN Vector V4.6"模块拖动到网络视图空白处；

③在西门子 G120 模块上，单击蓝色提示"未分配"以插入站点，选择主站"PLC_1.PROFINET 接口_1"，完成与 PLC 的连接，完成之后如图 5-29 所示；

④如图 5-30 所示，为 G120 变频器添加子模块"标准报文 1，PZD-2/2"。

（3）配置 SINAMICS G120。完成 PLC 的硬件配置下载后，S7-1500 PLC 与 G120 变频器暂时还无法进行通信，必须为 G120 变频器分配设备名称和 IP 地址，使 G120 变频器实际的设备名称与硬件组态中为 G120 变频器分配的设备名称一致。

第一步，分配 G120 变频器的设备名称。

①如图 5-31 所示，在"SINAMICS G120 SV-PN"的快捷菜单中选择"在线和诊断"选项，弹出图 5-32 所示的搜索界面；

②单击"开始搜索"按钮开始搜索，搜索完成后，单击图 5-32 所示界面中的"应用"按钮，才能为 G120 变频器分配设备名称和 IP 地址；

③如图 5-33 所示，单击"更新列表"按钮，更新网络中的可访问节点，为列表中的 G120 变频器的 PROFINET 设置一个设备名称，单击"分配名称"按钮，从消息栏中可以看到分配成功的提示。

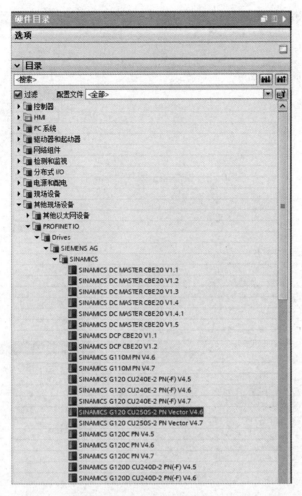

图 5-28　在项目中添加 G120 变频器 CU250S-2 PN

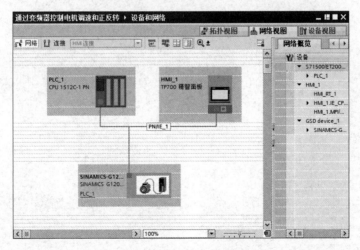

图 5-29　将 PLC、触摸屏和 G120 变频器连接在同一个网络中

注：本任务软件图中的电机应为电动机。

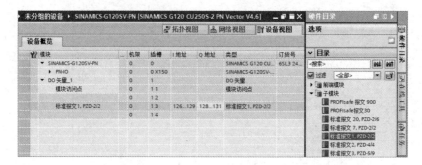

图 5-30　为 G120 变频器添加子模块"标准报文 1，PZD-2/2"

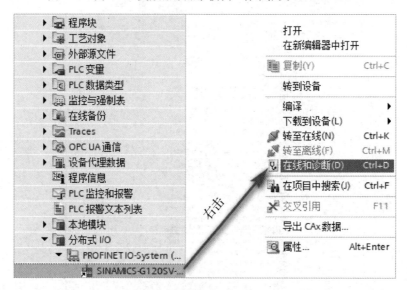

图 5-31　在线和诊断

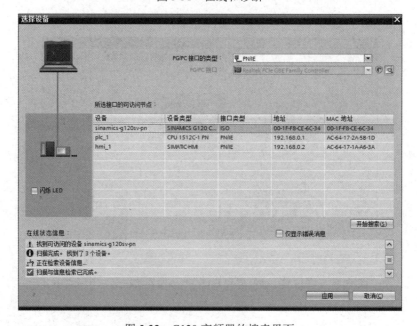

图 5-32　G120 变频器的搜索界面

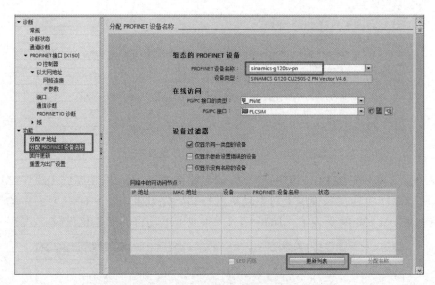

图 5-33　为 G120 变频器分配名称和 IP 地址

第二步，分配 G120 变频器的 IP 地址。

①在图 5-33 所示界面中，单击"分配 IP 地址"选项；

②设置好 G120 变频器的 IP 地址和子网掩码，单击"分配 IP 地址"按钮，可以从消息栏中看到"当前连接的 PROFINET 配置已经改变，需重新启动驱动，新配置才生效"的提示。

第三步，设置 G120 变频器的报文类型。

①在线访问 G120 变频器，选择通信；

②如图 5-34 所示，接收方向和发送方向均选择"[1]标准报文 1，PZD-2/2"。

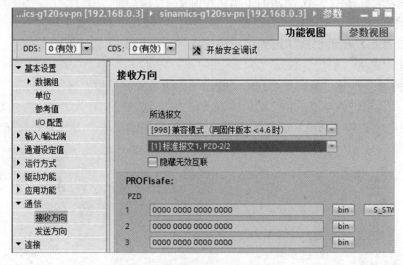

图 5-34　为 G120 变频器选择"[1]标准报文 1，PZD-2/2"

完成以上配置后，G120 变频器的在线监控状态如图 5-35 所示。若界面中可以看到图 5-35 所示的 3 个对勾，则表示 PLC 与 G120 变频器连接成功了；若出现感叹号提示，则表示连接不成功。

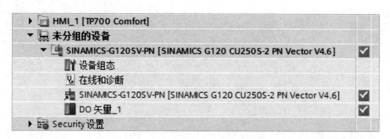

图 5-35　G120 变频器的在线监控状态

（4）PLC 程序。本任务的 PLC 程序很简单，请参照图 5-36 所示程序完成主程序"Main[OB1]"的编写。这段程序能实现在触摸屏上对电动机进行初始化设置。按下 HMI 界面中的"复位"按钮以后，控制字 QW128 就变成了"16#047E"，实现了电动机的初始化设置。

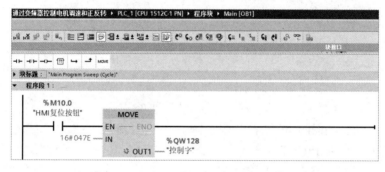

图 5-36　任务二的主程序"Main[OB1]"

3）设计 HMI 界面

根据任务要求设计图 5-37 所示的电动机控制的 HMI 界面。在 HMI 界面上设置启动、停止、正反转切换、复位 4 个按钮，并设置一个速度设定输入框和状态字输入框（用于监控状态字）。因为第一次启动电动机前需要先进行复位操作，所以设置了一个复位按钮。

图 5-38 所示是为"启动"按钮"单击"事件的"置位位"函数关联变量"启停控制"。按此方法，为"停止"按钮"单击"事件的"复位位"函数关联变量"启停控制"；为"正反转切换"按钮"单击"事件的"取反位"函数关联变量"正反转控制"；为"复位"按钮"按下"事件的"置位位"函数和"释放"事件的"复位位"函数关联变量"HMI 复位按钮"。

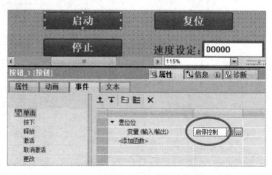

图 5-37　电动机控制的 HMI 界面

图 5-38　为"启动"按钮"单击"事件的"置位位"

函数关联变量"启停控制"

将 PLC 变量表中的"速度""控制字"2 个变量拖动到 HMI 界面，可以生成速度设定输入框和状态字输入框。如图 5-39 所示，为速度设定输入框关联变量"速度"，同样，为状态字输入框关联变量"控制字"。

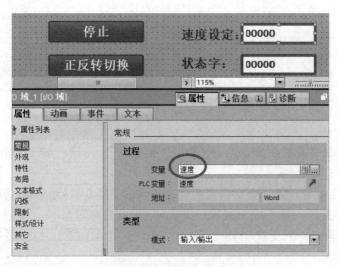

图 5-39　为速度设定输入框关联变量"速度"

所有按钮和输入框都完成变量关联以后，系统自动生成的 HMI 默认变量表如图 5-40 所示。

默认变量表								
	名称 ▲	数据类型	连接	PLC 名称	PLC 变量	地址	访问模式	采集周期
	HMI复位按钮	Bool	HMI_连接_1	PLC_1	HMI复位按钮		<符号访问>	100 ms
	启停控制	Bool	HMI_连接_1	PLC_1	启停控制		<符号访问>	100 ms
	控制字	Word	HMI_连接_1	PLC_1	控制字		<符号访问>	100 ms
	正反转控制	Bool	HMI_连接_1	PLC_1	正反转控制		<符号访问>	100 ms
	速度	Word	HMI_连接_1	PLC_1	速度		<符号访问>	100 ms
	<添加>							

图 5-40　任务二的 HMI 默认变量表

4）变频器设置

完成硬件安装和接线、PLC 的硬件组态、G120 变频器在线配置、PLC 的程序下载、HMI 界面下载等步骤以后，还需要参考本任务"相关知识"中的内容对 G120 变频器进行手动设置，才能最终控制电动机。具体的步骤如下。

①熟悉 CU250S-2 PN 的智能面板的各个菜单。

②对 G120 变频器进行恢复出厂设置，并完成快速调试。

③通过智能面板录入电动机参数。本任务中，G120 变频器运行前必须设置的参数如表 5-6 所示。如果还需要设置 G120 变频器的最小频率和最大频率，则可分别修改参数 P1080 和 P1082。

表 5-6　G120 变频器运行前必须设置的参数

参 数 地 址	内　　容	参 数 值
P0304	电动机额定电压	380V
P0305	电动机额定电流	0.3A

续表

参 数 地 址	内　　容	参 数 值
P0307	电动机额定功率	0.06kW
P0308	功率因数	0.85
P0310	电动机额定频率	50Hz
P0311	电动机额定转速	1400r/min

④完成快速调试后，在手动模式下测试是否可以控制电动机调速和换向。

⑤将手动模式切换为自动模式，并确认所有的警告，若看到 G120 变频器上的指示灯由红色变成了绿色，则表示可以通过 PLC 控制变频器了。

5）系统调试

先下载 PLC 的硬件和软件，以及触摸屏的 HMI 界面；再运行 PLC 程序和 HMI 界面，按照如下步骤进行测试。

（1）将 G120 变频器设置为自动模式，并在 G120 变频器的智能面板中确认所有的警告，若 G120 变频器上的指示灯由红色变成绿色，表明 G120 变频器与 PLC 连接成功。

（2）在线监控 PLC，把变量"QW128"的值修改为 16#047E，使电动机复位。

（3）在触摸屏上进行如下操作。

①单击"复位"按钮，电动机复位。

②在速度设定输入框中录入 4096，单击"启动"按钮，电动机开始转动，达到约 350r/min 的转速以后将保持这个速度转动。其中，4096 对应的 16 进制数为 1000，对应的设定转速为 350r/min。

③单击"停止"按钮，电动机停止。

④先单击"正反转切换"按钮一次，再单击"启动"按钮，电动机改变转动方向。切记，勿在电动机高速转动时直接换向。

⑤在速度设定输入框中录入其他值（满量程为 16 进制数 4000），电动机转速改变。

2．任务实施过程

本任务的详细实施报告如表 5-7 所示。

表 5-7　任务二的详细实施报告

任 务 名 称	通过 G120 变频器控制电动机		
姓　　名		同 组 人 员	
时　　间		实 施 地 点	
班　　级		指 导 教 师	
任务内容：查阅相关资料、讨论并实施。 （1）G120 变频器的硬件安装和接线； （2）通过智能面板手动调试 G120 变频器； （3）PLC 通过 PROFINET 总线控制 G120 变频器的方法			
查阅的相关资料			

续表

任 务 名 称	通过 G120 变频器控制电动机
完成报告	（1）在本任务的硬件安装和接线过程中，需要注意哪些问题
	（2）请通过智能面板手动调试 G120 变频器，实现电动机的正、反转和调速
	（3）在进行 PLC 的硬件组态和 G120 变频器的配置时，你遇到了哪些问题
	（4）请画出你所设计的通过 G120 变频器控制电动机的 HMI 界面
	（5）在系统调试过程中，你遇到了哪些问题？

3．任务评价

本任务的评价表如表 5-8 所示。

表 5-8　任务二的评价表

任 务 名 称	通过 G120 变频器控制电动机				
小 组 成 员		评 价 人			
评 价 项 目	评 价 内 容	配　分	得　分	备　注	
团队合作	实施任务的过程中有讨论	5			
	有工作计划	5			
	有明确的分工	5			
	小组成员工作积极	5			
7S 管理	安装完成后，工位无垃圾	5			
	安装完成后，工具和配件摆放整齐	5			
	在安装过程中，无损坏元器件及造成人身伤害的行为	5			
	在通电调试过程中，电路无短路现象	5			
安装电气系统	电气元件安装牢固	5			
	电气元件分布合理	5			
	布线规范、美观	5			
	接线端牢固，露铜不超过 1mm	5			
控制功能	将 G120 变频器与 PLC 连接时，它的指示灯是否全部变成了绿色	5			
	单击"复位"按钮，电动机能否复位，状态字输入框中的数值是否为 1150（16 进制数为 047E）	5			
	在速度设定输入框中录入速度值并单击"启动"按钮，电动机能否转动	10			
	单击"停止"按钮，电动机能否停止	5			
	先单击"正反转切换"按钮一次，再单击"启动"按钮，电动机能否改变转动方向	10			
	能否在速度设定输入框中录入不同的速度值以改变电动机速度	5			
总分					

【思考与练习】

1．在本任务程序的基础上，增加一个进度条，实现对电动机的无级调速。

2．在本任务的程序中，HMI 界面的速度设定输入中所输入的速度值与实际设定转速的比例系数为 4096/350，请在主程序中添加一行指令，对速度值进行转换，使输入的速度值等于实际设定的转速。

3．设计一个定时搅拌系统。在触摸屏上设置 1 个启动按钮和 1 个停止按钮，分别控制搅拌系统的启动和停止。另外，在触摸屏上设置 3 个数值输入框，分别用于输入定时周期、转动时间、电动机速度 3 个参数。

任务三　用高速计数器测量电动机的转速

■【任务描述】

用 PLC 的高速计数器来测量电动机的实时转速，在触摸屏上用数字和进度条同时显示转速值。另外，在 HMI 界面上设置 1 个"启动测量"按钮、1 个"停止测量"按钮、1 个脉冲个数输入框、1 个脉冲频率输入框等。扫描右侧二维码可查看详细操作。

扫一扫

微课：用高速计数器
测量电动机的转速

■【任务目标】

知识目标：
➢ 了解光电式旋转编码器的原理和应用；
➢ 理解 S7-1200/1500 PLC 的高速计数功能；
➢ 掌握用 PLC 的高速计数器来测量电动机转速的方法。

能力目标：
➢ 会使用 S7-1200/1500 PLC 的高速计数器进行频率测量；
➢ 能用 S7-1200/1500 PLC 的高速计数器来测量电动机的转速。

素质目标：
➢ 培养求真务实、开拓进取的精神。

■【相关知识】

1．光电式旋转编码器

光电式旋转编码器通过光电转换，把输出轴的角位移、角速度等机械量转换成相应的电脉冲，以数字量的形式输出。

1）光电式旋转编码器的结构

图 5-41 所示是光电式旋转编码器的一般结构。当旋转轴带动光栅板旋转时，发光元器件发出的光被光栅板狭缝切割成断续光线，并被接收元器件接收，产生初始信号。该信号经后继电路处理后，输出脉冲或代码信号。

2）脉冲和脉冲当量

在计算工件在传送带上的位置时，需确定每两个脉冲之间的距离，即脉冲当量。若某主动轴的直径 $d=43\text{mm}$，则减速电动机每旋转一周，传送带上工件的移动距离 $L=\pi d \approx 3.14 \times 43 = 135.02$

（mm）。若分辨率为 500 线，即旋转一周产生 500 个脉冲，则脉冲当量 $\mu=L/500\approx0.27$（mm）。

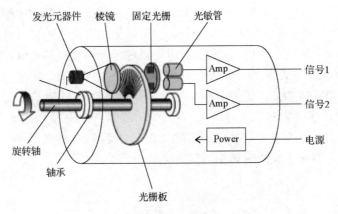

图 5-41　光电式旋转编码器的一般结构

上述脉冲当量的计算只是理论上的推算。实际上各种误差因素无法避免，如传送带主动轴直径的测量误差，传送带的安装偏差、张紧度，系统在工作台面上的定位偏差等，都将影响理论计算值。脉冲当量的误差所引起的累积误差会随着工件在传送带上移动距离的增大而迅速增大，甚至达到不可容忍的地步，需现场测试脉冲当量值。

2．S7-1200/1500 PLC 的高速计数功能

每个 S7-1200/1500 PLC 都提供了多个高速计数器，其独立于 CPU 的扫描周期进行计数。可测量的单相脉冲的频率最高为 100kHz，双相脉冲或 A/B 相脉冲的频率最高为 30kHz。

高速计数器具有 5 种工作模式：计数器（外部方向控制）、单相计数器（内部方向控制）、双相增/减计数器（双脉冲输入）、A/B 相正交脉冲输入、监控 PTO 输出。

所有的高速计数器无须设置启动条件，在硬件向导中设置完成后下载到 CPU 即可启动高速计数器，在 A/B 相正交模式下可选择 1X（1 倍）和 4X（4 倍）模式，高速计数功能支持的输入电压为 DC 24V，目前不支持 DC 5V 的脉冲输入。

除高速计数功能外，S7-1200/1500 PLC 还可以进行高速频率测量，高速计数器可用于连接增量型旋转编码器，用户通过对硬件组态和调用相关指令块来使用此功能。频率测量有 3 种不同的测量周期：1.0s、0.1s、0.01s。频率测量周期就是计算并返回新的频率值的时间间隔。返回的频率值为上一个测量周期中测得频率的平均值，无论测量周期如何选择，测量出的频率值都是以 Hz（每秒脉冲数）为单位。

■【任务实施】

1．参考实施方案

1）硬件安装和接线

本任务在上一个任务的基础上，增加了一个旋转编码器 E6C2-CWZ5B。本任务需要准备的主要设备有 1 台 S7-1200（或 S7-1500）PLC、1 台 G120 变频器（控制单元为 CU250S-2 PN，功率模块为 PM240-2）、1 台 TP700 精智面板、1 个 DC 24V 电源、1 台支持变频调速的 380V/60W 三相电动机、1 个旋转编码器 E6C2-CWZ5B。

上一个任务已经实现了通过 G120 变频器控制电动机，本任务可以直接在上一个任务的基础上进行。请参照上一个任务完成 G120 变频器和电动机的硬件安装和接线。

除可以通过 G120 变频器控制电动机之外，也可以手动转动电动机，以进行本任务的 PLC 程序测试。这样可以不需要对 G120 变频器和电动机进行硬件安装和接线。

旋转编码器 E6C2-CWZ5B 用于测量电动机旋转时产生的脉冲，间接测量电动机转速。若选用 CPU 1512C-1 PN 的 PLC，请参照图 5-42 完成旋转编码器与 PLC 的接线。旋转编码器的黑色线为 A 相输出，连接到 PLC 的 I10.0；旋转编码器的白色线为 B 相输出，连接到 PLC 的 I10.1；旋转编码器的橙色线为 Z 相输出，连接到 PLC 的 I10.2。虽然在硬件上连接了旋转编码器的 Z 相，但本任务暂时不使用旋转编码器的 Z 相信号。

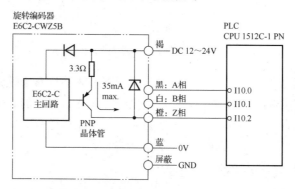

图 5-42　旋转编码器与 PLC 的接线

2）PLC 的 I/O 和变量分配

PLC 的默认变量表如图 5-43 所示，其定义了 4 个变量：开关、脉冲个数、脉冲频率、每分钟圈数。

【注意】

PLC 的默认变量表中没有体现出脉冲输入（A 相）和方向输入（B 相），这 2 个信号在进行硬件组态时由系统自动指定，不需要在 PLC 的变量表中进行定义。脉冲输入（A 相）和方向输入（B 相）占用了 I10.0 和 I10.1，当把这两个端口组态为高速脉冲输入后，就不能用作普通的输入端口了。

		名称	数据类型	地址 ▲	可从...	从 H...	在 H...	监控
1		开关	Bool	%M10.0	☑	☑	☑	
2		脉冲个数	DInt	%MD100	☑	☑	☑	
3		脉冲频率	Real	%MD104	☑	☑	☑	
4		每分钟圈数	Real	%MD108	☑	☑	☑	
5		<添加>			☑	☑	☑	

默认变量表

图 5-43　任务三的 PLC 默认变量表

3）PLC 的硬件组态

（1）激活高速计数器 HSC 1。如图 5-44 所示，打开 PLC 的"属性"窗口，在"常规"选项卡中单击"高速计数器（HSC）"→"HSC 1"选项，在右侧界面中勾选"激活此高速计数器"复选框，激活高速计数器 HSC 1。

（2）选择 HSC 1 的工作模式。如图 5-45 所示，打开 PLC 的"属性"窗口，在"常规"选项卡中选择"高速计数器（HSC）"→"HSC 1"→"通道 0"→"工作模式"选项，在右侧界面选择"使用工艺对象'计数和测量'操作"单选按钮。

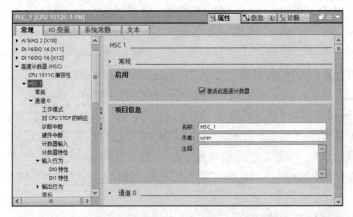

图 5-44　激活高速计数器 HSC 1

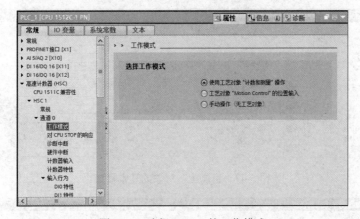

图 5-45　选择 HSC 1 的工作模式

（3）设置 HSC 1 的硬件输入/输出。打开 PLC 的"属性"窗口，单击"常规"选项卡中的"高速计数器（HSC）"→"HSC 1"→"硬件输入/输出"选项，在右侧界面中按图 5-46 所示内容进行设置。

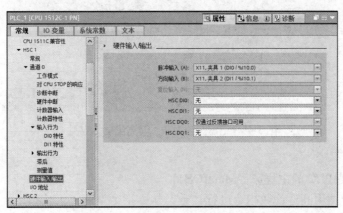

图 5-46　设置 HSC 1 的硬件输入/输出

（4）设置 HSC1 的 I/O 地址。打开 PLC 的"属性"窗口，单击"常规"选项卡中的"高速计数器（HSC）"→"HSC 1"→"I/O 地址"选项，按默认配置对其进行设置。

（5）组态工艺对象。高速计数器 HSC1 的硬件配置完成后，就可以组态计数器的工艺对象了。

①在左侧的项目树中，单击"工艺对象"→"新增对象"选项，在添加新对象时选择"计数和测量"单选按钮，并将对象名称设置为"High_Speed_Counter_1"；

②添加新对象后，在左侧的项目树中就能看到新建的计数器工艺对象了，双击"工艺对象"选项，在展开的项目树中单击"组态"选项即可在中间的工作区域看到工艺对象的参数配置界面；

③在工艺对象参数配置界面，单击左侧的"基本参数"选项，将模块设置为"PLC_1.HSC_1"，将通道设置为"通道 0"，完成工艺对象与硬件的关联，如图 5-47 所示；

④单击左侧的"扩展参数"→"计数器输入"选项，将信号类型设置为脉冲（A）和方向（B），如图 5-48 所示；

⑤其他的参数选择默认参数即可。

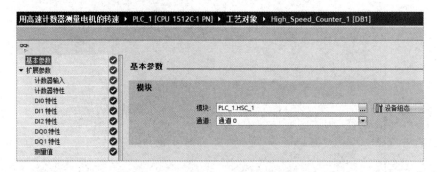

图 5-47　组态工艺对象的基本参数

图 5-48　组态工艺对象的计数器输入参数

4）编写 PLC 程序

图 5-49 所示是 PLC 的主程序"Main[OB1]"。

程序段 1 用于调用高速计数指令进行计数。从"指令"→"工艺指令"→"计数和测量"中拖入 High_Speed_Counter 指令，在数据块的下拉列表中选择已经建好的工艺对象

"High_Speed_Counter_1"。单击 High_Speed_Counter 指令右上角的图标■，可以对工艺对象 "High_Speed_Counter_1" 进行组态的修改。

程序段 2 用于计算电动机的转速。High_Speed_Counter 指令测量的是脉冲的频率，这里需要把脉冲的频率转换成电动机的转速（每分钟转多少圈）。因电动机转动 1 圈一共产生 360 个脉冲，所以有下面的公式

$$电动机的转速 = \frac{脉冲频率（个/秒）}{360（个/圈）} \times 60（秒/分）= \frac{脉冲频率}{6}（圈/分）$$

这个公式可以通过 CALCULATE 指令实现。

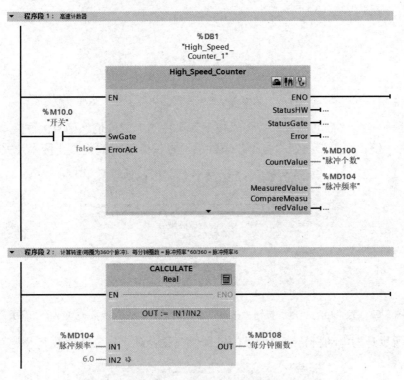

图 5-49　PLC 的主程序 "Main[OB1]"

5）设计 HMI 界面

根据任务要求设计图 5-50 所示的 HMI 界面。

图 5-50　任务三的 HMI 界面

将 PLC 的默认变量表中的 "脉冲个数""脉冲频率""每分钟圈数" 3 个变量依次拖动至

HMI 界面，可以生成脉冲个数输入框、脉冲频率输入框、每分钟圈数输入框。如图 5-51 所示，为脉冲个数输入框的过程变量关联变量"脉冲个数"。同样，为脉冲频率输入框和每分钟圈数输入框分别关联变量"脉冲频率"和"每分钟圈数"。

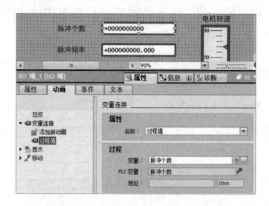

图 5-51　为脉冲个数输入框的过程变量关联变量"脉冲个数"

图 5-52 所示是为"启动测量"按钮"按下"事件的"置位位"函数关联变量"开关"，用同样的方法为"停止测量"按钮"按下"事件的"复位位"函数关联变量"开关"。

图 5-52　为"启动测量"按钮"按下"事件的"置位位"函数关联变量"开关"

图 5-53 所示是为电动机转速进度条的过程值关联变量"每分钟圈数"。

图 5-53　为电动机转速进度条的过程值关联变量"每分钟圈数"

6）系统调试

先下载 PLC 的硬件和软件，以及触摸屏的 HMI 界面再运行 PLC 程序和 HMI 界面，按照如下步骤进行测试。

（1）单击 HMI 界面中的"启动测量"按钮，手动转动电动机，使电动机缓慢转动，观察脉冲个数是否有变化。

（2）手动反向转动电动机，观察脉冲个数（计数）是否会往相反的方向变化。

（3）手动操作 G120 变频器，使电动机转动，并改变转动速度，观察 HMI 界面中的显示结果是否正确。

（4）手动操作 G120 变频器，使电动机反向转动，观察 HMI 界面中的显示结果是否正确。

（5）单击 HMI 界面中的"停止测量"按钮，观察是否能停止测量。

2．任务实施过程

本任务的详细实施报告如表 5-9 所示。

表 5-9　任务三的详细实施报告

任 务 名 称	用高速计数器测量电动机的速度		
姓　　名		同 组 人 员	
时　　间		实 施 地 点	
班　　级		指 导 教 师	
任务内容：查阅相关资料、讨论并实施。 （1）光电式旋转编码器的原理和应用； （2）S7-1200/1500 PLC 的高速计数功能； （3）用 PLC 的高速计数器来测量电动机转速的方法			
查阅的相关资料			
完成报告	（1）在完成旋转编码器的硬件安装和接线的过程中，需要注意哪些问题		
	（2）请写出 S7-1200/1500 PLC 的高速计数功能的使用步骤		
	（3）请写出用 PLC 的高速计数器来测量电动机转速的主要步骤，测量过程中你遇到了哪些问题		

3．任务评价

本任务的评价表如表 5-10 所示。

表 5-10　任务三的评价表

任 务 名 称	用高速计数器测量电动机的速度			
小 组 成 员		评 价 人		
评 价 项 目	评 价 内 容	配　分	得　分	备　注
团队合作	实施任务的过程中有讨论	5		
	有工作计划	5		
	有明确的分工	5		

续表

评 价 项 目	评 价 内 容	配　分	得　分	备　注
团队合作	小组成员工作积极	5		
7S 管理	安装完成后，工位无垃圾	5		
	安装完成后，工具和配件摆放整齐	5		
	在安装过程中，无损坏元器件及造成人身伤害的行为	5		
	在通电调试过程中，电路无短路现象	5		
安装电气系统	电气元件安装牢固	5		
	电气元件分布合理	5		
	布线规范、美观	5		
	接线端牢固，露铜不超过 1mm	5		
控制功能	单击 HMI 界面中的"启动测量"按钮，手动转动电动机，HMI 界面的脉冲个数是否有变化	10		
	手动反向转动电动机，脉冲个数（计数）是否会往相反的方向变化	10		
	手动操作 G120 变频器，使电动机转动并改变转动速度，HMI 界面的显示结果是否正确	10		
	手动操作 G120 变频器，使电动机反向转动，HMI 界面的显示结果是否正确	5		
	单击 HMI 界面中的"停止测量"按钮，是否能停止测量	5		
总分				

■【思考与练习】

1. 把本项目任务二的程序整合到本任务的程序中，使 PLC 通过 G120 变频器控制电动机转动，观察电动机转速的测量情况。

2. 一台步进电机每 200 个脉冲旋转一圈。现需要它在按下按钮后先旋转 20 圈再停止，转速为 200 圈/分，设计程序实现这个功能。

西门子 S7-1200/1500 PLC 的通信

任务一　S7–1200/1500 PLC 之间 TCP 通信

■【任务描述】

在 S7-1200 PLC 之间、S7-1500 PLC 之间，或者 S7-1200 与 S7-1500 PLC 之间，可以使用 TSEND_C/TRCV_C 指令进行通信，实现双方数据的发送和接收。

请在项目中依次添加 3 个 PLC：PLC_1（S7-1500）、PLC_2（S7-1500）、PLC_3（S7-1200）。在 3 个 PLC 之间实现如下数据收发功能。

①在 PLC_1 和 PLC_2 之间，能相互发送和接收数据。PLC_1 发送到 PLC_2 的各个数据能自动更新。PLC_2 将接收到的 PLC_1 的各个数据加 100 之后，再发回给 PLC_1。

②在 PLC_1 和 PLC_3 之间，只要求将数据从 PLC_3 发送到 PLC_1，所发送的数据也要求自动更新。

③在 PLC_2 和 PLC_3 之间，不进行数据收发。

■【任务目标】

知识目标：

➢ 了解工厂自动化系统网络结构；

➢ 了解 S7-1200/1500 PLC 的多种通信功能；

➢ 了解 FOR 循环控制指令的使用方法；

➢ 了解 TSEND_C、TRCV_C 指令的使用方法；

➢ 掌握 S7-1200/1500 PLC 的 TCP 通信。

能力目标：

➢ 能用 SCL 中的 FOR 循环控制指令编程，查找最大值；

> 能编程实现 S7-1200/1500 PLC 的 TCP 通信。

素质目标：

> 培养专业自信、激发进取的精神，树立责任意识；
> 培养创新能力。

■【相关知识】

1．S7-1200/1500 PLC 通信概述

1）工厂自动化系统网络结构

图 6-1 所示是西门子公司提供的典型工厂自动化系统网络结构，主要包括现场设备层、车间监控层和工厂管理层。

（1）现场设备层。现场设备层的主要功能是连接现场设备，如分布式 I/O、传感器、驱动器、执行机构和开关设备等，完成现场设备控制。主站（如 PLC、PC 或其他控制器）负责总线通信管理及与从站的通信。总线上所有设备生产工艺控制程序存储在主站中，并由主站执行。

西门子的 SIMATIC NET 网络系统将执行器和传感器单独划分为一层，主要使用 AS-i（执行器/传感器接口）网络。

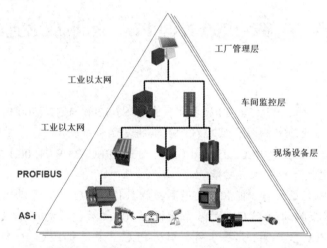

图 6-1　西门子公司提供的典型工厂自动化系统网络结构

（2）车间监控层。车间监控层又称为单元层，用来完成车间主生产设备之间的连接，实现对车间级设备的监控。对车间级设备的监控包括生产设备状态的在线监控、设备故障报警及维护等。车间监控层通常还具有生产统计、生产调度等车间级生产管理功能。其通常要设立车间监控室，有车间操作员工作站及打印设备。车间级监控网络可采用 PROFIBUS-FMS 或工业以太网等。

（3）工厂管理层。车间操作员工作站可以通过集线器与车间管理网连接，将车间的生产数据送到车间监控层。车间管理网作为工厂主网的一个子网，通过交换机、网桥或路由器等连接到厂区骨干网，将车间数据集成到工厂管理层。工厂管理层通常采用符合 IEEE 802.3 标准 TCP/IP 通信协议标准的以太网。厂区骨干网可以根据工厂的实际情况，采用 FDDI 或 ATM 等网络。

2）S7-1200/1500 PLC 的通信功能

S7-1200/1500 PLC 丰富的通信接口和通信模块使其具有强大的通信功能，可以提供各种通信选项，如 I-Device（智能设备）、PROFINET、PROFIBUS、远距离控制通信、PtP（点对点）通信、Modbus RTU、USS、AS-i 和 I/O Link MASTER 等。

①集成的 PROFINET 接口。PROFINET 通过以太网与其他通信伙伴交换数据，作为 PROFINET I/O 的 I/O 控制器，可与本地 PROFINET 网络上（或通过 PN/PN 耦合器连接）的 16 台 PN 设备通信。

②PROFIBUS 通信模块。通过 PROFIBUS 网络与其他通信伙伴交换数据。当通过通信模块 CM 1242-5 与其他通信伙伴交换数据时，CPU 作为 PROFIBUS-DP 从站运行；当通过通信模块 CM 1243-5 与其他通信伙伴交换数据时，CPU 作为 1 类 PROFIBUS-DP 主站运行。PROFIBUS-DP 从站、PROFIBUS-DP 主站、AS-i 及 PROFI-NET 均采用单独的通信网络，不会相互制约。

③PtP 通信模块。使 S7-1200 PLC 能够直接发送信息到微型打印机等外部设备，或者从条形码扫描器、RFID（射频识别）读写器、视觉系统等外部设备接收信息，以及与 GPS 装置、无线电调制解调器或其他类型的设备交换信息。PtP 通信模块 CM1241 可执行的协议不仅包括 ASCII、USS 协议、Modbus RTU 主站协议和从站协议，还可以装载其他协议等。

④AS-i 通信模块。AS-i 是应用于现场自动化设备的双向数据通信网络，位于工厂自动化系统网络的底层。AS-i 特别适用于连接需要传送开关量的传感器和执行器。例如，读取各种接近开关、光电开关、压力开关、温度开关及物料位置开关的状态，传送模拟量数据，控制各种阀门、声光报警器、继电器和接触器等。

⑤远程控制通信模块。S7-1200 PLC 可以使用 GPRS 通信处理器 CP 1242-7 实现与中央控制站、其他远程站、移动设备、编程设备和使用开放式用户通信的其他设备进行无线通信。

⑥I/O-Link 主站模块。I/O-Link 是 IEC 61131-9 标准中定义的用于传感器/执行器领域的点对点通信接口，使用非屏蔽的 3 线制标准电缆。I/O-Link 主站模块 SM1278 用于连接 S7-1200 CPU 和 I/O-Link 设备，它有 4 个 I/O-Link 端口，同时具有信号采集模块功能和通信模块功能。

2. SCL 的 FOR 循环控制指令

FOR 循环控制指令可以在 SCL 指令库的"基本指令"→"程序控制指令"中找到，其结构如图 6-2 所示。其中，"_counter_"为循环变量，一般可以设置为 Int 类型；"_start_count_"为计数初值；"_end_count_"为计数终值。

例如，要循环 10 次，可以将"_start_count_"和"_end_count_"分别设置为 0、9，或者分别设置为 1、10。

```
FOR  counter  :=  start_count  TO  end_count  DO
     // Statement section FOR
     ;
END_FOR;
```

图 6-2　FOR 循环控制指令的结构

【注意】
FOR 循环控制指令仅能用在单次循环时间短的程序中，循环的次数不能太大（如 1 万次），否则将出现系统错误。

【例 6-1】 请从数据块的多个数值中找出最大值并将其存放在 MW12 中。

解：

①添加全局数据块[DB1]，将其命名为"排序初始值"，并根据图 6-3 添加变量。在编辑时，应去掉该数据块的"优化的块访问"属性。

	名称	数据类型	偏移量	起始值	可从 H...	从 H...	在 HMI ...
◻	▼ Static				☐	☐	☐
◻ ▪	▼ 排序初始值	Array[0...	0.0		☑	☑	☑
◻	▪ 排序初始值[0]	Int	0.0	5	☑	☑	☑
◻	▪ 排序初始值[1]	Int	2.0	3	☑	☑	☑
◻	▪ 排序初始值[2]	Int	4.0	8	☑	☑	☑
◻	▪ 排序初始值[3]	Int	6.0	2	☑	☑	☑
◻	▪ 排序初始值[4]	Int	8.0	24	☑	☑	☑
◻	▪ 排序初始值[5]	Int	10.0	125	☑	☑	☑
◻	▪ 排序初始值[6]	Int	12.0	42	☑	☑	☑
◻	▪ 排序初始值[7]	Int	14.0	9	☑	☑	☑
◻	▪ 排序初始值[8]	Int	16.0	6	☑	☑	☑
◻	▪ 排序初始值[9]	Int	18.0	55	☑	☑	☑

图 6-3　排序初始值[DB1]

②在主程序"Main[OB1]"中新建一个 SCL 程序段，编写图 6-4 所示的程序。其中，"m"为临时变量。程序先把"m"清零，再用 FOR 循环控制指令进行 10 次比较，每次都把较大值存放在"m"中。完成 10 次比较以后，"m"中存放的就是[DB1]中的最大值了。最后，把这个最大值存储到 MW12 中。

```
▼ 程序段 1:
 1   #m := 0;
 2
 3 □ FOR "i" := 0 TO 9 DO                          "i"        %MW10
 4 □     IF "排序初始值".排序初始值["i"] >#m THEN  ▶  "排序...   %DB1
 5           #m := "排序初始值".排序初始值["i"];   ▶  "排序...   %DB1
 6       END_IF;
 7 □ END_FOR;
 8
 9   "最大值" := #m;                                "最大值"    %MW12
10
```

图 6-4　例 6-1 的主程序"Main[OB1]"

③下载并运行 PLC，在线监控主程序"Main[OB1]"和数据块[DB1]。如图 6-5 所示，任意修改[DB1]中的数据，MW12 总是显示[DB1]中的最大值。

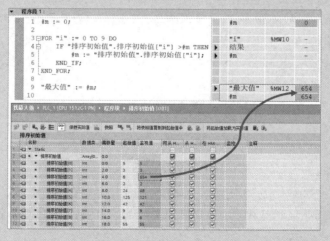

图 6-5　在线监控主程序"Main[OB1]"和数据块[DB1]

【任务实施】

1. 参考实施方案

1）硬件安装和接线

本任务需要准备的主要设备有 2 台 S7-1500 PLC、1 台 S7-1200 PLC、1 个 DC 24V 电源。考虑到多数读者身边可能没有 S7-1500 PLC，本任务用 S7-PLCSIM Advanced V4.0 软件进行 S7-1500 PLC 的仿真调试。

本任务不需要用到 PLC 的数字量和模拟量 I/O，不需要对这些 I/O 接口进行接线。只需要为 3 台 PLC 接上电源，并用网线连接到同一个局域网即可。请参考本书前面的任务完成硬件安装和接线。

2）PLC 的组态与程序

（1）PLC 的硬件组态。

①新建项目，在项目中依次添加 2 台 S7-1500 PLC 和 1 台 S7-1200 PLC，并将它们连接到同一个网络中，如图 6-6 所示。

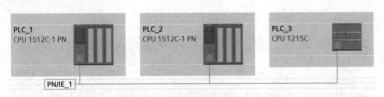

图 6-6　将 3 台 PLC 连接到同一个网络中

②为 3 台 PLC 分配 IP 地址。为了防止与变频器等设备的地址冲突，建议将 PLC_2 的地址改为“192.168.0.5”，将 PLC_3 的地址改为“192.168.0.6”。

③为每一台 PLC 启用系统时钟存储器，以便使用 PLC 的系统时钟。

（2）PLC 的变量表。

本任务不需要用到 PLC 的 I/O 接口，仅设置了几个全局变量用于临时存储一些不重要的输出状态，没有进行重命名。如“Tag_1”，其对应的地址为“MW200”。

（3）编写 PLC_1 的程序，扫描右侧二维码可查看详细操作。

微课：S7-1500 PLC 之间 TCP 通信-PLC1 发送数据到 PLC2

①编辑全局数据块。如图 6-7 所示，添加数据块 RcvData[DB1]，用于存储从 PLC_2 和 PLC_3 发送过来的数据。如图 6-8 所示，添加数据块 SendData[DB2]，用于存储待发送到 PLC_2 的数据。在编辑时，应去掉数据块[DB1]和[DB2]的“优化的块访问”属性。

②编写子程序：更新待发送的数据[FB1]。如图 6-9 所示，添加 PLC_1 的子程序：更新待发送的数据[FB1]。其中，变量“m”在每个程序扫描周期内均增加 1，程序扫描周期约为 1ms，当“m”的值增加到 1000 时，约经过了 1s。因此，子程序每隔约 1s，使"SendData".ToPLC2[0]的值增加 1。

FOR 循环控制指令能使 "SendData".ToPLC2[1] ～ "SendData".ToPLC2[9] 的值，依次在 "SendData".ToPLC2[0] 的值的基础上增加 1～9。

S7-1200/1500 PLC之间TCP通信 ▶ PLC_1 [CPU 1512C-1 PN] ▶ 程序块 ▶ RcvData [DB1]

RcvData

		名称	数据类型	偏移量	起始值	可从 HMI/...	从 H...	在 HMI ...	设定值	监控
1	◀	▼ Static				☐			☐	
2	◀ ■	▼ FromPLC2	Array[0..9] of Int	0.0		☑	☑	☑	☐	
3	◀ ■	FromPLC2[0]	Int	0.0	0	☑	☑	☑	☐	
4	◀ ■	FromPLC2[1]	Int	2.0	0	☑	☑	☑	☐	
5	◀ ■	FromPLC2[2]	Int	4.0	0	☑	☑	☑	☐	
6	◀ ■	FromPLC2[3]	Int	6.0	0	☑	☑	☑	☐	
7	◀ ■	FromPLC2[4]	Int	8.0	0	☑	☑	☑	☐	
8	◀ ■	FromPLC2[5]	Int	10.0	0	☑	☑	☑	☐	
9	◀ ■	FromPLC2[6]	Int	12.0	0	☑	☑	☑	☐	
10	◀ ■	FromPLC2[7]	Int	14.0	0	☑	☑	☑	☐	
11	◀ ■	FromPLC2[8]	Int	16.0	0	☑	☑	☑	☐	
12	◀ ■	FromPLC2[9]	Int	18.0	0	☑	☑	☑	☐	
13	◀ ■	▼ FromPLC3	Array[0..9] of Int	20.0		☑	☑	☑	☐	
14	◀ ■	FromPLC3[0]	Int	20.0	0	☑	☑	☑	☐	
15	◀ ■	FromPLC3[1]	Int	22.0	0	☑	☑	☑	☐	
16	◀ ■	FromPLC3[2]	Int	24.0	0	☑	☑	☑	☐	
17	◀ ■	FromPLC3[3]	Int	26.0	0	☑	☑	☑	☐	
18	◀ ■	FromPLC3[4]	Int	28.0	0	☑	☑	☑	☐	
19	◀ ■	FromPLC3[5]	Int	30.0	0	☑	☑	☑	☐	
20	◀ ■	FromPLC3[6]	Int	32.0	0	☑	☑	☑	☐	
21	◀ ■	FromPLC3[7]	Int	34.0	0	☑	☑	☑	☐	
22	◀ ■	FromPLC3[8]	Int	36.0	0	☑	☑	☑	☐	
23	◀ ■	FromPLC3[9]	Int	38.0	0	☑	☑	☑	☐	

图 6-7　PLC_1 的数据块：RcvData[DB1]

S7-1200/1500 PLC之间TCP通信 ▶ PLC_1 [CPU 1512C-1 PN] ▶ 程序块 ▶ SendData [DB2]

SendData

		名称	数据类型	偏移量	起始值	可从 HMI/...	从 H...	在 HMI ...	设定值	监控
1	◀	▼ Static				☐			☐	
2	◀ ■	▼ ToPLC2	Array[0..9] of Int	0.0		☑	☑	☑	☐	
3	◀ ■	ToPLC2[0]	Int	0.0	0	☑	☑	☑	☐	
4	◀ ■	ToPLC2[1]	Int	2.0	0	☑	☑	☑	☐	
5	◀ ■	ToPLC2[2]	Int	4.0	0	☑	☑	☑	☐	
6	◀ ■	ToPLC2[3]	Int	6.0	0	☑	☑	☑	☐	
7	◀ ■	ToPLC2[4]	Int	8.0	0	☑	☑	☑	☐	
8	◀ ■	ToPLC2[5]	Int	10.0	0	☑	☑	☑	☐	
9	◀ ■	ToPLC2[6]	Int	12.0	0	☑	☑	☑	☐	
10	◀ ■	ToPLC2[7]	Int	14.0	0	☑	☑	☑	☐	
11	◀ ■	ToPLC2[8]	Int	16.0	0	☑	☑	☑	☐	
12	◀ ■	ToPLC2[9]	Int	18.0	0	☑	☑	☑	☐	

图 6-8　PLC_1 的数据块：SendData[DB2]

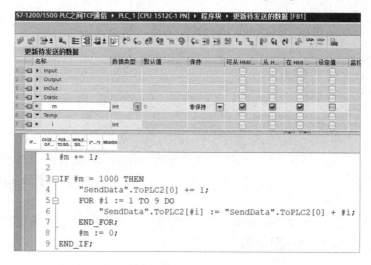

S7-1200/1500 PLC之间TCP通信 ▶ PLC_1 [CPU 1512C-1 PN] ▶ 程序块 ▶ 更新待发送的数据 [FB1]

更新待发送的数据

		名称	数据类型	默认值	保持	可从 HMI/...	从 H...	在 HMI ...	设定值	监控
1	◀	▶ Input				☐			☐	
2	◀	▶ Output				☐			☐	
3	◀	▶ InOut				☐			☐	
4	◀	▼ Static				☐			☐	
5	◀ ■	m	Int	0	非保持 ▼	☑	☑	☑	☐	
6	◀	▼ Temp								
7	◀ ■	i	Int			☐			☐	

```
1   #m += 1;
2
3 ▢ IF #m = 1000 THEN
4       "SendData".ToPLC2[0] += 1;
5 ▢     FOR #i := 1 TO 9 DO
6           "SendData".ToPLC2[#i] := "SendData".ToPLC2[0] + #i;
7       END_FOR;
8       #m := 0;
9   END_IF;
```

图 6-9　PLC_1 的子程序：更新待发送的数据[FB1]

③编写主程序。参考图 6-10 所示程序编写 PLC_1 的主程序"Main[OB1]"。各个程序段的功能如下。

程序段 1：更新待发送的数据；

程序段 2：发送数据至 PLC_2；

程序段 3：接收 PLC_2 的数据；

程序段 4：接收 PLC_3 的数据。

使用 TSEND_C 和 TRCV_C 指令最重要的一步是组态参数。单击指令右上角的图标  可以进入参数组态界面。图 6-11 所示是对程序段 2 的 TSEND_C 指令的连接参数的组态。图 6-12 所示是对程序段 2 的 TSEND_C 指令的块参数的组态。TRCV_C 指令的参数组态可以参考 TSEND_C 指令的参数组态。

（4）编写 PLC_2 的程序，扫描右侧二维码可查看详细操作。参考 PLC_1 来编写 PLC_2 的数据块和程序。图 6-13 所示是 PLC_2 的数据块 RcvData[DB1]；图 6-14 所示是 PLC_2 的数据块 SendData[DB2]；图 6-15 所示是 PLC_2 的子程序：更新收到的数据[FB1]；图 6-16 所示是 PLC_2 的主程序"Main[OB1]"。

扫一扫

微课：S7-1500 PLC 之间 TCP 通信-PLC1 接收 PLC2 的数据

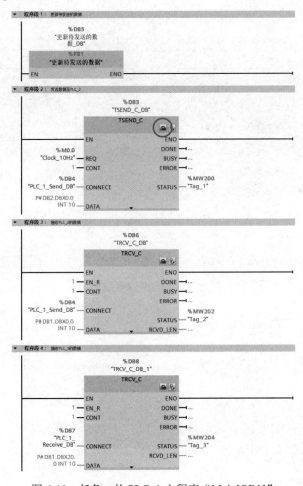

图 6-10 任务一的 PLC_1 主程序"Main[OB1]"

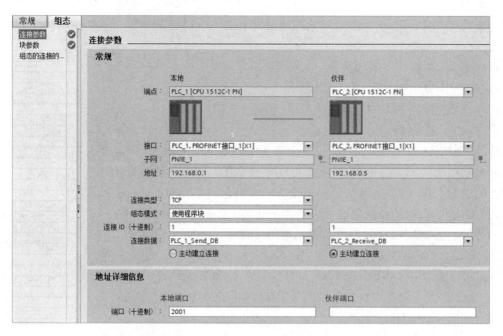

图 6-11　对程序段 2 的 TSEND_C 指令的连接参数的组态

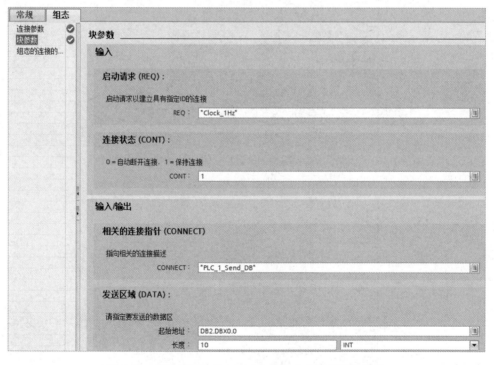

图 6-12　对程序段 2 的 TSEND_C 指令的块参数的组态

PLC_2 的子程序[FB1]实现的功能是将从 PLC_1 接收的数据逐一增加 100 之后存放到 SendData[DB2]。由 PLC_2 的主程序"Main[OB1]"的程序段 3 将更新后的数据发回给 PLC_1。

RcvData						可从 HMI/...	从 H...	在 HMI ...	设定值
	名称		数据类型	偏移里	起始值				
1	▼ Static								
2	▼ FromPLC1		Array[0..9] of Int	0.0		☑	☑	☑	☐
3	FromPLC1[0]		Int	0.0	0	☑	☑	☑	☐
4	FromPLC1[1]		Int	2.0	0	☑	☑	☑	☐
5	FromPLC1[2]		Int	4.0	0	☑	☑	☑	☐
6	FromPLC1[3]		Int	6.0	0	☑	☑	☑	☐
7	FromPLC1[4]		Int	8.0	0	☑	☑	☑	☐
8	FromPLC1[5]		Int	10.0	0	☑	☑	☑	☐
9	FromPLC1[6]		Int	12.0	0	☑	☑	☑	☐
10	FromPLC1[7]		Int	14.0	0	☑	☑	☑	☐
11	FromPLC1[8]		Int	16.0	0	☑	☑	☑	☐
12	FromPLC1[9]		Int	18.0	0	☑		☑	☐

图 6-13　PLC_2 的数据块：RcvData[DB1]

SendData						可从 HMI/...	从 H...	在 HMI ...	设定值
	名称		数据类型	偏移里	起始值				
1	▼ Static								
2	▼ ToPLC1		Array[0..9] of Int	0.0		☑	☑	☑	☐
3	ToPLC1[0]		Int	0.0	0	☑	☑	☑	☐
4	ToPLC1[1]		Int	2.0	0	☑	☑	☑	☐
5	ToPLC1[2]		Int	4.0	0	☑	☑	☑	☐
6	ToPLC1[3]		Int	6.0	0	☑	☑	☑	☐
7	ToPLC1[4]		Int	8.0	0	☑	☑	☑	☐
8	ToPLC1[5]		Int	10.0	0	☑	☑	☑	☐
9	ToPLC1[6]		Int	12.0	0	☑	☑	☑	☐
10	ToPLC1[7]		Int	14.0	0	☑	☑	☑	☐
11	ToPLC1[8]		Int	16.0	0	☑	☑	☑	☐
12	ToPLC1[9]		Int	18.0	0	☑	☑	☑	☐

图 6-14　PLC_2 的数据块：SendData[DB2]

```
1  FOR #i := 0 TO 9 DO
2      "SendData".ToPLC1[#i] := "RcvData".FromPLC1[#i] + 100;
3  END_FOR;
```

图 6-15　PLC_2 的子程序：更新收到的数据[FB1]

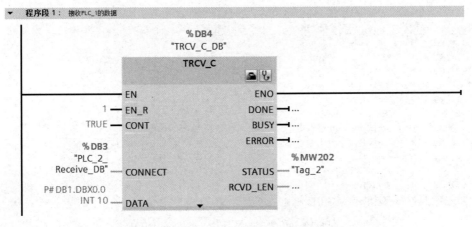

图 6-16　任务一的 PLC_2 主程序"Main[OB1]"

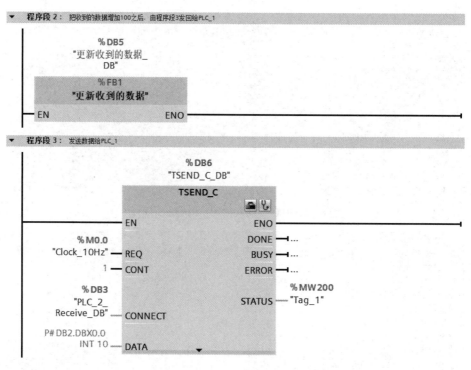

图 6-16　任务一的 PLC_2 主程序"Main[OB1]"（续）

（5）编写 PLC_3 的程序，扫描右侧二维码可查看详细操作。参考 PLC_1 的程序来编写 PLC_3 的数据块和程序。图 6-17 所示是 PLC_3 的数据块 SendData[DB2]；图 6-18 所示是 PLC_3 的子程序：更新待发送的数据[FB1]；图 6-19 所示是 PLC_3 的主程序"Main[OB1]"。其中，PLC_3 的子程序[FB1]与 PLC_1 的子程序[FB1]的功能相同。任务仅要求 PLC_3 向 PLC_1 单向发送数据，故本例未编写 PLC_3 从 PLC_1 接收数据的程序，以及 PLC_3 与 PLC_2 之间进行数据通信的程序。

扫一扫

微课：S7-1200 和 S7-1500 PLC 之间 TCP 通信

		名称	数据类型	偏移量	起始值	可从 HMI/...	从 H...	在 HMI ...	设定值
1	⬛	▼ Static				☐	☐	☐	
2	⬛	■ ▼ ToPLC1	Array[0..9] of Int	0.0		☑	☑	☑	☐
3	⬛	■ ToPLC1[0]	Int	0.0	0	☑	☑	☑	☐
4	⬛	■ ToPLC1[1]	Int	2.0	0	☑	☑	☑	☐
5	⬛	■ ToPLC1[2]	Int	4.0	0	☑	☑	☑	☐
6	⬛	■ ToPLC1[3]	Int	6.0	0	☑	☑	☑	☐
7	⬛	■ ToPLC1[4]	Int	8.0	0	☑	☑	☑	☐
8	⬛	■ ToPLC1[5]	Int	10.0	0	☑	☑	☑	☐
9	⬛	■ ToPLC1[6]	Int	12.0	0	☑	☑	☑	☐
10	⬛	■ ToPLC1[7]	Int	14.0	0	☑	☑	☑	☐
11	⬛	■ ToPLC1[8]	Int	16.0	0	☑	☑	☑	☐
12	⬛	■ ToPLC1[9]	Int	18.0	0	☑	☑	☑	☐

图 6-17　PLC_3 的数据块 SendData[DB2]

```
1   #m += 1;
2 ⊟IF #m = 1000 THEN
3       "SendData".ToPLC1[0] += 1;
4 ⊟     FOR #i := 1 TO 9 DO
5           "SendData".ToPLC1[#i] := "SendData".ToPLC1[0] + #i;
6       END_FOR;
7       #m := 0;
8 └ END_IF;
```

图 6-18　PLC_3 的子程序：更新待发送的数据[FB1]

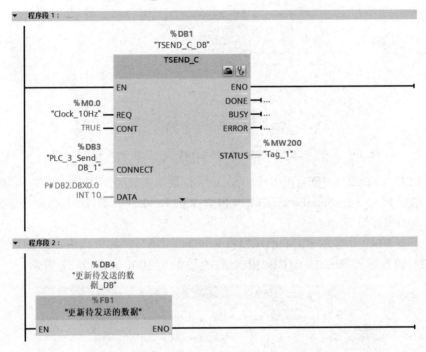

图 6-19　任务一的 PLC_3 主程序"Main[OB1]"

3）系统调试

本任务需要用到 2 台 S7-1500 PLC，可以使用实物，也可以采用 S7-PLCSIM Advanced V4.0 软件进行仿真调试。因为 TIA Portal 软件自带的 PLCSIM 无法进行 TCP 通信仿真，所以本任务需要读者准备一台安装好 S7-PLCSIM Advanced V4.0 软件的计算机。本任务还需要用到 1 台 S7-1200 PLC，必须使用实物，因为 S7-PLCSIM Advanced V4.0 软件无法仿真 S7-1200 PLC。

打开 S7-PLCSIM Advanced V4.0 软件，创建 2 个 S7-1500 PLC，如图 6-20 所示。

【注意】

S7-PLCSIM Advanced V4.0 软件中的 S7-1500 PLC 的程序下载方法与实物的 PLC 程序下载方法是一样的，下载时 PG/PC 接口应选择"Siemens PLCSIM Virtual Ethernet Adapter"。

3 台 PLC 都下载好硬件和软件，并运行 PLC 的程序之后，按以下步骤进行调试。

（1）测试 PLC_1 与 PLC_2 的数据收发功能。

①在线监控 PLC_1 的 RcvData[DB1]、SendData[DB2]，以及 PLC_2 的 RcvData[DB1]、SendData[DB2]。

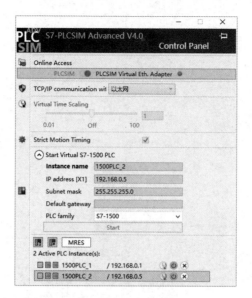

图 6-20　在 S7-PLCSIM Advanced V4.0 软件中创建 2 个 S7-1500 PLC

②观察 PLC_1 SendData[DB2]中的数据，其所有数据应每隔 1s 更新一次，不断地增加。

③对比观察 PLC_1 的 SendData[DB2]和 PLC_2 的 RcvData[DB1]，其数据应该是一致的，且同步变化，如图 6-21 所示。

④对比观察 PLC_1 的 SendData[DB2]和 RcvData[DB1]，其数据应该是同步变化的，且 RcvData[DB1]的数据比 SendData[DB2]中对应的数据大 100，如图 6-22 所示。

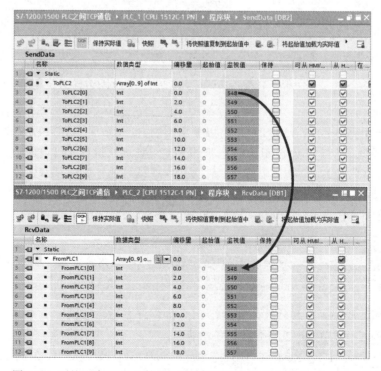

图 6-21　对比观察 PLC_1 的 SendData[DB2]和 PLC_2 的 RcvData[DB1]

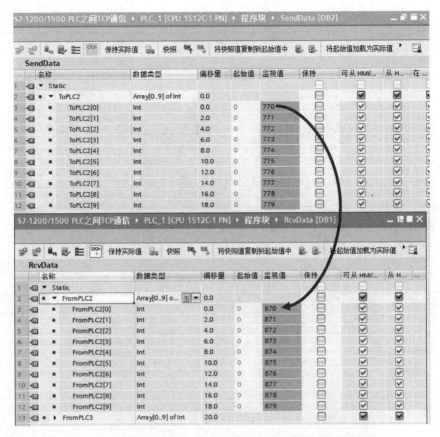

图 6-22 对比观察 PLC_1 的 SendData[DB2]和 RcvData[DB1]

（2）测试 PLC_1 与 PLC_3 的数据收发功能。

①在线监控 PLC_1 的 RcvData[DB1]、PLC_3 的 SendData[DB2]。

②观察 PLC_3 SendData[DB2]中的数据，其所有数据应每隔 1s 更新一次，不断地增加。

③对比观察 PLC_3 的 SendData[DB2]和 PLC_1 的 RcvData[DB1]，其数据应该一致且同步变化。

2．任务实施过程

本任务的详细实施报告如表 6-1 所示。

表 6-1　任务一的详细实施报告

任 务 名 称	S7-1200/1500 PLC 之间 TCP 通信		
姓　　　名		同 组 人 员	
时　　　间		实 施 地 点	
班　　　级		指 导 教 师	
任务内容：查阅相关资料、讨论并实施。			
（1）SCL 中的 FOR 循环控制指令的使用方法；			
（2）S7-1200/1500 PLC 之间 TCP 通信的编程方法；			
（3）S7-PLCSIM Advanced V4.0 软件的使用方法。			
查阅的相关资料			

续表

任 务 名 称	S7-1200/1500 PLC 之间 TCP 通信
查阅的相关资料	
完成报告	（1）请写出一个用 FOR 循环控制指令查找最小值的程序
	（2）在进行 TSEND_C、TRCV_C 指令的参数组态时，你遇到了哪些问题
	（3）在使用 S7-PLCSIM Advanced V4.0 软件时，哪些地方是需要注意的
	（4）在调试过程中，PLC_1 的 SendData[DB2]、RcvData[DB1]的数据是怎么变化的

3. 任务评价

本任务的评价表如表 6-2 所示。

表 6-2　任务一的评价表

任 务 名 称	S7-1200/1500 PLC 之间 TCP 通信			
小 组 成 员		评 价 人		
评 价 项 目	评 价 内 容	配 分	得 分	备 注
团队合作	实施任务的过程中有讨论	5		
	有工作计划	5		
	有明确的分工	5		
	小组成员工作积极	5		
7S 管理	安装完成后，工位无垃圾	5		
	安装完成后，工具和配件摆放整齐	5		
	在安装过程中，无损坏元器件及造成人身伤害的行为	5		
	在通电调试过程中，电路无短路现象	5		
安装电气系统	电气元件安装牢固	5		
	电气元件分布合理	5		
	布线规范、美观	5		
	接线端牢固，露铜不超过 1mm	5		
控制功能	PLC_1 SendData[DB2]中的数据是否每隔 1s 更新一次，不断地增加	10		
	PLC_1 的 SendData[DB2]和 PLC_2 的 RcvData[DB1]中的数据是否一致	10		
	PLC_1 SendData[DB2]和 RcvData[DB1]中的数据是否同步变化，且 RcvData[DB1]中的数据比 SendData[DB2]中对应的数据大 100	10		
	PLC_3 SendData[DB2]中的数据是否每隔 1s 更新一次，不断地增加	5		
	PLC_3 SendData[DB2]和 PLC_1 RcvData[DB1]中的数据是否一致	5		
总分				

【思考与练习】

1. 请编程实现 TCP 通信，用 PLC_1 输入口的按钮控制 PLC_2 输出口的灯。
2. 请修改本任务的程序，使用定时器来实现每隔 1s 更新一次发送数据。

任务二　两台 S7–1500 PLC 之间 S7 通信

【任务描述】

在 S7-1200 PLC 之间、S7-1500 PLC 之间，或者 S7-1200 与 S7-1500 PLC 之间，可以使用 GET、PUT 指令进行通信，实现双方数据块的读写。扫描右侧二维码可查看详细操作。

扫一扫

微课：两台 S7-1500
PLC 之间 S7 通信

本任务与本项目任务一类似，要求实现 2 台 S7-1500 PLC 之间的数据块读写。

【任务目标】

知识目标：
➤ 理解 GET、PUT 指令的使用方法；
➤ 掌握 S7-1200/1500 PLC 的 S7 通信。
能力目标：
➤ 会编程实现 S7-1200/1500 PLC 的 S7 通信。
素质目标：
➤ 培养创新能力；
➤ 培养沟通合作能力。

【任务实施】

1. 参考实施方案

1）硬件安装和接线

本任务需要准备的设备是 2 台 S7-1500 PLC。若采用 S7-PLCSIM Advanced V4.0 软件进行 2 台 S7-1500 PLC 的仿真调试，则不需要准备硬件。

本任务只需要为 2 台 S7-1500 PLC 接上电源，并将这 2 台 PLC 连接到同一个网络即可。请参考本书前面的任务完成硬件安装和接线。

2）PLC 的组态与程序

（1）PLC 的硬件组态。

①新建项目，在项目中依次添加 2 台 S7-1500 PLC，并将其连接到同一个网络中；

②为 PLC 分配 IP 地址。建议将 PLC_1 的 IP 地址设置为"192.168.0.5"，将 PLC_2 的 IP 地址设置为"192.168.0.6"。

③启用 2 台 PLC 的系统时钟存储器，以便使用系统时钟。

④在设置 2 台 PLC 的连接机制时，勾选"允许来自远程对象的 PUT/GET 通信访问"复选框，如图 6-23 所示。

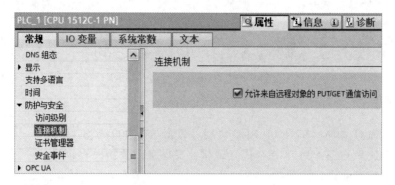

图 6-23　勾选"允许来自远程对象的 PUT/GET 通信访问"复选框

（2）添加通信数据块。如图 6-24 所示，为 PLC_1、PLC_2 分别添加数据块：收发数据[DB1]。PLC_1 的数据块[DB1]建好以后，可以直接复制到 PLC_2。在设置时，需要去掉数据块[DB1]的"优化的块访问"属性。

		名称	数据类型	偏移量	起始值	可从 HMI/...	从 H...	在 HMI ...	设定值
1		▼ Static							
2		▪ ▼ Send	Array[0..9] of Int	0.0		☑	☑	☑	☐
3		▪ Send[0]	Int	0.0	0	☑	☑	☑	☐
4		▪ Send[1]	Int	2.0	0	☑	☑	☑	☐
5		▪ Send[2]	Int	4.0	0	☑	☑	☑	☐
6		▪ Send[3]	Int	6.0	0	☑	☑	☑	☐
7		▪ Send[4]	Int	8.0	0	☑	☑	☑	☐
8		▪ Send[5]	Int	10.0	0	☑	☑	☑	☐
9		▪ Send[6]	Int	12.0	0	☑	☑	☑	☐
10		▪ Send[7]	Int	14.0	0	☑	☑	☑	☐
11		▪ Send[8]	Int	16.0	0	☑	☑	☑	☐
12		▪ Send[9]	Int	18.0	0	☑	☑	☑	☐
13		▪ ▼ Receive	Array[0..9] of Int	20.0		☑	☑	☑	☐
14		▪ Receive[0]	Int	20.0	0	☑	☑	☑	☐
15		▪ Receive[1]	Int	22.0	0	☑	☑	☑	☐
16		▪ Receive[2]	Int	24.0	0	☑	☑	☑	☐
17		▪ Receive[3]	Int	26.0	0	☑	☑	☑	☐
18		▪ Receive[4]	Int	28.0	0	☑	☑	☑	☐
19		▪ Receive[5]	Int	30.0	0	☑	☑	☑	☐
20		▪ Receive[6]	Int	32.0	0	☑	☑	☑	☐
21		▪ Receive[7]	Int	34.0	0	☑	☑	☑	☐
22		▪ Receive[8]	Int	36.0	0	☑	☑	☑	☐
23		▪ Receive[9]	Int	38.0	0	☑	☑	☑	☐

图 6-24　PLC_1 的数据块：收发数据[DB1]

（3）编写用于更新发送数据的子程序。图 6-25、图 6-26 所示分别是 PLC_1、PLC_2 的子程序：更新发送区数据[FC1]。

PLC_1 每 1s 更新一次数据，待发送的数据每次增加 10。

PLC_2 每 3s 更新一次数据，待发送的数据每次增加 1。

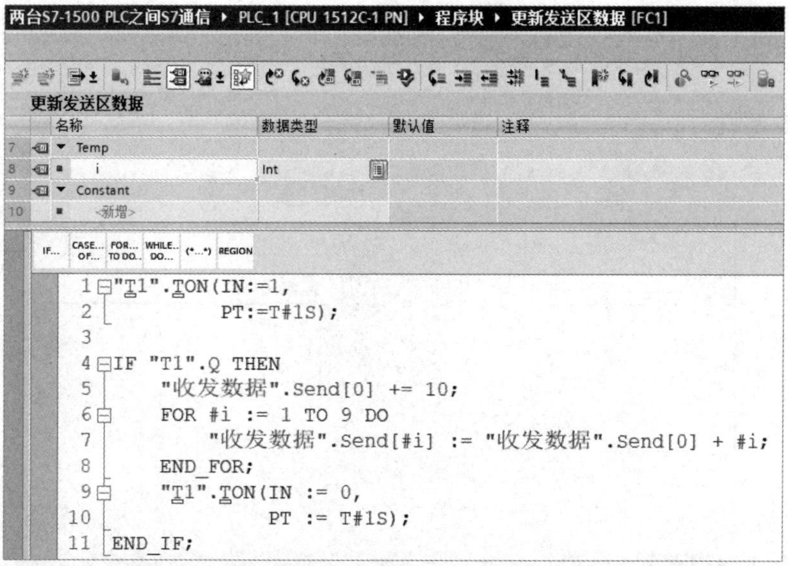

图 6-25　PLC_1 的子程序：更新发送区数据[FC1]

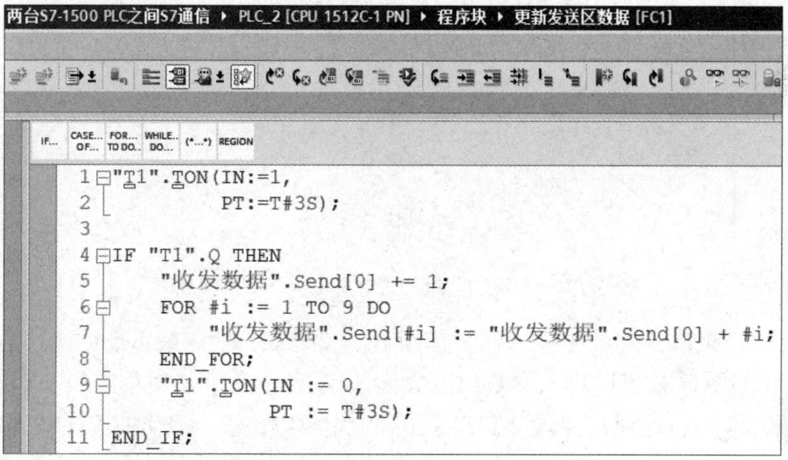

图 6-26　PLC_2 的子程序：更新发送区数据[FC1]

（4）编写主程序。S7-1500 PLC 支持 S7 单边通信，只需在客户端（PLC_1）单边组态连接和编程，而服务器端（PLC_2）只需要准备好通信的数据即可。

可参考图 6-27 所示程序编写 PLC_1 的主程序"Main[OB1]"。各个程序段的功能如下。

程序段 1，调用子程序[FC1]，以更新发送区数据；

程序段 2，将 PLC_1 发送区的数据写入 PLC_2 的接收区；

程序段 3，读取 PLC_2 发送区的数据并将其存入 PLC_1 的接收区。

【注意】

本项目任务一的 TSEND_C 指令是 PLC_1 将数据发送给 PLC_2，对方不一定接收，而 PUT 指令是写入；本项目任务一的 TRCV_C 指令是 PLC_1 接收 PLC_2 的数据，PLC_1 不能主动读取。

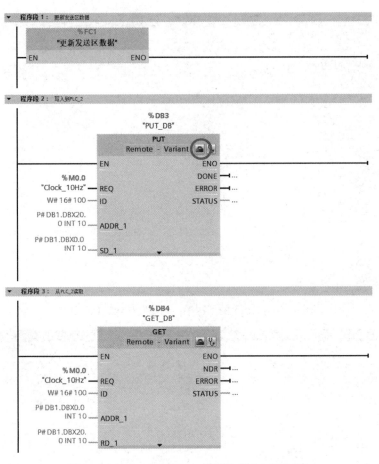

图 6-27　任务二的 PLC_1 主程序"Main[OB1]"

　　与 TSEND_C 和 TRCV_C 指令一样，使用 PUT 和 GET 指令最重要的一步也是组态参数。单击指令右上角的图标🔒可以进入参数组态界面。图 6-28 所示是对程序段 2 PUT 指令的连接参数组态。图 6-29 所示是对程序段 2 PUT 指令的块参数组态。GET 指令的参数组态可以参考PUT 指令的参数组态。

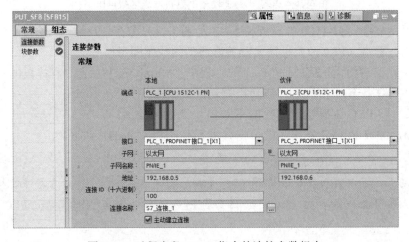

图 6-28　对程序段 2 PUT 指令的连接参数组态

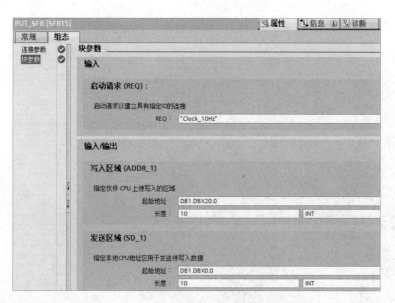

图 6-29　对程序段 2 PUT 指令的块参数组态

PLC_2 作为 S7 通信的服务器端，只需要准备好通信的数据即可。参考图 6-30 所示程序编写 PLC_2 的主程序"Main[OB1]"。PLC_2 的程序不需调用 PUT、GET 等通信指令，只需先更新自己的发送区的数据，再等待 PLC_1 的读和写即可。

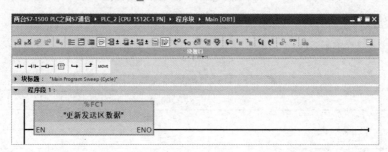

图 6-30　任务二的 PLC_2 主程序"Main[OB1]"

3）系统调试

本任务需要用到 2 台 S7-1500 PLC，若读者身边没有实物，也可以使用 S7-PLCSIM Advanced V4.0 软件进行仿真调试。先在 S7-PLCSIM Advanced V4.0 软件中创建 2 个 S7-1500 PLC，然后就可以像使用实物 PLC 一样进行程序下载了。

2 台 PLC 都下载好硬件和软件，并运行 PLC 的程序之后，按以下步骤进行测试。

①在线监测 PLC_1、PLC_2 发送区数据的变化规律。

PLC_1 发送区（Send[]数组，Send[0]～Send[9]）的数据应该以每 1s 增加 10 的规律变化；PLC_2 发送区（Send[]数组，Send[0]～Send[9]）的数据应该以每 3s 增加 1 的规律变化。

②对比观察 PLC_1 发送区和 PLC_2 接收区的数据，其数据应该一致且同步变化，如图 6-31 所示。

③对比观察 PLC_2 发送区和 PLC_1 接收区的数据，其数据应该一致且同步变化，如图 6-31 所示。

如果你观察到的现象与上述现象一致，那么恭喜你完成了本任务。

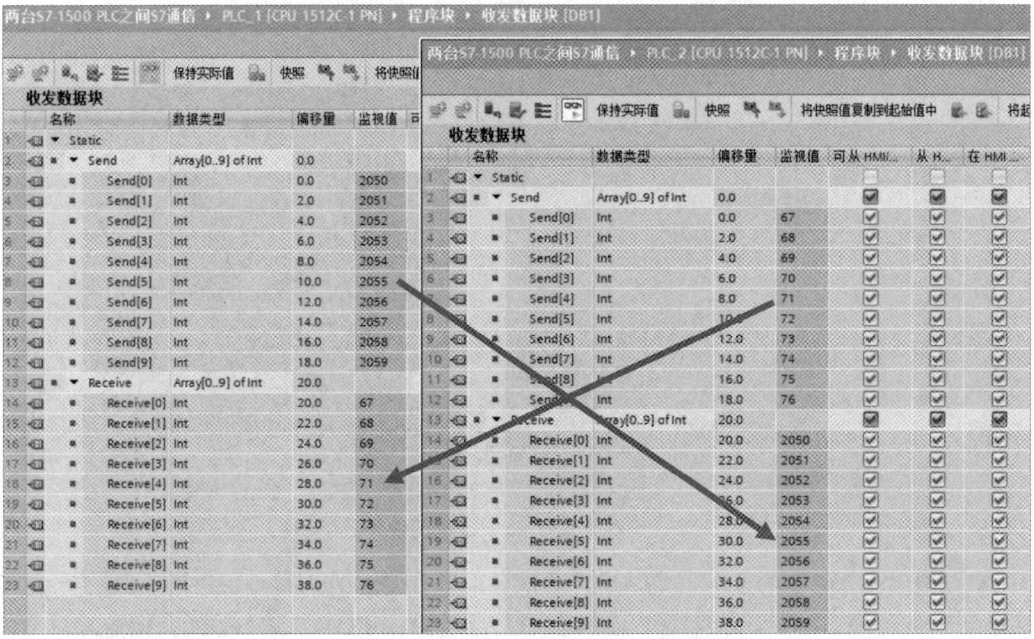

图 6-31　对比观察 PLC_1 和 PLC_2 的收发数据

2. 任务实施过程

本任务的详细实施报告如表 6-3 所示。

表 6-3　任务三的详细实施报告

任 务 名 称	两台 S7-1500 PLC 之间 S7 通信		
姓　　　名		同 组 人 员	
时　　　间		实 施 地 点	
班　　　级		指 导 教 师	
任务内容：查阅相关资料、讨论并实施。 （1）GET、PUT 指令的使用方法； （2）S7-1200/1500 PLC 的 S7 通信的编程方法；			
查阅的相关资料			
完成报告	（1）请用 LAD 写一个数据更新的子程序，使数组中的 10 个数据每隔 5s 增加 2		
	（2）在进行 GET、PUT 指令的参数组态时，你遇到了哪些问题		

3. 任务评价

本任务的评价表如表 6-4 所示。

表 6-4　任务二的评价表

任务名称	两台 S7-1500 PLC 之间的 S7 通信				
小组成员			评价人		
评价项目	评价内容	配　分	得　分	备　注	
团队合作	实施任务的过程中有讨论	5			
	有工作计划	5			
	有明确的分工	5			
	小组成员工作积极	5			
7S 管理	安装完成后，工位无垃圾	5			
	安装完成后，工具和配件摆放整齐	5			
	在安装过程中，无损坏元器件或造成人身伤害的行为	5			
	在通电调试过程中，电路无短路现象	5			
安装电气系统	电气元件安装牢固	5			
	电气元件分布合理	5			
	布线规范、美观	5			
	接线端牢固，露铜不超过 1mm	5			
控制功能	PLC_1 发送区的数据是否以每 1s 增加 10 的规律变化	10			
	PLC_2 发送区的数据是否以每 3s 增加 1 的规律变化	10			
	PLC_1 发送和 PLC_2 接收区的数据是否一致	10			
	PLC_2 发送区和 PLC_1 接收区的数据是否一致	10			
总分					

【思考与练习】

1. 请编程实现两台 S7-1200 PLC 之间的 S7 通信。
2. 请编程实现 S7-1200 PLC 与 S7-1500 PLC 之间的 S7 通信。

任务三　FR8210 远程 I/O 模组的使用

【任务描述】

FR8210 远程 I/O 模组能通过 PROFINET 与 S7-1200/1500 PLC 进行快速、安全的数据交换，在简化控制系统的同时增加了系统的稳定性，在许多控制系统中得到了应用。扫描右侧二维码可查看 FR8210 远程 I/O 模组的项目组态。

扫一扫

微课：远程 I/O 模组
FR8210 的使用项目
组态

请使用 FR8210 远程 I/O 模组进行简单的按钮信号的采集和 LED 的控制。FR8210 远程 I/O 模组有 2 个按钮 SB1 和 SB2，2 个指示灯 LED1 和 LED2。

SB1 为启动按钮，按下 SB1，优先点亮 LED1，只有 LED1 已经点亮了才点亮 LED2。

SB2 为停止按钮，按下 SB2，优先关闭 LED2，只有 LED2 已经关闭了才关闭 LED1。

【任务目标】

知识目标：

➢ 了解 FR8210 远程 I/O 模组的结构；

➢ 了解 FR8210 远程 I/O 模组接入 S7-1200/1500 PLC 系统的方法；

➢ 掌握 FR8210 远程 I/O 模组的接线方法；

➢ 掌握 FR8210 远程 I/O 模组在 PLC 系统中的硬件组态方法和步骤。

能力目标：

➢ 能进行 FR8210 远程 I/O 模组的硬件安装和接线；

➢ 会编程使用 FR8210 远程 I/O 模组进行按钮信号的采集。

素质目标：

➢ 树立民族自信，激发民族责任感；

➢ 增强创新意识。

【相关知识】

1）FR8210 远程 I/O 模组的结构

FR8210 是南京华太自动化技术有限公司生产的一款 PROFINET 适配器，可以轻松搭配各种数字量输入/输出、模拟量输入/输出、高速脉冲输出/测量、通信等模块，易于扩展和维护。

如图 6-32 所示，FR8210 远程 I/O 模组由 PROFINET 适配器 FR8210、数字量输入模块 FR1108、数字量输出模块 FR2108、模拟量输入模块 FR3004、模拟量输出模块 FR4004、高速脉冲输出模块 FR5121 组成。PROFINET 适配器 FR8210 右侧的 I/O 模块之间的顺序可以调换，也可以根据需要进行更换和重新组合，但一定要保证其在博途项目中的硬件组态与实物一致。PROFINET 适配器 FR8210 最多可以适配 32 个 I/O 模块。

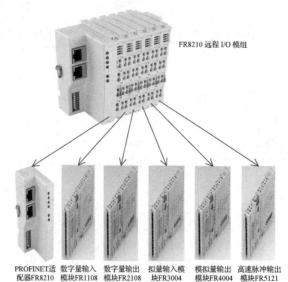

图 6-32　FR8210 远程 I/O 模组的结构

2）将 FR8210 远程 I/O 模组接入 S7-1200/1500 PLC 系统

如图 6-33 所示，可以将多个 FR8210 远程 I/O 模组通过网线接入 S7-1200/1500 PLC 系统。

FR8210 远程 I/O 模组作为 S7-1200/1500 PLC 的从站，其数量由 PLC 决定。例如，S7-1200 PLC 通过 PROFINET 最多可以接 16 个 FR8210 远程 I/O 模组（模组中的模块总和最多可达 256 个）。

S7-1200/1500 PLC 作为 PROFINET I/O 控制器，对所连接的 I/O 设备进行寻址，与现场设备交换输入和输出信号。

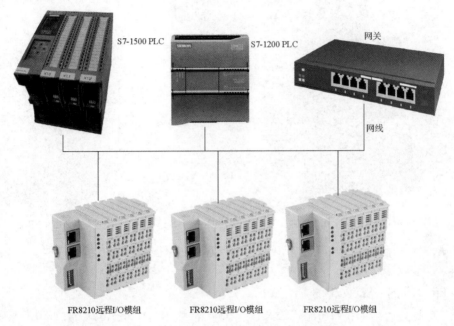

图 6-33　将多个 FR8210 远程 I/O 模组接入 S7-1200/1500 PLC 系统

【任务实施】

1. 参考实施方案

1）硬件安装和接线

本任务需要准备的设备有 1 台 S7-1200（或 S7-1500）PLC、1 个 DC 24V 电源、1 个 FR8210 远程 I/O 模组（内含 1 个数字量输入模块 FR1108、1 个数字量输出模块 FR2108）、2 个按钮、2 个 LED。

FR8210 远程 I/O 模组的接线端采用免螺丝设计。在接线过程中，先用一字螺丝刀垂直插入接线端（圆形孔）上方的方形孔内，向下撬动，再用另一只手将剥去外皮的导线插入已开启的圆形孔内，拔出螺丝刀，导线会自动被簧片压紧。

参考图 6-34 所示的实物接线完成本任务的硬件安装和接线。

2）PLC 的组态与程序

（1）添加 CPU 1214C 和 PROFINET 适配器 FR8210。首先，新建项目并在项目中添加 1 个 CPU 1214C；然后进入网络视图，找到路径"硬件目录→其他现场设备→PROFINET IO→I/O→HDC→SmartLinkIO→FR8210"，如图 6-35 所示，将 FR8210 添加到项目中。

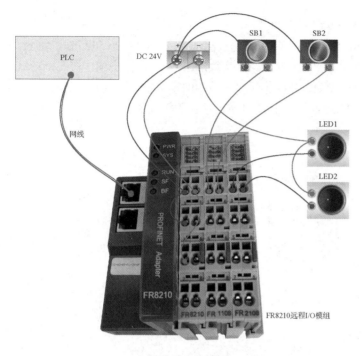

图 6-34　FR8210 远程 I/O 模组的实物接线　　　　　图 6-35　FR8210 的路径

如果第一次使用 FR8210，那么在硬件目录里面是找不到 FR8210 的，需要安装 FR8210 的 GSD 文件。

安装 FR8210 的 GSD 文件的方法如下。

单击"选项"→"管理通用站描述文件（GSD）"选项，在弹出的"管理通用站描述文件"对话框中，单击源路径的"浏览"按钮，找到存放在计算机中的 GSDML 文件后，单击"安装"按钮，如图 6-36 所示。

图 6-36　安装 FR8210 的 GSD 文件

添加 FR8210 后，把 CPU 1214C 和 FR8210 连接起来，完成之后如图 6-37 所示。

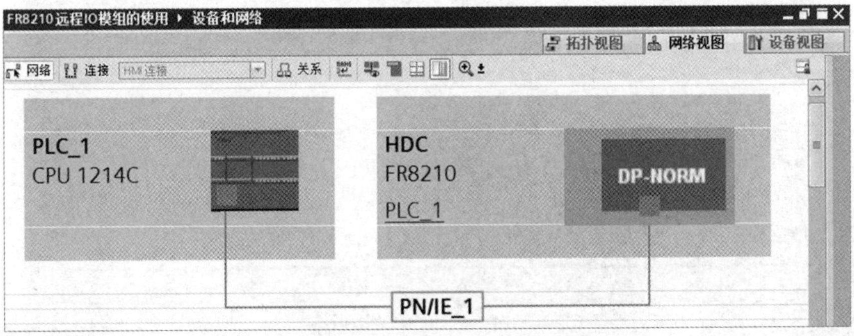

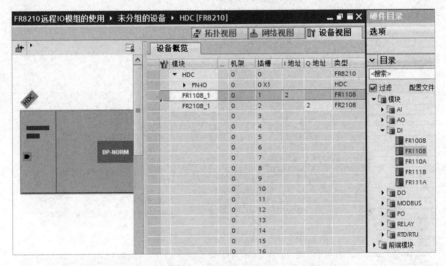

图 6-37　把 CPU 1214C 和 FR8210 连接起来

（2）为 FR8210 添加 DI 和 DO 模块。双击"HDC[FR8210]"选项进入设备视图，为 FR8210 添加 DI 和 DO 模块，如图 6-38 所示。先将 FR1108 从硬件目录拖动到 1 号插槽，再将 FR2108 拖动到 2 号插槽。FR1108 默认的 I 地址为 2，FR2108 默认的 Q 地址也为 2。

图 6-38　为 FR8210 添加 DI 和 DO 模块

（3）设置 CPU 1214C 和 FR8210 在项目中的 IP 地址。本任务中的 CPU 1214C 使用默认 IP 地址，而 FR8210 的 IP 地址需要修改。为了防止 FR8210 与其他硬件（如变频器）的 IP 地址冲突，请修改 FR8210 的默认 IP 地址。例如，可以把 FR8210 的 IP 地址设置为"192.168.0.22"，如图 6-39 所示。

（4）为 FR8210 分配设备名称和 IP 地址。如果第一次使用 FR8210，那么还需要在线为 FR8210 分配设备名称和 IP 地址。先对 PLC 进行一次硬件和软件下载，然后右击网络视图中 "FR8210"模块，在弹出的快捷菜单中选择"在线和诊断"选项，在弹出的"HDC[FR8210]" 窗口中可以在线为 FR8210 分配设备名称和 IP 地址。

在左侧选项卡中选择"功能"→"分配 IP 地址"选项，单击"分配 IP 地址"按钮，可以 为 FR8210 分配 IP 地址，如图 6-40 所示。如果"分配 IP 地址"按钮为灰色，则需要先单击"可 访问设备"按钮，搜索当前在线的 FR8210 设备。

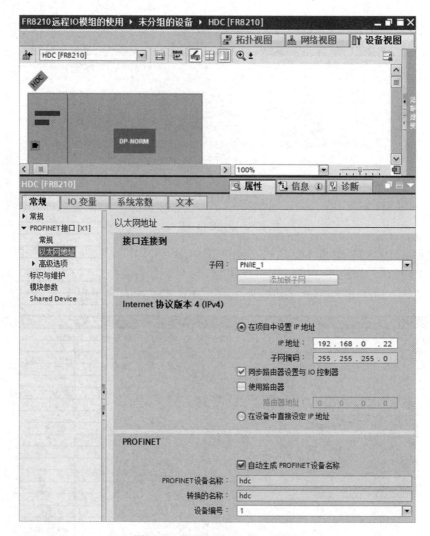

图 6-39　设置 FR8210 的 IP 地址

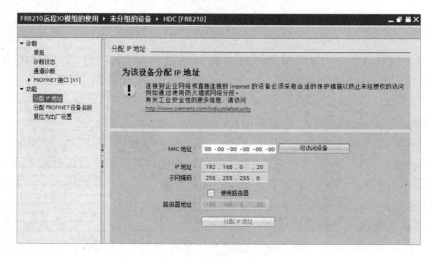

图 6-40　分配 IP 地址

在左侧选项卡中选择"功能"→"分配 PROFINET 设备名称"选项，可以为 FR8210 分配设备名称。如图 6-41 所示，单击"更新列表"按钮，搜索在线设备。搜索到在线设备以后，如果"状态"列显示"设备名称不同"，则表示此时组态的设备名称（hdc）与在线设备名称（hdc_1）不同。单击"分配名称"按钮，几秒钟后，该网络节点的在线设备的名称变为"hdc"，与组态的设备名称相同。这样，就设置好了在线设备 FR8210 的设备名称。

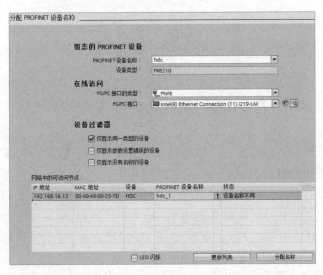

图 6-41　分配设备名称

（5）在线监测 FR8210 远程 I/O 模组中的变量。编译并下载项目硬件和软件，在 S7-1200 PLC 的监控表中不仅可以监控 FR8210 远程 I/O 模组的数字量输入变量（I2.0～I2.7）和数字量输出变量（Q2.0～Q2.7）的状态，还可以给数字量输出变量赋值。如果能成功监测 FR8210 远程 I/O 模组的 DI 和 DO 变量，则表明此前的软硬件配置没有问题。

（6）PLC 的程序。根据任务要求，按下启动按钮 SB1，需要优先点亮 LED1，只有 LED1 已经点亮了才点亮 LED2；按下停止按钮 SB2，需要优先关闭 LED2，只有 LED2 已经关闭了才关闭 LED1。可以选用以下 2 种方法来实现。

①用 LAD 编程。参考图 6-42 所示程序，用 LAD 编程实现 LED1、LED2 的先后点亮和关闭。

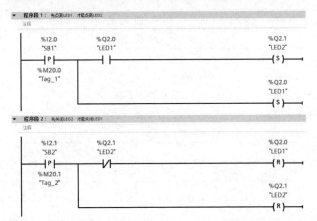

图 6-42　用 LAD 编程实现 LED1、LED2 的先后点亮和关闭

②用 SCL 编程。参考图 6-43 所示程序，用 SCL 编程实现 LED1、LED2 的先后点亮和关闭。

```
 1  "R_TRIG_DB"(CLK := "SB1");
 2  //SB1的上升沿
 3  IF "R_TRIG_DB".Q THEN
 4      IF "LED1" THEN
 5          //只有LED1点亮以后才能点亮LED2
 6          "LED2" := 1;
 7      END_IF;
 8      "LED1" := 1;
 9  END_IF;
10
11  "R_TRIG_DB_1"(CLK:="SB2");
12  //SB2的上升沿
13  IF "R_TRIG_DB_1".Q THEN
14      IF NOT"LED2" THEN
15          //只有LED2关闭以后才能关闭LED1
16          "LED1" := 0;
17      END_IF;
18      "LED2" := 0;
19  END_IF;
```

图 6-43　用 SCL 编程实现 LED1、LED2 的先后点亮和关闭

3）系统调试

完成了系统的硬件安装和接线，PLC 的软、硬件编译和下载，为 FR8210 分配设备名称和 IP 地址之后，按以下步骤进行测试。

（1）先不运行 PLC 程序，使用 PLC 的监控表在线监测 FR8210 远程 I/O 模组中的变量。按下启动按钮 SB1，监控表中的变量 I2.0 变成 1；按下停止按钮 SB2，监控表中的变量 I2.1 变成 1；在监控表中将 Q2.0 的值修改为 1，对应的 LED1 点亮；在监控表中将 Q2.1 的值修改为 1，对应的 LED2 点亮。

（2）运行 PLC 程序，用按钮进行测试。按下启动按钮 SB1，优先点亮 LED1，只有 LED1 已经点亮了才点亮 LED2；按下停止按钮 SB2，优先关闭 LED2，只有 LED2 已经关闭了才关闭 LED1。

如果你观察到的现象与上述现象一致，那么恭喜你完成了本任务。

2．任务实施过程

本任务的详细实施报告如表 6-5 所示。

表 6-5　任务三的详细实施报告

任 务 名 称	FR8210 远程 I/O 模组的使用		
姓 名		同 组 人 员	
时 间		实 施 地 点	
班 级		指 导 教 师	
任务内容：查阅相关资料、讨论并实施。 （1）FR8210 远程 I/O 模组的结构； （2）将 FR8210 远程 I/O 模组接入 S7-1200/1500 PLC 系统的方法； （3）FR8210 远程 I/O 模组的接线方法； （4）FR8210 远程 I/O 模组在 PLC 系统中的硬件组态方法和步骤。			
查阅的相关资料			

续表

任 务 名 称	FR8210 远程 I/O 模组的使用
完成报告	（1）FR8210 远程 I/O 模组可以使用哪些型号的模块进行组合
	（2）一个 S7-1200/1500 PLC 系统最多可以使用多少个 FR8210 远程 I/O 模组？每个模组可以包含多少个 I/O 模块
	（3）在完成本任务的硬件安装和接线过程中，哪些地方是需要注意的
	（4）在进行 FR8210 远程 I/O 模组的硬件组态过程中，你遇到了哪些问题

3．任务评价

本任务的评价表如表 6-6 所示。

表 6-6　任务三的评价表

任 务 名 称	FR8210 远程 I/O 模组的使用			
小 组 成 员		评 价 人		
评价项目	评 价 内 容	配　分	得　分	备　注
团队合作	实施任务的过程中有讨论	5		
	有工作计划	5		
	有明确的分工	5		
	小组成员工作积极	5		
7S 管理	安装完成后，工位无垃圾	5		
	安装完成后，工具和配件摆放整齐	5		
	在安装过程中，无损坏元器件及造成人身伤害的行为	5		
	在通电调试过程中，电路无短路现象	5		
安装电气系统	电气元件安装牢固	10		
	电气元件分布合理	5		
	布线规范、美观	10		
	接线端牢固，露铜不超过 1mm	5		
控制功能	使用 PLC 的监控表，是否能在线监测 FR8210 远程 I/O 模组中的变量	10		
	按下启动按钮 SB1，是否能优先点亮 LED1	10		
	按下停止按钮 SB2，是否能优先关闭 LED2	10		
总分				

【思考与练习】

1．除 FR8210 远程 I/O 模组以外，还有哪些分布式远程 I/O 模块可以用于 S7-1200/1500 PLC 系统？

2．S7-1200 PLC 可以作为智能 I/O 设备和 S7-1200/1500 PLC 通信，实现分布式远程 I/O 模块的功能。请在博途项目中，将 1 台 S7-1500 PLC 作为控制器，连接作为智能 I/O 设备的 S7-1200 PLC，控制其输出口的 8 个 LED 呈流水灯变化，编程并进行调试。

项目七

基于 Factory I/O 虚拟工厂的综合控制

任务一　传送带控制系统

【任务描述】

在国家教育行政部门的积极引导和推动下，虚拟仿真实验呈现蓬勃发展态势。在新时代的教育教学背景下，虚拟仿真实验教学发挥着重要的作用。在 PLC 学习领域，国内外涌现出许多优秀的虚拟仿真平台，如 Factory I/O 虚拟仿真实验室（以下简称 Factory I/O）、工业 DCS 仿真操作实训系统、流程行业自动化仿真实训系统。

本任务的主要目的是认识 Factory I/O。首先，先打开 Factory I/O 场景库中的一个传送带系统场景，如图 7-1 所示。然后，在 TIA Portal 软件中编写西门子 S7-1200/1500 PLC 的程序，用 S7-1200/1500 PLC 实物（或者 S7-PLCSIM 软件）来控制 Factory I/O 中的传送带系统。扫描右侧二维码可查看详细操作，传送带控制系统的具体要求如下。

扫一扫

微课： 传送带控制系统使用项目源程序完成仿真实验

图 7-1　传送带系统场景

①场景包含 2 个拼接在一起的传送带，左边为传送带 1，右边为传送带 2。

②启动按钮能点动控制传送带 1 从左向右运动。

③传送带 2 的两端各有一个检测传感器，当箱子从传送带 1 被传送到传送带 2 的起点位置时，起点物料检测传感器检测到信号，传送带 2 启动。当箱子到达传送带 2 的终点时，终点物料检测传感器检测到信号，传送带 2 停止。若中途按下停止按钮，则传送带 2 也会停止。

请你和组员一起阅读课本并查阅相关资料，熟悉 Factory I/O 的场景搭建与 PLC 的通信配置。完成资料查阅和小组讨论后，请分工进行 Factory I/O 的场景搭建、PLC 的程序设计、通信配置等，完成控制任务。

■【任务目标】

知识目标：

➢ 了解 Factory I/O 的各种功能；

➢ 掌握 Factory I/O 主要部件的使用方法；

➢ 掌握 TIA Portal 软件与 Factory I/O 的通信方法。

能力目标：

➢ 能通过查阅资料来了解 Factory I/O；

➢ 能够使用 Factory I/O 搭建简单的工业场景；

➢ 能使用 TIA Portal 软件控制 Factory I/O 的简单工业场景。

素质目标：

➢ 培养学生的团队合作精神，树立创新意识。

■【相关知识】

1．Factory I/O 虚拟仿真实验室

1）Factory I/O 简介

Factory I/O 是 RealGame 公司开发的一款工业自动化虚拟仿真软件，主要用于 PLC 工程控制类课程的仿真学习。该软件提供了 21 个典型的工业场景和超过 80 个工业部件，用户可以自主搭建诸多工业场景。图 7-2 所示是 Factory I/O 的某工业场景，用实物 PLC（或使用 S7-PLCSIM）可以对虚拟工厂进行控制。

图 7-2　Factory I/O 的某工业场景

Factory I/O 包含丰富的、典型的工业设备部件库。部件库中有传感器、传送带、按钮、开关等部件。使用 Factory I/O 的智能编辑工具，可以简单又逼真地建造 3D 工业场景及虚拟工厂。

Factory I/O 可以先连接到不同的 I/O 驱动上，再与 PLC、SoftPLC 等控制器相连。PLC 的

输出信号送至 Factory I/O 的执行器，Factory I/O 的传感器等信号则送至 PLC 的输入口。

Factory I/O 支持西门子、AB、CODESYS 等公司的 PLC。此外，其还支持 OPC DA/UA 协议、Modbus TCP/IP 协议，通过这两种协议可以支持大多数品牌的 PLC。

2）Factory I/O 场景

图 7-3 所示是 Factory I/O 的场景库，可以使用场景库中的 21 个典型的工业场景来调试 PLC 程序。此外，还可以使用 Factory I/O 部件库中的传感器、驱动器等搭建自己专属的工业场景。

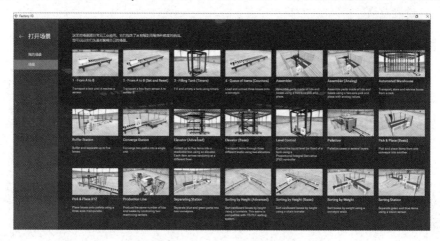

图 7-3　Factory I/O 的场景库

使用 Factory I/O 场景库，可以帮助用户理解各模块的作用。以下是 Factory I/O 场景库中常用的场景。

（1）传送带系统场景。在 Factory I/O 场景库中有三个不同的传送带系统场景，如图 7-4 所示。这些场景包含滚筒式传送带、反射传感器和反射器、盒子、物料发生器、物料回收器等。传送带系统场景逻辑关系简单，适合初学者使用。

图 7-4　三个不同的传送带系统场景

（2）储液罐系统场景。储液罐系统场景是典型的过程控制类场景，可以对其液位进行 PID 控制，如图 7-5 所示。该场景主要包括控制箱和储液罐。

①控制柜。储液罐系统场景中的控制箱配置了基本的输入、输出部件（启动、停止、复位三个按钮）及其对应的指示灯；一个旋钮开关，可用于输入模拟量；一个数码管，可用于显示液位设定值、当前液位值。

②储液罐。储液罐设置了进水阀和出水阀，两个阀门均可以设置为模拟量（0.0V～10.0V）控制；系统还提供了储液罐的液位传感器、出水流量传感器等。因此，可以使用 S7-1500 PLC（S7-1200 PLC 的 PID 工艺不能仿真）对储液罐的液位进行 PID 闭环控制。

图 7-5　储液罐系统场景

（3）电梯系统场景。在 Factory I/O 场景库中有两个电梯系统场景，如图 7-6 所示，左、右两个场景分别是基础电梯系统场景和高级电梯系统场景。两个场景都通过电梯将多个物品随机送到不同的楼层。场景提供的两个开关量分别控制其上、下移动，移动时为高速，接近目的楼层时可以启用低速控制。但该场景中无定位传感器，使用者可以使用其他传感器对电梯进行定位。

图 7-6　电梯系统场景

（4）视觉分拣系统场景。Factory I/O 场景库中有多个分拣系统场景，图 7-7 所示是其中的一个视觉分拣系统场景。系统由物料发生器、物料回收器、传送带、视觉传感器、分拣器、挡板等组成。视觉分拣系统场景使用的视觉传感器可以识别蓝、绿两种颜色。使用该场景可以对物料进行颜色识别，对不同颜色的物料进行分拣。

图 7-7　视觉分拣系统场景

3）PLC 与 Factory I/O 构建仿真控制系统的过程

以 S7-1200/1500 PLC 为例，PLC 与 Factory I/O 共同构建仿真控制系统的具体过程如下。

①在 Factory I/O 中打开或搭建场景；

②在 Factory I/O 中配置 S7-PLCSIM（或实物 PLC）的 I/O 和通信；

③在 TIA Portal 软件中，使用项目模板，完成 PLC 硬件组态和程序编写；

④调试和运行仿真控制系统。

2．Factory I/O 官网提供的 TIA Portal 工程模板

为了实现 Factory I/O 与 TIA Portal 软件的通信，Factory I/O 官网分别为 S7-1200 PLC、S7-1500 PLC 提供了 TIA Portal 工程模板。PLC 使用 TIA Portal 工程模板能够快速地与 Factory I/O 建立通信。

S7-1200 PLC 的 TIA Portal 工程模板提供了一个用 SCL 编写的名为 "MHJ-PLC-Lab-Function-S71200" 的驱动函数[FC9000]。S7-1500 PLC 的 TIA Portal 工程模板提供了一个用 SCL 编写的名为 "MHJ-PLC-Lab-Function-S71500" 的驱动函数[FC9000]。在主程序 "Main[OB1]" 的程序段 1 中调用[FC9000]后就能够与 Factory I/O 正常地通信了。图 7-8、图 7-9 所示分别是 S7-1200 PLC 的驱动函数[FC9000]的变量、函数体。S7-1500 PLC 的驱动函数[FC9000]与 S7-1200 PLC 的驱动函数[FC9000]总体上一样，这里不再列出。

读者可以直接使用官网提供的 TIA Portal 工程模板，以便快速地与 Factory I/O 建立通信，也可以先在 TIA Portal 软件中新建项目，再将驱动函数[FC9000]复制到项目程序中，并在 "Main[OB1]" 的程序段 1 中调用[FC9000]，从而实现与 Factory I/O 的通信。

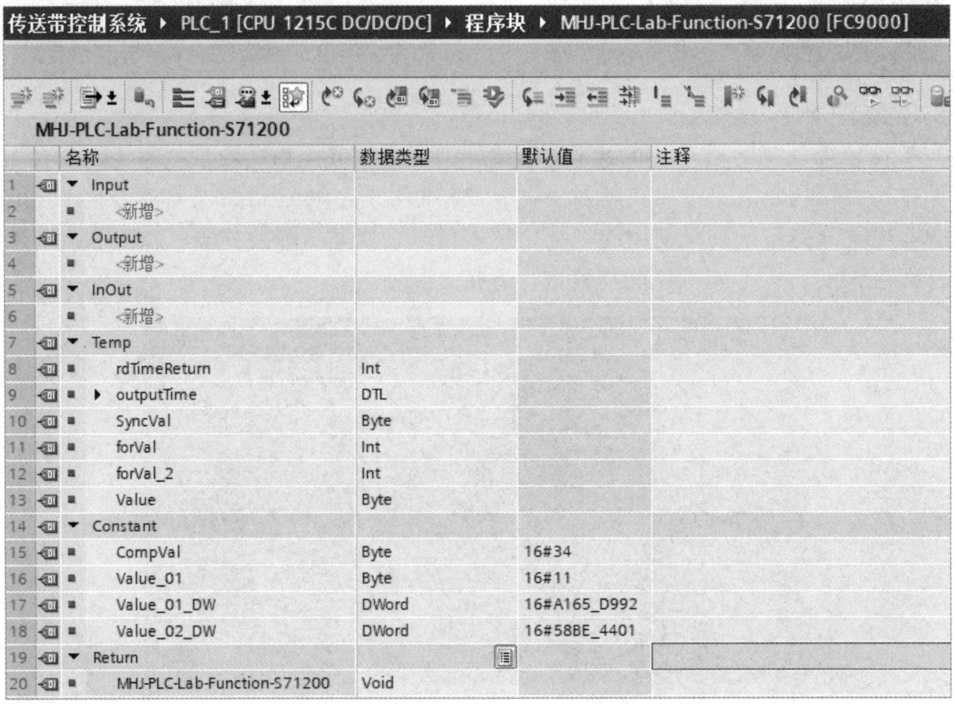

图 7-8　S7-1200 PLC 的驱动函数[FC9000]的变量

打开 TIA Portal 工程模板文件后，还需要检查一下 PLC 的连接机制，确保已经勾选了"允许来自远程对象的 PUT/GET 通信访问"复选框，如图 7-10 所示，否则与 Factory I/O 的通信不会成功。

```
1  #Value:=PEEK(area := 16#82,
2       dbNumber := 0,
3       byteOffset := 511);
4  #Value := #Value + 1;
5
6  POKE(area := 16#82,
7       dbNumber := 0,
8       byteOffset := 511,
9       value := #Value);
10
11 POKE(area:=16#81,
12      dbNumber:=0,
13      byteOffset:=1016,
14      value:=#Value_01_DW);
15 POKE(area := 16#81,
16      dbNumber := 0,
17      byteOffset := 1020,
18      value := #Value_02_DW);
19
20 POKE(area := 16#81,
21      dbNumber := 0,
22      byteOffset := 511,
23      value := B#16#00);
24
25 FOR #forVal := 0 TO 120 DO
26     FOR #forVal_2:=0 TO 10 DO
27         #rdTimeReturn:=RD_SYS_T(#outputTime);
28         #rdTimeReturn := WR_SYS_T(#outputTime);
29         #rdTimeReturn := RD_SYS_T(#outputTime);
30         #rdTimeReturn := WR_SYS_T(#outputTime);
31     END_FOR;
32     #SyncVal:= PEEK(area := 16#81,
33                     dbNumber := 0,
34                     byteOffset := 511);
35     IF #SyncVal = #CompVal THEN
36         GOTO M_1;
37     END_IF;
38 END_FOR;
39 RETURN;
40
41 M_1:
42 POKE(area := 16#81,
43      dbNumber := 0,
44      byteOffset := 511,
45      value := B#16#0);
```

图 7-9 S7-1200 PLC 的驱动函数[FC9000]的函数体

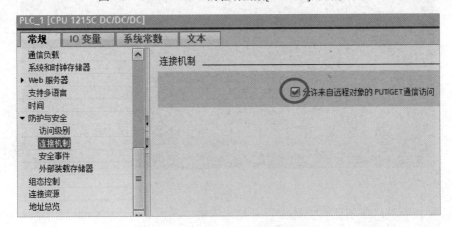

图 7-10 检查 PLC 的连接机制

【任务实施】

1. 参考实施方案

1）PLC 的 I/O 分配

根据任务要求，设计表 7-1 所示的 PLC 的 I/O 分配表。启动按钮的地址是 I0.0，停止按钮的地址是 I0.1，起点物料检测传感器的地址是 I0.2，终点物料检测传感器的地址是 I0.3，启动指示灯的地址是 Q0.0，停止指示灯的地址是 Q0.1，传送带 1 电动机的地址是 Q0.2，传送带 2 电动机的地址是 Q0.3。

表 7-1 PLC 的 I/O 分配表

输 入 信 号			输 出 信 号		
名称	数据类型	地址	名称	数据类型	地址
启动按钮	Bool	I0.0	启动指示灯	Bool	Q0.0
停止按钮	Bool	I0.1	停止指示灯	Bool	Q0.1
起点物料检测	Bool	I0.2	传送带 1 电动机	Bool	Q0.2
终点物料检测	Bool	I0.3	传送带 2 电动机	Bool	Q0.3

2）Factory I/O 场景设计

按照任务要求，可以使用 Factory I/O 场景库中的第二个场景。该场景中的传送设备为两个滚筒式传送带，传送带 2 的起点和终点分别放置了反射传感器，可用于检测箱子的位置。为了更好地操作传送带，需要添加控制箱，并在控制箱中添加启动按钮、停止按钮、到位指示灯等。扫描右侧二维码可查看详细操作。

扫一扫

微课：传送带控制系统 PLC 与 Factory IO 的连接设置

（1）打开场景。运行 Factory I/O 软件，首先单击"文件"→"打开"按钮，进入"打开场景"界面，然后单击"场景"选项，打开场景"2 - From A to B（Set and Reset）"，如图 7-11 所示，打开之后的场景如图 7-1 所示。

图 7-11 打开传送带系统场景

（2）添加控制箱。在右侧"部件库"下拉菜单的"操作站"选区中找到白色的控制箱及其支座，如图 7-12 所示。将其拖动到场景中的合适位置。

图 7-12 添加控制箱

添加部件后需要对部件进行水平移动、垂直移动及翻转等调整，此时只需要选中对象后右击，在弹出的快捷菜单中选择对应功能后进行调整即可，如图 7-13 所示。

（3）在控制箱上添加按钮。在"操作站"选区中找到启动按钮和停止按钮，将其拖动出来放置在控制箱的面板上，如图 7-14 所示。

图 7-13 调整菜单

图 7-14 将启动按钮、停止按钮放置在控制箱的面板上

（4）修改传感器和执行器标签的名称。传感器和执行器的默认标签为英文，可以将这些标签改为中文。打开"视图"选项卡，单击"添加所有标签至任务栏"按钮之后，可以在任务栏中修改标签的名称，如图 7-15、图 7-16 所示。

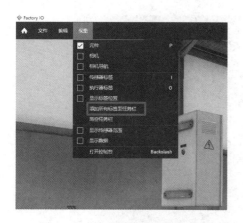

图 7-15　添加所有标签至任务栏

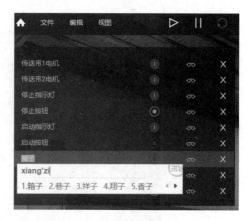

图 7-16　在任务栏中修改标签名称

3）Factory I/O 驱动配置

（1）进入驱动界面。打开"文件"选项卡，单击"驱动"按钮（或者直接按"F4"键）进入驱动界面，如图 7-17 所示。

图 7-17　进入驱动界面

（2）选择控制器类型。在驱动界面中，选择"驱动"下拉列表中的"Siemens S7-PLCSIM"，如图 7-18 所示。

图 7-18　选择控制器类型

注：本任务软件图和程序图中的电机均应为电动机。

（3）配置 PLC 的类型和 I/O。单击驱动界面中右上角的"配置"按钮进入配置界面，本任务的 PLC 选型配置界面如图 7-19 所示。

①在左侧控制器的类型中，选择"Siemens S7-PLCSIM"；

②PLC 的具体类型需要根据项目实际情况进行选择，这里选择"S7-1200"；

③输入/输出点的计数根据场景中输入信号和输出信号的具体个数而定，这里根据场景的 I/O 配置表，布尔输入填"4"，布尔输出填"4"，双字输入和双字输出填"0"。

图 7-19　任务一的 PLC 选型配置界面

（4）为传感器和执行器分配 I/O 地址。完成以上配置后返回驱动界面，在界面中可以看到左侧为传感器，右侧为执行器。将传感器、执行器按照表 7-1 所示的内容依次拖动到对应的输入、输出信号的位置，如图 7-20 所示。

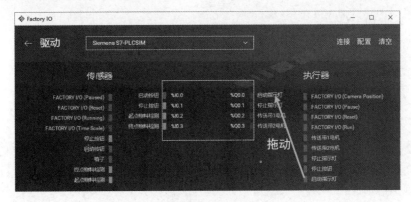

图 7-20　为传感器和执行器分配 I/O 地址

4）PLC 程序设计

（1）PLC 变量表。打开 TIA Portal 工程模板，该工程模板中默认的 PLC 为“CPU 1211C”，可以根据实际硬件条件更改 S7-1200 PLC 的型号（如果使用 S7-PLCSIM，可以不更改）。

根据前面分配好的 I/O 地址，设置好本任务的 PLC 变量表，如图 7-21 所示。

传送带控制系统 ▸ PLC_1 [CPU 1215C DC/DC/DC] ▸ PLC 变量 ▸ Standard-Variablentabelle [37]

Standard-Variablentabelle

	名称	数据类型	地址	保持	从 H...	从 H...	在 H...	注释
1	启动按钮	Bool	%I0.0	☐	☑	☑	☑	
2	停止按钮	Bool	%I0.1	☐	☑	☑	☑	
3	起点物料检测	Bool	%I0.2	☐	☑	☑	☑	
4	终点物料检测	Bool	%I0.3	☐	☑	☑	☑	
5	启动指示灯	Bool	%Q0.0	☐	☑	☑	☑	
6	停止指示灯	Bool	%Q0.1	☐	☑	☑	☑	
7	传送带1电机	Bool	%Q0.2	☐	☑	☑	☑	
8	传送带2电机	Bool	%Q0.3	☐	☑	☑	☑	
9	<新增>			☐	☑	☑	☑	

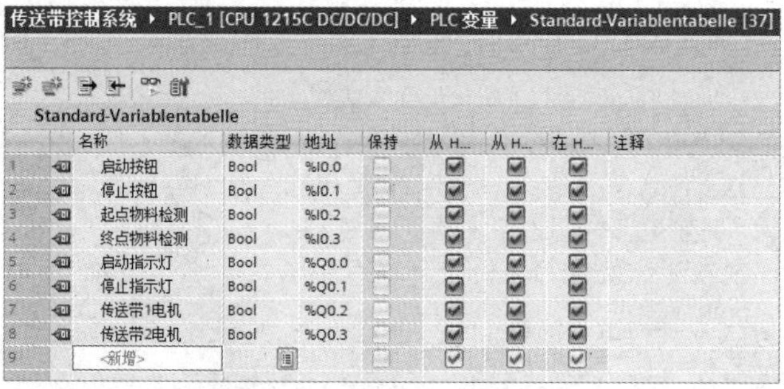

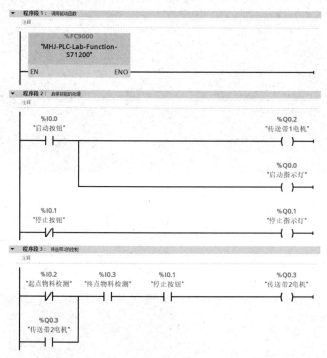

图 7-21　任务一的 PLC 变量表

（2）主程序“Main[OB1]”。参考图 7-22 所示程序，编写传送带控制系统的主程序“Main[OB1]”。

图 7-22　传送带控制系统的主程序“Main[OB1]”

程序段 1 是调用驱动函数[FC9000]。

程序段 2 是对“启动按钮”和“停止按钮”的处理。按下“启动按钮”能控制传送带 1 启动，同时点亮启动指示灯。Factory I/O 的“停止按钮”默认已经接了常闭触点，按下“停止按钮”会点亮停止指示灯。

程序段 3 是对传送带 2 的控制，当箱子到达传送带 2 的起点位置时，起点物料检测传感器检测到信号，传送带 2 启动；当箱子到达终点时，终点物料检测传感器检测到信号，传送带 2

停止；若中途按下"停止按钮"，则传送带 2 也会停止。

5）系统调试

在博途中启动 S7-PLCSIM 仿真软件，将 PLC 程序下载到 S7-PLCSIM 中，启动运行 PLC 程序。

在 Factory I/O 中，进入驱动界面后单击"连接"按钮，当界面中红色感叹号变为绿色对勾时，表示 S7-PLCSIM 与 Factory I/O 成功地建立了通信，如图 7-23 所示。

图 7-23 S7-PLCSIM 与 Factory I/O 成功地建立了通信

建立通信连接以后，返回到 Factory I/O 的主界面。单击任务栏中的运行图标▶，运行 Factory I/O，按以下步骤进行测试。

①按下"启动按钮"，启动指示灯亮，传送带 1 启动，开始运送箱子。

②松开"启动按钮"，启动指示灯熄灭，传送带 1 停止。

③当箱子运送至传送带 2 的起点时，传送带 2 自动启动运行。

④当箱子运送至传送带 2 的终点时，传送带 2 自动停止运行。

⑤在传送带 2 运行过程中，按下"停止按钮"，传送带 2 停止运行。

图 7-24 所示为程序运行的监控界面。

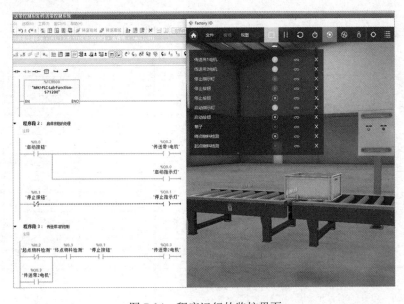

图 7-24 程序运行的监控界面

2. 任务实施过程

本任务的详细实施报告如表 7-2 所示。

表 7-2　任务一的详细实施报告

任 务 名 称	传送带控制系统		
姓　　名		同 组 人 员	
时　　间		实 施 地 点	
班　　级		指 导 教 师	
任务内容：查阅相关资料并讨论。 （1）Factory I/O 的各种功能； （2）Factory I/O 传送带控制系统场景的搭建； （3）传送带控制系统 PLC 程序的设计； （4）Factory I/O 与 TIA Portal 的通信方法			
查阅的相关资料			
完成报告	（1）Factory I/O 有哪些主要功能		
	（2）在搭建 Factory I/O 传送带控制系统场景的过程中，你遇到了哪些问题		
	（3）写出你设计的 PLC 控制程序		
	（4）写出 Factory I/O 与 TIA Portal 建立通信连接的关键步骤		
	（5）仿真系统的运行效果如何		

3. 任务评价

本任务的评价表如表 7-3 所示。

表 7-3　任务一的评价表

任 务 名 称	传送带控制系统			
小 组 成 员		评 价 人		
评 价 项 目	评 价 内 容	配　分	得　分	备　注
团队合作	实施任务的过程中有讨论	5		
	有工作计划	5		
	有明确的分工	5		
	小组成员工作积极	5		
7S 管理	安装完成后，工位无垃圾	5		
	安装完成后，工具和配件摆放整齐	5		
	在安装过程中，无损坏元器件及造成人身伤害的行为	5		
	在通电调试过程中，电路无短路现象	5		
安装电气系统	电气元件安装牢固	5		
	电气元件分布合理	5		

续表

评价项目	评价内容	配　分	得　分	备　注
安装电气系统	布线规范、美观	5		
	接线端牢固，露铜不超过 1mm	5		
控制功能	Factory I/O 与 TIA Portal 的通信连接是否成功	10		
	启动按钮能否点动控制传送带 1	10		
	当箱子运送至传送带 2 的起点时，传送带 2 是否启动运行	10		
	当箱子运送至传送带 2 的终点时，传送带 2 是否停止运行	5		
	在传送带 2 运行过程中，按下"停止按钮"，传送带 2 是否停止运行	5		
	总分			

【思考与练习】

以本任务为基础，在 Factory I/O 中设计一个传送带往返运输的场景，并用 PLC 对其进行控制。

任务二　液位 PID 控制系统

【任务描述】

Factory I/O 不仅可以进行离散控制场景的仿真，还可以进行连续过程控制场景的仿真。

请使用西门子 PLC 的 PID 算法控制一个储液罐的液位，扫描下方二维码可查看详细操作，具体要求如下。

①控制对象为 Factory I/O 中的储液罐的液位控制场景。

②控制器选用西门子 S7-1500 PLC。

③为了保持储液罐的液位稳定，要求设计一个单回路液位 PID 控制系统。

④PID 控制系统从启动调节到液位稳定的时间应小于 100s，稳定后的余差应小于 5%。

微课：液位 PID 控制
系统仿真实验

请你和组员一起阅读课本并查阅相关资料，了解 Factory I/O 的液位控制场景、PID 调节方法。完成资料查阅和小组讨论后，分工进行 Factory I/O 的场景搭建、PLC 的程序设计等，完成控制任务。

【任务目标】

知识目标：

➢ 了解液位 PID 控制系统的结构；

➢ 理解 PID_Compact 指令的输入、输出参数；

➤ 理解 Factory I/O 场景的部件设置方法;
➤ 掌握液位 PID 控制系统的程序设计和仿真调试方法。

能力目标:

➤ 能使用 Factory I/O 搭建液位 PID 控制系统场景;
➤ 能完成液位 PID 控制系统的程序设计和仿真调试;
➤ 能完成一些简单的 PID 控制器的参数整定。

素质目标:

➤ 培养学生团结合作精神,树立创新意识;

【相关知识】

1. 储液罐的液位控制系统

图 7-25 所示是储液罐的液位控制系统结构。

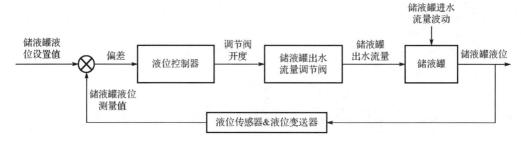

图 7-25　储液罐的液位控制系统结构

储液罐中液位的实际高度可以通过液位传感器读出,作为储液罐液位测量值。将储液罐液位测量值与储液罐液位设置值(如 50%高度)进行比较,产生的偏差作为液位控制器的输入。液位控制器根据某种控制规律(如 PID 控制)计算得出液位控制器输出,以控制储液罐出水流量调节阀的开度。调节阀开度的改变使得储液罐出水流量发生变化,储液罐液位将会随之发生变化,最终使得储液罐液位以最快的速度稳定在液位设置值。在工业控制中,常用 PID 控制器来实现对液位的自动控制。

2. PID 控制器

PID 是闭环控制系统的比例(P)-积分(I)-微分(D)控制算法,图 7-26 所示为 PID 控制的系统框图。设定一个输出目标,反馈系统传回输出值,如果与设定的输出目标不一致,则产生一个差值,PID 控制器根据此差值调整输入值,直至输出达到设定值。

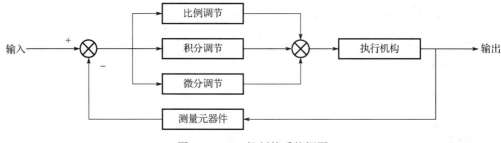

图 7-26　PID 控制的系统框图

PID 控制器根据设定值与被控对象实际值的差值，按照 PID 算法计算出控制器的输出量，控制执行机构调节被控对象。PID 控制是一种负反馈闭环控制，能够抑制系统闭环内各种因素引起的扰动，使实际值能快速跟随设定值。PID 及其衍生算法是工业自动控制系统中应用最广泛的算法之一。

3．PID Compact 指令介绍

1）PID_Compact 指令的视图

图 7-27 所示是 PID_Compact 指令，图 7-27（a）、图 7-27（b）所示分别为其集成视图和扩展视图。在不同的视图中看到的参数是不一样的，在集成视图中看到的参数为最基本的默认参数，如给定值（Setpoint）、反馈值（Input、Input_PER）、输出值（Output、Output_PER、Output_PWM）等，定义这些参数可实现控制器最基本的控制功能。在扩展视图中，可看到更多的相关参数，如手自动切换（ManualEable、ManualValue），模式切换（ModeActivate、Mode）等，使用这些参数可使控制器具有更丰富的功能。

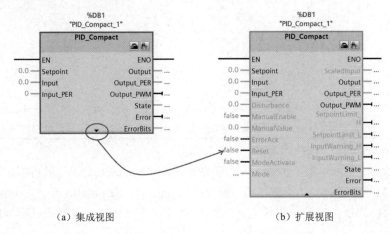

（a）集成视图　　　　　　　　　　　（b）扩展视图

图 7-27　PID_Compact 指令

2）PID_Compact 指令的输入参数

PID_Compact 指令的参数分为输入与输出两部分。输入参数包括 Setpoint、Input、Input_PER、Disturbance、ManualEnable、ManualValue、ErrorAck、Reset、ModeActivate、Mode，如表 7-4 所示。

表 7-4　PID_Compact 指令的输入参数

参　数	数 据 类 型	说　明
Setpoint	Real	PID 控制器在自动模式下的设定值
Input	Real	PID 控制器的反馈值（工程量）
Input_PER	Int	PID 控制器的反馈值（模拟量）
Disturbance	Real	扰动变量或预控制值
ManualEnable	Bool	当出现 FALSE→TRUE 上升沿时，激活手动模式，与当前 Mode 的数值无关；当 ManualEnable=TRUE 时，无法通过 ModeActivate 的上升沿或使用"调试"对话框来更改工作模式；当出现 TRUE→FALSE 下降沿时，激活参数 Mode 指定的工作模式

参　数	数据类型	说　明
ManualValue	Real	用作手动模式下的 PID 输出值，需要满足以下条件。 Config.OutputLowerLimit<ManualValue<Config.OutputUpperLimit
ErrorAck	Bool	当出现 FALSE→TRUE 上升沿时，错误确认，清除已经离开的错误信息
Reset	Bool	重新启动控制器： 当出现 FALSE→TRUE 上升沿时，切换到未激活模式，同时复位 ErrorBits、InputWarning_H 和 InputWarning_L，清除积分作用（保留 PID 参数）； 只要 Reset=TRUE，PID_Compact 指令就会保持在"未激活"模式下（State=0）； 当出现 TRUE→FALSE 下降沿时，PID_Compact 指令将切换到保存在 Mode 参数中的工作模式
ModeActivate	Bool	当出现 FALSE→TRUE 上升沿时，PID_Compact 指令将切换到保存在 Mode 参数中的工作模式
Mode	Int	指定 PID_Compact 指令转换到如下工作模式。 State=0：未激活； State=1：预调节； State=2：精确调节； State=3：自动模式； State=4：手动模式。 能激活工作模式的沿：ModeActivate 的上升沿、Reset 的下降沿、ManualEnable 的下降沿 注意：Mode 具有断电保持特性，即若未激活新的值，则默认保持原来的值

3）PID_Compact 指令的输出参数

PID_Compact 指令的输出参数包括标定的过程值（ScaledInput）、PID 的输出值（Output、Output_PER、Output_PWM）、限位报警（SetpointLimit_H、SetpointLimit_L、InputWarning_H、InputWarning_L）、PID 的当前工作模式（State）、错误状态（Error）及错误代码（ErrorBits）等，如表 7-5 所示。

表 7-5　PID_Compact 指令的输出参数

参　数	数据类型	说　明
ScaledInput	Real	标定的过程值
Output	Real	PID 的输出值（Real 形式）
Output_PER	Int	PID 的输出值（模拟量）
Output_PWM	Bool	PID 的输出值（脉宽调制）
SetpointLimit_H	Bool	若 SetpointLimit_H=TRUE，则说明已达到设定值的绝对上限（Setpoint≥Config.SetpointUpperLimit）
SetpointLimit_L	Bool	若 SetpointLimit_L=TRUE，则说明已达到设定值的绝对下限（Setpoint≤Config.SetpointLowerLimit）
InputWarning_H	Bool	若 InputWarning_H=TRUE，则说明过程值已达到或超出警告上限
InputWarning_L	Bool	若 InputWarning_L=TRUE，则说明过程值已达到或低于警告下限

参　数	数据类型	说　明
State	Int	参数 State 显示了 PID 控制器的当前工作模式。 State=0：未激活； State=1：预调节； State=2：精确调节； State=3：自动模式； State=4：手动模式； State=5：带错误监视的替代输出值
Error	Bool	若 Error=TRUE，则此周期内至少有一条错误消息处于未决状态
ErrorBits	DWord	参数 ErrorBits 显示了处于未决状态的错误消息。通过 Reset 或 ErrorAck 的上升沿来保持并复位 ErrorBits

当 PID 出现错误时，通过捕捉 Error 的上升沿，将 ErrorBits 传送至全局地址（如 MD100），可以获得 PID 的错误信息，PID_Compact 指令的错误代码及其说明如表 7-6 所示。

表 7-6　PID_Compact 指令的错误代码及其说明

错误代码	说　明
DW#16#0000	没有任何错误
DW#16#0001	参数 Input 超出了过程值限定的范围，正常范围应为 Config.InputLowerLimit<Input<Config.InputUpperLimit
DW#16#0002	参数 Input_PER 的值无效。请检查模拟量输入是否有处于未决状态的错误
DW#16#0004	精确调节期间出错。过程值无法保持振荡状态
DW#16#0008	预调节启动时出错。过程值过于接近设定值，直接启动精确调节
DW#16#0010	调节期间设定值发生更改。可在变量 CancelTuningLevel 中设置允许的设定值波动
DW#16#0020	精确调节期间不允许预调节
DW#16#0080	预调节期间出错。输出值限值的组态不正确，请检查输出值的限值是否已正确组态及其是否匹配控制逻辑
DW#16#0100	精确调节期间的错误导致生成无效参数
DW#16#0200	参数 Input 的值的数字格式无效
DW#16#0400	输出值计算失败。请检查 PID 参数
DW#16#0800	采样时间错误：在循环中断 OB 的采样时间内没有调用 PID_Compact 指令
DW#16#1000	参数 Setpoint 的值的数字格式无效
DW#16#10000	参数 ManualValue 的值的数字格式无效
DW#16#20000	变量 SubstituteOutput 的值的数字格式无效。这时，PID_Compact 指令使用输出值下限作为输出值
DW#16#40000	参数 Disturbance 的值的数字格式无效

【任务实施】

1．参考实施方案

1）任务分析

在常见的储液罐生产工艺中，若液位过高（如满罐），则液体会从储液罐顶部的排气孔流出，造成浪费；而若液位过低（如空罐），则其下游的水泵可能会因气蚀而损坏。因此，保持储液罐液位的稳定具有很大的现实意义。

在储液罐的液位控制系统场景中，影响储液罐液位的因素主要有进水流量、出水流量，为了能稳定地控制液位，可以采用最基本的 PID 单回路控制进水阀门的方法。

2）PLC 的 I/O 和变量分配

根据任务的要求，设置表 7-7 所示的 PLC 的 I/O 和变量分配表。

表 7-7　PLC 的 I/O 和变量分配表

输 入 信 号			输 出 信 号		
名称	数据类型	地址	名称	数据类型	地址
启动按钮	Bool	%I0.0	启动按钮指示灯	Bool	%Q0.0
停止按钮	Bool	%I0.1	进水阀门	Real	%QD40
液位传感器	Real	%ID40	出水阀门	Real	%QD44
出水速率	Real	%ID44	液位设置值	Real	%QD48
液位设置旋钮	Real	%ID48	液位实际值	Real	%QD52
启动标志位	Bool	%M10.0			
PID 设定值	Real	%MD40			
PID 输入值	Real	%MD44			
PID 输出值	Real	%MD48			

3）Factory I/O 场景设计

（1）运行 Factory I/O 软件，打开场景库中的"Level Control"液位控制场景，如图 7-28 所示。扫描下方二维码可查看详细操作。

微课：液位 PID 控制系统 PLC 与 Factory I/O 的连接设置

图 7-28　场景库中的"Level Control"液位控制场景

（2）参考本项目任务一的方法，按照表 7-7 所示的输入、输出信号把场景中的标签改为对应的中文标签，如图 7-29 所示。

（3）Factory I/O 的驱动配置。按"F4"键进入驱动界面，单击驱动界面中右上角的"配置"按钮进入配置界面，按图 7-30 所示内容进行配置，PLC 类型选择"S7-1500"，输入/输出点计数根据场景中输入信号和输出信号的个数而定。

图 7-29　修改场景中的标签

图 7-30　任务二的 PLC 选型及配置界面

完成以上配置后返回驱动界面，在界面中将左侧传感器和右侧执行器的地址按照表 7-7 进行分配，将传感器、执行器的信号拖动到对应位置，如图 7-31 所示。

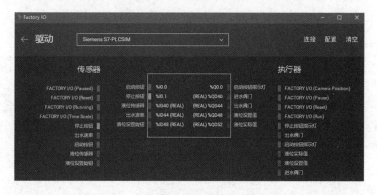

图 7-31　为传感器和执行器分配 I/O 地址

4）PLC 硬件组态和程序设计

打开 TIA Portal 软件的 S7-1500 PLC 的工程模板，该工程模板中默认的 PLC 为"CPU 1511-1 PN"，本任务使用 S7-PLCSIM 仿真调试，可以不更改 PLC 的型号。

（1）PLC 变量表。根据表 7-7 分配好的 I/O 地址，设置本任务的 PLC 变量表，如图 7-32 所示。

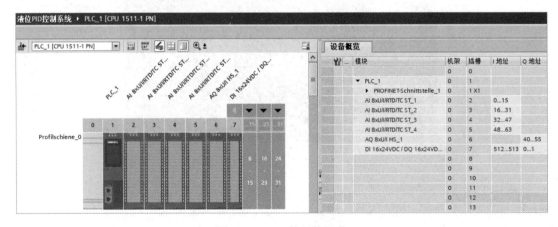

		名称	数据类型	地址 ▲	保持	从 H...	从 H...	在 H...
1		启动按钮	Bool	%I0.0		☑	☑	☑
2		停止按钮	Bool	%I0.1		☑	☑	☑
3		液位传感器	Real	%ID40		☑	☑	☑
4		出水速率	Real	%ID44		☑	☑	☑
5		液位设置旋钮	Real	%ID48		☑	☑	☑
6		启动按钮指示灯	Bool	%Q0.0		☑	☑	☑
7		进水阀门	Real	%QD40		☑	☑	☑
8		出水阀门	Real	%QD44		☑	☑	☑
9		液位设置值	Real	%QD48		☑	☑	☑
10		液位实际值	Real	%QD52		☑	☑	☑
11		启动标志位	Bool	%M10.0		☑	☑	☑
12		PID设定值	Real	%MD40		☑	☑	☑
13		PID输入值	Real	%MD44		☑	☑	☑
14		PID输出值	Real	%MD48		☑	☑	☑

图 7-32　任务一的 PLC 变量表

（2）PLC 的硬件组态。参考图 7-33 完成 PLC 的硬件组态。

图 7-33　PLC 的硬件组态

（3）PLC 的程序。

方法一：调用系统自带的 PID_Compact 指令来实现，扫描右侧二维码可查看详细操作。

第一步，编写循环中断组织块（Cyclic interrupt）。先添加一个循环中断组织块，并将其命名为"500ms 自动中断运行[OB30]"，然后参考图 7-34 编写这个循环中断组织块。

扫一扫

微课：PLC 程序分析（PID_Compact 指令）

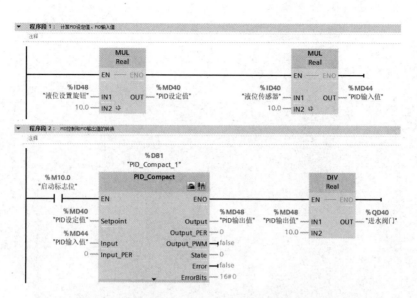

图 7-34　循环中断组织块：500ms 自动中断运行[OB30]（方法一）

程序段 1 用于计算 PID 设定值、PID 输入值。因为 PID 设定值、PID 输入值对应的范围是 0～100，而"液位设置旋钮""液位传感器"对应的范围是 0～10，所以，"液位设置旋钮"和"液位传感器"的值乘以 10 之后就可以分别得到 PID 设定值、PID 输入值。若将 PID_Compact 指令的过程值上限设置为 10，则可省去程序段 1。

程序段 2 用于从工艺指令库中调用 PID_Compact 指令。因为 PID 输出值对应的范围是 0～100，而"进水阀门"对应的范围是 0～10，所以，PID 输出值除以 10 之后就可以得到"进水阀门"的控制值。若将 PID_Compact 指令的输出值上限设置为 10，则可以省去 PID 输出值除以 10 的转换过程。

完成循环中断组织块[OB30]的编写后，还需要对 PID_Compact 指令进行组态设置，单击该指令右上角的组态图标，参考图 7-35～图 7-37 完成 PID_Compact 指令的组态设置，未列出的参数按默认配置即可。

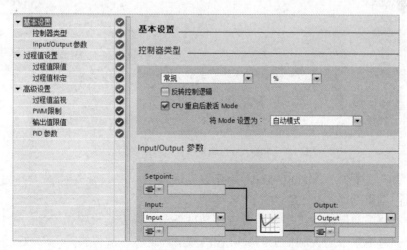

图 7-35　PID_Compact 指令的基本设置

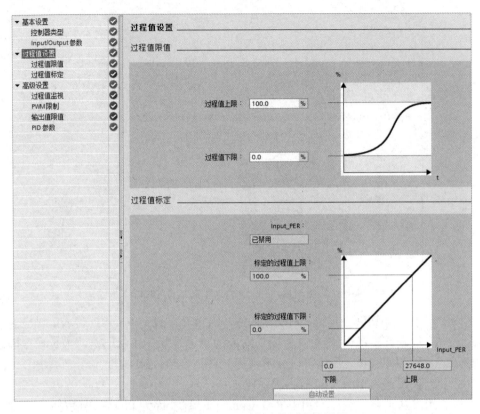

图 7-36　PID_Compact 指令的过程值设置

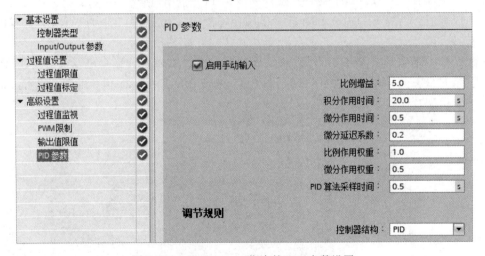

图 7-37　PID_Compact 指令的 PID 参数设置

第二步，编写主程序：Main[OB1]。参考图 7-38 所示程序编写主程序：Main[OB1]。

程序段 1：调用驱动函数 FC[9000]。

程序段 2：使用启停按钮来控制是否启用 PID 调节，以及实现对指示灯的控制。

程序段 3：对场景中的控制柜上的数码管的液位设置值、液位实际值的数据处理。

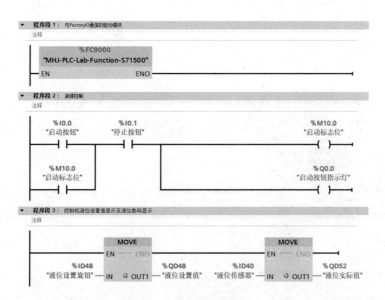

图 7-38　任务二的主程序：Main[OB1]（方法一）

方法二：使用 SCL 编写自己的 PID 控制器来实现，扫描右侧二维码可查看详细操作。

参考图 7-39～图 7-41 所示程序编写 PLC 程序。其中，图 7-39 所示是用 SCL 编写的 PID 控制器子程序：PID-SCL[FB1]；图 7-40 所示是循环中断组织块：500ms 自动中断运行[OB30]，每隔 500ms 能自动调用一次 PID-SCL[FB1]；图 7-41 所示是主程序：Main[OB1]。

微课：PLC 程序分析（SCL）

```
1   #delta := #SP - #PV;
2   #D_delta := #delta - #delta0;
3   #Sum_delta := #Sum_delta + #delta;
4
5   IF #Sum_delta > 10 THEN
6       #Sum_delta := 10;
7   ELSIF #Sum_delta < -10 THEN
8       #Sum_delta := -10;
9   END_IF;
10
11  #delta0 := #delta;
12  #LMN := 5 * #delta + 0.5 * #Sum_delta + 0.2 * #D_delta;
13
14  IF #LMN > 10 THEN
15      #LMN := 10;
16  ELSIF #LMN < 0 THEN
17      #LMN := 0;
18  END_IF;
```

图 7-39　用 SCL 编写的 PID 控制器子程序：PID-SCL[FB1]

```
1⊟IF "启动标志位" THEN
2 ⊟    "PID-SCL_DB"(SP := "液位设置旋钮",
3 │                 PV := "液位传感器",
4 │                 LMN => "进水阀门");
5 └END_IF;
```

图 7-40 循环中断组织块：500ms 自动中断运行[OB30]（方法二）

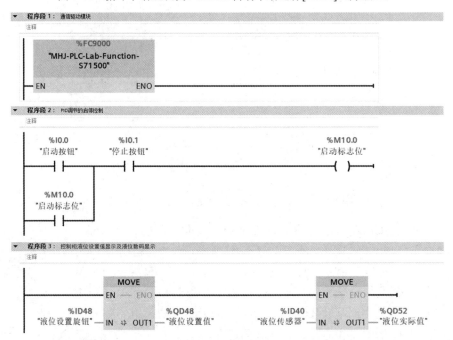

图 7-41 任务二的主程序：Main[OB1]（方法二）

【注意】

以上两种方法的功能相同，但方法二比方法一的调节更稳定，读者只需要从其中选择一种来完成本任务即可。

5）系统调试

参照以下步骤进行调试。

（1）PLC 程序编译成功后，将程序下载到 S7-PLCSIM 当中，并启动运行。

（2）打开 Factory I/O，进入驱动界面后单击"连接"按钮，当界面中的红色感叹号变为绿色对勾时，表示 Factory I/O 与 S7-PLCSIM 成功建立通信。

（3）回到 Factory I/O 的储液罐场景界面进行如下测试。

①单击任务栏中的运行图标▷，运行 Factory I/O 仿真。

②调节液位设置旋钮，把液位设置到一个值（如 5.40），再单击控制箱上的绿色启动按钮，此时启动按钮指示灯亮起，进水阀门打开并开始进水。

在实际液位达到 4.40 之前，进水阀门都是 100% 打开的，而实际液位达到 4.40 之后，进水阀门的开度开始慢慢变小，当实际液位接近 5.40 时，进水阀门开度稳定在 52%，此时进水量和出水量基本上达到平衡，此调节过程约为 60s。在调节的过程中，Factory I/O 场景与 PLC 程序监控界面上的数据始终是一致的，如图 7-42 所示。

③再次调节液位设置旋钮，设置液位为一个新的值，液位实际值经过 60s 左右就能达到并稳定在这个新的设定值。

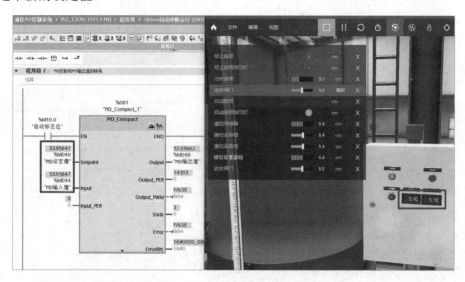

图 7-42　储液罐仿真运行监控

（4）在线监控 PID 调节曲线（仅限于采用第一种编程方法）。

单击 PID_Compact 指令右上角的图标打开调试窗口。在调试窗口中单击"Start"按钮开启在线测量，之后"Start"按钮将变成"Stop"按钮，如图 7-43 所示。

在 Factory I/O 场景中调节液位设置旋钮，设置液位为其他值之后，观察趋势界面中液位实际值（绿色曲线，液位传感器的测量值）和液位设置值（黑色曲线）的曲线，发现液位实际值慢慢接近液位设置值，并在 60s 左右时等于液位设置值，输出控制量（红色曲线）也逐渐趋于稳定。

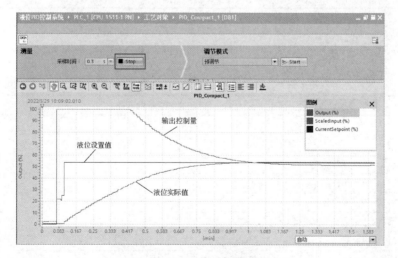

图 7-43　PID 调节过程曲线

（5）优化 PID 参数。可以通过启动"预调节"和"精确调节"来在线优化 PID 参数。从图 7-43 中可以看出，本任务中的 PID 参数已经比较好了，不需要对 PID 参数进行优化。

如果不采用自动调节，也可以通过手动更改 PID 参数进行调节，如图 7-37 所示。由于 S7-1500 PLC 不支持在线初始化，因此调节完成后需要将 PID 参数设定值重新初始化。单击 PID 调试面板上的下载图标 即可重新初始化。

2．任务实施过程

本任务的详细实施报告如表 7-8 所示。

表 7-8　任务二的详细实施报告

任 务 名 称	液位 PID 控制系统		
姓　　名		同 组 人 员	
时　　间		实 施 地 点	
班　　级		指 导 教 师	
任务内容：查阅相关资料并讨论。 （1）液位 PID 控制系统的结构； （2）Factory I/O 场景的部件设置方法； （3）PID_Compact 指令的输入、输出参数； （4）液位 PID 控制系统的程序设计和仿真调试方法			
查阅的相关资料			
完成报告	（1）写出液位 PID 控制系统的设计流程		
	（2）使用 Factory I/O 中的液位控制场景时，需要注意哪些问题		
	（3）在使用 PID_Compact 指令的过程中，你遇到了哪些问题		
	（4）你设计的液位 PID 控制系统用多长时间使液位实际值等于液位设置值		

3．任务评价

本任务的评价表如表 7-9 所示。

表 7-9　任务二的评价表

任 务 名 称	液位 PID 控制系统			
小 组 成 员		评 价 人		
评 价 项 目	评 价 内 容	配　　分	得　　分	备　　注
团队合作	实施任务的过程中有讨论	10		
	有工作计划	10		
	有明确的分工	10		
	小组成员工作积极	10		
控制功能	PLC 程序能否正常编译和运行	15		
	Factory I/O 与 TIA Portal 软件的通信连接是否成功	15		
	在 PID 调节过程中，Factory I/O 场景与 PLC 程序监控界面上的数据是否一致	15		

续表

评 价 项 目	评 价 内 容	配　　分	得　　分	备　　注
控制功能	在 Factory I/O 中调节液位设置旋钮后，液位实际值是否在 100s 以内达到并稳定在液位设置值	15		
	总分			

【思考与练习】

1. 请参照本任务的实施方案，分组完成本任务。
2. 请参照本任务的程序，采用纯比例（P）控制的方法来控制储液罐的液位。

任务三　视觉分拣系统

【任务描述】

在 Factory I/O 中可以搭建工业控制中常见的视觉分拣系统场景，视觉传感器能检测物料的颜色和材质。请使用西门子 S7-1500 PLC 来控制该场景，完成物料的分拣。

请你和组员一起阅读课本并查阅相关资料，熟悉 Factory I/O 的视觉分拣系统场景。完成资料查阅和小组讨论后，分工进行 Factory I/O 的场景搭建、PLC 的程序设计等，完成控制任务。

【任务目标】

知识目标：
➢ 了解视觉传感器的工作原理；
➢ 了解分拣执行机构的工作原理；
➢ 理解视觉分拣系统的总体结构；
➢ 掌握使用 GRAPH 来编写复杂的顺序控制程序的方法；
➢ 掌握使用 SCL 来编写复杂的顺序控制程序的方法。
能力目标：
➢ 能通过查阅资料来了解视觉分拣系统的工艺；
➢ 能在 Factory I/O 中搭建视觉分拣系统场景；
➢ 能编写和调试视觉分拣系统的 PLC 程序。
素质目标：
➢ 树立创新意识；
➢ 培养大国工匠精神。

扫一扫

微课：视觉分拣系统场景中的执行器、传感器

【相关知识】

Factory I/O 场景库中的视觉分拣系统是一种典型的工业场景，如图 7-44 所示。视觉分拣系统主要由控制箱、物料发生器、传送装置、视觉传感器、分拣器 5 个部分组成。扫描右侧二维码可查看视觉分拣

系统场景中的执行器、传感器相关内容。

物料发生器在满足触发条件时随机产生一个任意颜色（或材质）的物料。该物料通过传送带 1 运送至视觉传感器下方后，视觉传感器自动采集物料特征信号并传给控制器。控制器根据视觉传感器的信号控制 3 个分拣器将不同颜色（或材质）的物料分拣到不同出口。在此过程中，分拣出口检测传感器可以检测物料是否在分拣出口。

图 7-44　视觉分拣系统

①控制箱。控制箱是整个视觉分拣系统运行过程中的操作和控制中心。在实际的控制箱里，有 PLC、接触器等元器件，而在 Factory I/O 中，控制箱只是一个实心箱子，但是可以在控制箱的上面添加按钮、旋钮、指示灯、数码管显示器等输入或输出设备。视觉分拣系统中的控制箱设置了启动、停止、复位、紧急停止等按钮，以及手动自动模式切换开关、数码管显示器等。

②物料发生器。物料发生器在满足触发条件时随机产生一个任意颜色（或材质）的物料。物料类型、物料颜色、物料产生的时间间隔等都可以通过鼠标右键进行配置。

③传送装置。系统中的传送装置使用的是履带式传送带，可以在项目菜单中的"轻载零件"中找到它。在视觉分拣系统中，将 2 个履带式传送带拼接起来使用。

④视觉传感器。图 7-45 所示为视觉传感器，它的感应范围为 0.3～2 米。在视觉分拣系统中，视觉传感器作为最重要的检测传感器，可以识别物料的种类、颜色、材质等特征。视觉传感器的输出编码配置如表 7-10 所示。

图 7-45　视觉传感器

表 7-10　视觉传感器的输出编码配置

待 检 物 料	输 出 编 码	传感器输出数值
无	0000	0
蓝色物料	1000	1
蓝色产品盖	0100	2
蓝色产品基座	1100	3
绿色物料	0010	4
绿色产品盖	1010	5
绿色产品基座	0110	6
金属物料	1110	7
金属制品盖	0001	8
金属制品基座	1001	9

⑤分拣器。分拣器可以对不同的物料进行分类。视觉分拣系统中一共有 3 个分拣器，每个分拣器有 2 个驱动器。其中一个驱动器控制物料旋转 45°，另一个驱动器是垂直放置的小型履带，在水平传送带的配合下，可以把物料推出。图 7-46 所示是视觉分拣系统的分拣器。

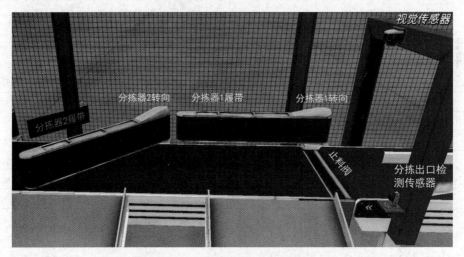

图 7-46　视觉分拣系统的分拣器

【任务实施】

1. 参考实施方案

1）任务分析

按照任务要求，采用西门子 S7-1500 PLC 来控制视觉分拣系统，完成物料的分拣。

物料发生器能随机产生蓝色、绿色、金属三种不同颜色或材质的物料。视觉传感器能检测这些物料，并对检测结果进行编码配置后输出，输出值有 0~9 十种。控制器根据视觉传感器的检测信号控制 3 个分拣器将不同颜色或材质的物料分拣到不同出口：信号 1~3 对应分拣到 1 号出口，信号 4~6 对应分拣到 2 号出口，信号 7~9 对应分拣到 3 号出口。

2）PLC 的 I/O 和变量分配

PLC 的 I/O 和变量分配如表 7-11 所示，也可根据实际情况对 PLC 的 I/O 和变量分配进行更改。本任务采用 S7-PLCSIM 仿真的方法进行调试。

其中，FactoryIO 复位信号是在 Factory I/O 中进行仿真复位时，传给 PLC 的信号；分拣出口检测传感器信号用于检测物料是否已经到达分拣器的出口；视觉传感器信号的值有 10 种，分别为 0~9，对应的数据类型为 Int；Counter1~Counter3 分别用于记录 3 种不同物料的收集的总数，对应的数据类型为 Int；k1、k2 均用于临时存储；启动标志位是一个中间标志位，用于记录启动按钮、停止按钮等的动作结果，控制是否启动系统运行。

其他的信号由其名称就能理解其功能，这里不再赘述。

表 7-11　PLC 的 I/O 和变量分配表

输 入 信 号			输 出 信 号		
名称	数据类型	地址	名称	数据类型	地址
启动按钮	Bool	I0.0	启动按钮指示灯	Bool	%Q0.0
停止按钮	Bool	I0.1	物料发生器	Bool	%Q0.1
紧急停止按钮	Bool	I0.2	传送带 1	Bool	%Q0.2
复位按钮	Bool	I0.3	传送带 2	Bool	%Q0.3
分拣出口检测传感器	Bool	I0.4	止料阀	Bool	%Q0.4
FactoryIO 复位	Bool	I0.5	分拣器 1 转向	Bool	%Q0.5
视觉传感器	Int	IW30	分拣器 1 履带	Bool	%Q0.6
			分拣器 2 转向	Bool	%Q0.7
启动标志位	Bool	%M10.0	分拣器 2 履带	Bool	%Q1.0
k1	Bool	%M10.1	分拣器 3 转向	Bool	%Q1.1
k2	Bool	%M10.2	分拣器 3 履带	Bool	%Q1.2
			物料收集器 1	Bool	%Q1.3
			物料收集器 2	Bool	%Q1.4
			物料收集器 3	Bool	%Q1.5
			Counter1	Int	%QW30
			Counter2	Int	%QW32
			Counter3	Int	%QW34

3）Factory I/O 场景设计

（1）选择场景库中的视觉分拣系统，如图 7-47 所示。

（2）参照前面两个任务，按照表 7-11 所示的输入、输出信号，将系统中零部件的标签改为中文标签，如图 7-48 所示。

（3）Factory I/O 的驱动配置。参照前面两个任务，根据图 7-49 所示内容配置 Factory I/O 的驱动，PLC 的类型选择"S7-1500"，输入/输出点计数根据场景中输入信号和输出信号的个数而定。

完成以上配置后返回驱动界面，在"驱动"下拉列表中选择"Siemens S7-PLCSIM"。在界面中，根据表 7-11 所示内容对左侧的传感器和右侧的执行器进行地址分配，将传感器、执行器的信号拖动到对应位置，如图 7-50 所示。

图 7-47　视觉分拣系统的选择

图 7-48　修改为中文标签

图 7-49 PLC 选型及配置界面

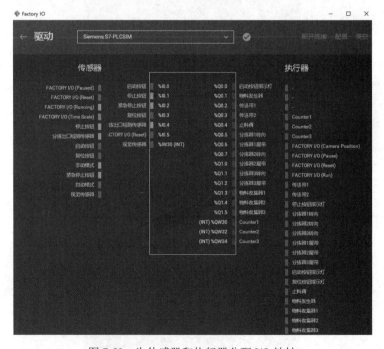

图 7-50 为传感器和执行器分配 I/O 地址

4）PLC 硬件组态和程序设计

打开 TIA Portal 软件的 S7-1500 PLC 的工程模板，该工程模板中默认的 PLC 为"CPU 1511-1PN"，本任务使用 S7-PLCSIM 仿真调试，可以不更改 PLC 的型号。

（1）PLC 变量表。根据表 7-11 分配好的 I/O 地址，设置本任务的 PLC 默认变量表，如图 7-51 所示。

		名称	数据类型	地址	保持	从 H...	从 H...	在 H...
1		启动按钮	Bool	%I0.0		☑	☑	☑
2		停止按钮	Bool	%I0.1		☑	☑	☑
3		紧急停止按钮	Bool	%I0.2		☑	☑	☑
4		复位按钮	Bool	%I0.3		☑	☑	☑
5		分拣出口检测传感器	Bool	%I0.4		☑	☑	☑
6		FactoryIO复位	Bool	%I0.5		☑	☑	☑
7		视觉传感器	Int	%IW30		☑	☑	☑
8		启动按钮指示灯	Bool	%Q0.0		☑	☑	☑
9		物料发生器	Bool	%Q0.1		☑	☑	☑
10		传送带1	Bool	%Q0.2		☑	☑	☑
11		传送带2	Bool	%Q0.3		☑	☑	☑
12		止料阀	Bool	%Q0.4		☑	☑	☑
13		分拣器1转向	Bool	%Q0.5		☑	☑	☑
14		分拣器1履带	Bool	%Q0.6		☑	☑	☑
15		分拣器2转向	Bool	%Q0.7		☑	☑	☑
16		分拣器2履带	Bool	%Q1.0		☑	☑	☑
17		分拣器3转向	Bool	%Q1.1		☑	☑	☑
18		分拣器3履带	Bool	%Q1.2		☑	☑	☑
19		物料收集器1	Bool	%Q1.3		☑	☑	☑
20		物料收集器2	Bool	%Q1.4		☑	☑	☑
21		物料收集器3	Bool	%Q1.5		☑	☑	☑
22		Counter1	Int	%QW30		☑	☑	☑
23		Counter2	Int	%QW32		☑	☑	☑
24		Counter3	Int	%QW34		☑	☑	☑
25		启动标志位	Bool	%M10.0		☑	☑	☑
26		k1	Bool	%M10.1		☑	☑	☑
27		k2	Bool	%M10.2		☑	☑	☑
28		<新增>				☑	☑	☑

图 7-51 任务三的 PLC 默认变量表

（2）PLC 的硬件组态。参考图 7-52 完成 PLC 的硬件组态。

模拟量输出模块用于给物料收集器 Counter1～Counter3 计数，地址配置为"30～37"。

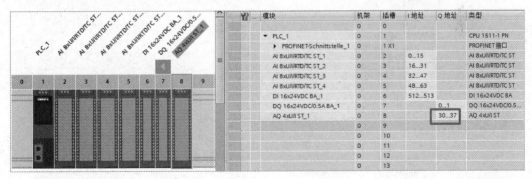

图 7-52 PLC 的硬件组态

（3）采用 GRAPH 编写子程序：视觉分拣控制[FB1]，扫描右侧二维码可查看详细操作。根据任务要求和场景配置，设计图 7-53 所示的视觉分拣控制的程序流程图。

扫一扫

微课：PLC 程序分析-GRAPH

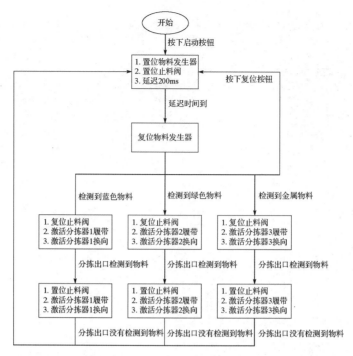

图 7-53　视觉分拣控制的程序流程图

根据所设计的程序流程图，设计出 GRAPH 程序框图，如图 7-54 所示。其中，Step2 之后有 4 个选择分支。当视觉传感器的输出值为 1～3 时，进入第 1 个选择分支；当视觉传感器的输出值为 4～6 时，进入第 2 个选择分支；当视觉传感器的输出值为 7～9 时，进入第 3 个选择分支。当按下复位按钮时，进入第 4 个选择分支。每个分支完成之后均回到 Step1。

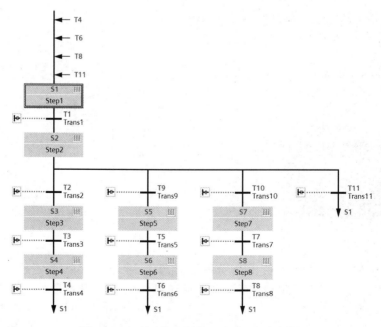

图 7-54　视觉分拣控制的 GRAPH 程序框图

参考图 7-55～图 7-59 所示程序，采用 GRAPH 编写子程序：视觉分拣控制[FB1]。其中，图 7-55 所示是前固定指令，在 Factory IO 复位时对 Counter1～Counter3 进行清零。图 7-56～图 7-59 分别对应 4 个选择分支，左边的 3 个选择分支能实现对 3 种物料的分拣和计数。

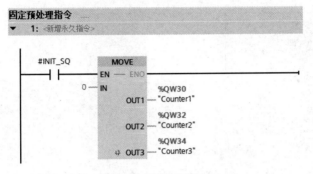

图 7-55　前固定指令

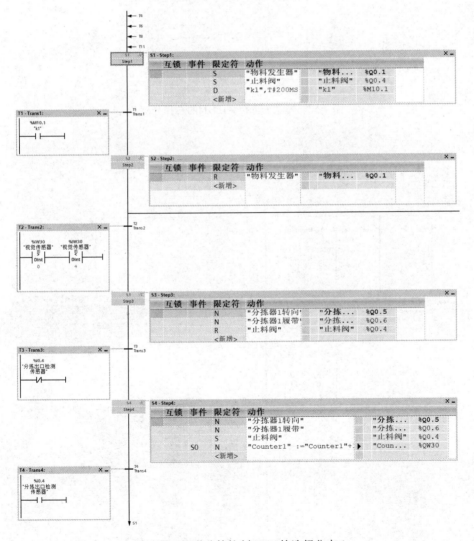

图 7-56　视觉分拣控制[FB1]的选择分支 1

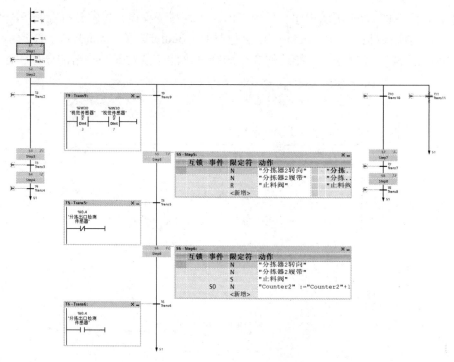

图 7-57　视觉分拣控制[FB1]的选择分支 2

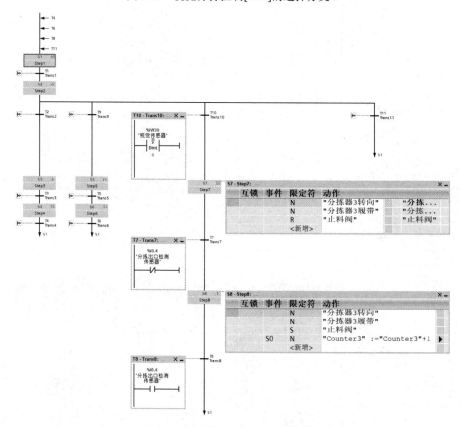

图 7-58　视觉分拣控制[FB1]的选择分支 3

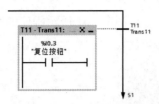

图 7-59　视觉分拣控制[FB1]的选择分支 4

（3）采用 SCL 编写子程序：视觉分拣控制-SCL [FB2]，扫描右侧二维码可查看详细操作。参考图 7-60 所示程序，采用 SCL 编写子程序：视觉分拣控制-SCL[FB2]。其中，"#Step" 和 "#i" 是在该子程序的块接口中定义的静态局部变量。

[FB2]与[FB1]的功能完全一致，请读者任选一个方法来实施任务。

扫一扫

微课：PLC 程序分析-SCL

```
1  IF #INIT THEN
2      #Step := 1;
3      "Counter1" := "Counter2" := "Counter3" := 0;
4  END_IF;
5
6  CASE #Step OF
7      1:
8          "物料发生器" := "止料阀" := 1;
9          #i += 1;
10         IF #i = 20 THEN
11             #Step := 2;
12             #i := 0;
13         END_IF;
14     2:
15         "物料发生器" := 0;
16         IF "视觉传感器" >= 1 AND "视觉传感器" <= 3 THEN
17             #Step := 3;
18         ELSIF "视觉传感器" >= 4 AND "视觉传感器" <= 6 THEN
19             #Step := 5;
20         ELSIF "视觉传感器" >= 7 AND "视觉传感器" <= 9 THEN
21             #Step := 7;
22         ELSIF "复位按钮" THEN
23             #Step := 1;
24         END_IF;
25 //第一个分支：Step3, 4是分拣器1动作
26     3:
27         "分拣器1转向" := "分拣器1履带" := 1;
28         "止料阀" := 0;
29         IF "分拣出口检测传感器" = 0 THEN
30             #Step := 4;
31         END_IF;
32     4:
33         "止料阀" := 1;
34         IF "分拣出口检测传感器" = 1 THEN
35             "分拣器1转向" := "分拣器1履带" := 0;
36             "Counter1" += 1;
37             #Step := 1;
38         END_IF;
39 //第二个分支：Step5, 6是分拣器2动作
40     5:
41         "分拣器2转向" := "分拣器2履带" := 1;
42         "止料阀" := 0;
43         IF "分拣出口检测传感器" = 0 THEN
44             #Step := 6;
45         END_IF;
46     6:
47         "止料阀" := 1;
48         IF "分拣出口检测传感器" = 1 THEN
49             "分拣器2转向" := "分拣器2履带" := 0;
50             "Counter2" += 1;
51             #Step := 1;
52         END_IF;
53 //第三个分支：Step7, 8是分拣器3动作
54     7:
55         "分拣器3转向" := "分拣器3履带" := 1;
56         "止料阀" := 0;
57         IF "分拣出口检测传感器" = 0 THEN
58             #Step := 8;
59         END_IF;
60     8:
61         "止料阀" := 1;
62         IF "分拣出口检测传感器" = 1 THEN
63             "分拣器3转向" := "分拣器3履带" := 0;
64             "Counter3" += 1;
65             #Step := 1;
66         END_IF;
67 END_CASE;
```

图 7-60　子程序：视觉分拣控制-SCL[FB2]

（4）编写主程序：Main[OB1]。参考图 7-61 所示程序编写主程序：Main[OB1]。

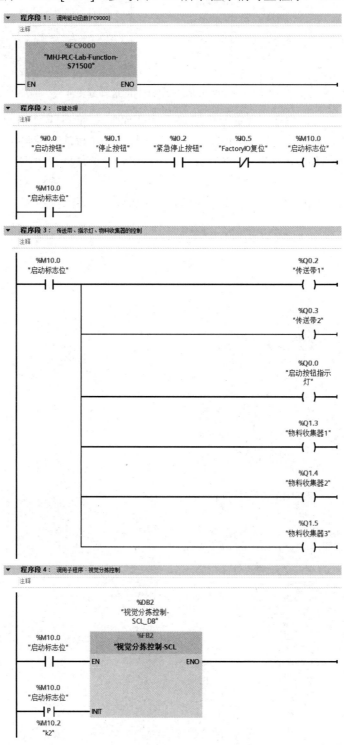

图 7-61　任务三的主程序：Main[OB1]

程序段 1，调用驱动函数 FC[9000]。

程序段 2，对按键进行处理。

程序段 3，对传送带、指示灯、物料收集器进行控制。

程序段 4，调用视觉分拣控制子程序[FB1]或[FB2]。

[FB1]、[FB2]不需要同时调用，读者选用其中一个即可。

扫一扫

微课：使用项目源程序完成仿真实验

5）系统调试

在博途中启动 S7-PLCSIM 仿真软件，将 PLC 程序下载到 S7-PLCSIM 中，启动运行 PLC 程序，扫描右侧二维码可查看详细操作。

在 Factory I/O 的驱动界面中连接 S7-PLCSIM，当界面中的红色感叹号变为绿色对勾时，表示 Factory I/O 与 S7-PLCSIM 成功地建立了通信。建立通信连接以后，返回到 Factory I/O 的主界面。单击任务栏中的运行图标▷，运行 Factory I/O 仿真，按以下步骤进行测试。

①按下控制箱上的"启动按钮"，启动按钮指示灯被点亮。同时，物料发生器产生第一个物料，止料阀抬起（抬起后就能挡住物料）。

②物料发生器产生第一个物料后，传送带开始运行，当视觉传感器检测到物料时（视觉传感器的输出值>0），止料阀放下。

③若视觉传感器输出值为 1～3，则检测到的物料为蓝色物料，从分拣器 1 推出，蓝色物料被推出后由物料收集器 1 进行收集；若视觉传感器输出值为 4～6，则检测到的物料为绿色物料，从分拣器 2 推出，绿色物料被推出后由物料收集器 1 进行收集；若视觉传感器输出值为 7～9，则检测到的物料为金属物料，从分拣器 3 推出，金属物料被推出后由物料收集器 3 进行收集。

④物料被分拣器推出时，物料发生器产生下一个物料（此时物料还未滑落到物料收集器），开始下一轮分拣。

⑤当按下控制箱上的"停止按钮"时，视觉分拣系统停止运行。

图 7-62 所示为视觉分拣系统的运行效果。

图 7-62　视觉分拣系统的运行效果

2．任务实施过程

本任务的详细实施报告如表 7-12 所示。

表 7-12　任务三的详细实施报告

任 务 名 称	视觉分拣系统		
姓　　名		同 组 人 员	
时　　间		实 施 地 点	
班　　级		指 导 教 师	
任务内容：查阅相关资料并讨论。 （1）视觉分拣系统的总体结构； （2）Factory I/O 的视觉分拣场景； （3）分拣执行机构的工作原理； （4）使用 GRAPH 来编写复杂的顺序控制程序的方法； （5）使用 SCL 来编写复杂的顺序控制程序的方法			
查阅的相关资料			
完成报告	（1）画出视觉分拣系统的总体结构		
	（2）在 Factory I/O 中搭建视觉分拣系统场景时，你遇到了哪些难题		
	（3）写出分拣执行机构的工作原理。		
	（4）在编写和调试视觉分拣系统 PLC 程序的过程中，你遇到了哪些问题		
	（5）使用 GRAPH、SCL 两种语言来编写顺序控制程序，有哪些相同点和不同点		

3．任务评价

本任务的评价表如表 7-13 所示。

表 7-13　任务三的评价表

任 务 名 称	视觉分拣系统				
小 组 成 员			评 价 人		
评 价 项 目	评 价 内 容	配　　分	得　　分	备　　注	
团队合作	实施任务的过程中有讨论	10			
	有工作计划	10			
	有明确的分工	10			
	小组成员工作积极	10			
控制功能	按下"启动按钮"，启动按钮指示灯是否被点亮	10			
	当检测到的物料为蓝色物料时，是否从分拣器 1 推出，并被物料收集器 1 收集	10			
	当检测到的物料为绿色物料时，是否从分拣器 2 推出，并被物料收集器 2 收集	10			

续表

评 价 项 目	评 价 内 容	配　　分	得　　分	备　　注
控制功能	当检测到的物料为金属物料时，是否从分拣器 3 推出，并被物料收集器 3 收集	10		
	物料被推出时，物料发生器是否产生下一个物料，开始下一轮分拣	10		
	按下"停止按钮"，视觉分拣系统是否停止运行	10		
总分				

■【思考与练习】

用 Factory I/O 搭建一个可分拣 5 种不同颜色或材质物料的视觉分拣系统场景，并用 S7-1500 PLC 对其进行控制。

参考文献

[1] 北岛李工. 西门子 S7-1200/1500 PLC SCL 语言编程从入门到精通[M]. 北京：化学工业出版社，2022.

[2] 崔坚，赵欣. SIMATIC S7-1500 与 TIA 博途软件使用指南（第 2 版）[M]. 北京：机械工业出版社，2020.

[3] 向晓汉，李润海. 西门子 S7-1200/1500 PLC 学习手册——基于 LAD 和 SCL 编程[M]. 北京：化学工业出版社，2018.

[4] 廖常初. S7-1200/1500 PLC 应用技术[M]. 北京：机械工业出版社，2017.

[5] 向晓汉. 西门子 S7-1200 PLC 学习手册——基于 LAD 和 SCL 编程[M]. 北京：化学工业出版社，2018.

[6] 张忠权. SINAMICS G120 变频控制系统实用手册[M]. 北京：机械工业出版社，2016.

[7] 西门子. S7-1200 系统手册.西门子公司，2016.

[8] 西门子. S7-1500 系统手册.西门子公司，2017.

反侵权盗版声明

电子工业出版社依法对本作品享有专有出版权。任何未经权利人书面许可，复制、销售或通过信息网络传播本作品的行为；歪曲、篡改、剽窃本作品的行为，均违反《中华人民共和国著作权法》，其行为人应承担相应的民事责任和行政责任，构成犯罪的，将被依法追究刑事责任。

为了维护市场秩序，保护权利人的合法权益，我社将依法查处和打击侵权盗版的单位和个人。欢迎社会各界人士积极举报侵权盗版行为，本社将奖励举报有功人员，并保证举报人的信息不被泄露。

举报电话：（010）88254396；（010）88258888

传　　真：（010）88254397

E-mail：　dbqq@phei.com.cn

通信地址：北京市万寿路 173 信箱

　　　　　电子工业出版社总编办公室

邮　　编：100036